华 章 图 书

一本打开的书，一扇开启的门，

通向科学殿堂的阶梯，托起一流人才的基石。

Knative in Action
Practice of Serverless on Kubernetes

Knative实战

基于Kubernetes的无服务器架构实践

李志伟 游杨 著

机械工业出版社
China Machine Press

图书在版编目（CIP）数据

Knative 实战：基于 Kubernetes 的无服务器架构实践 / 李志伟，游杨著．-- 北京：机械工业出版社，2021.3
（云计算与虚拟化技术丛书）
ISBN 978-7-111-67558-7

I. ① K… Ⅱ. ①李… ②游… Ⅲ. ① Linux 操作系统 - 程序设计 Ⅳ. ① TP316.85

中国版本图书馆 CIP 数据核字（2021）第 030563 号

Knative 实战：基于 Kubernetes 的无服务器架构实践

出版发行：机械工业出版社（北京市西城区百万庄大街 22 号 邮政编码：100037）
责任编辑：董惠芝　　责任校对：殷　虹
印　　刷：三河市宏图印务有限公司　　版　　次：2021 年 3 月第 1 版第 1 次印刷
开　　本：186mm×240mm 1/16　　印　　张：17.75
书　　号：ISBN 978-7-111-67558-7　　定　　价：89.00 元

客服电话：（010）88361066 88379833 68326294　　投稿热线：（010）88379604
华章网站：www.hzbook.com　　读者信箱：hzit@hzbook.com

Preface 前　言

Serverless 一直是开发者的美好愿望，也是软件开发目标最终回归本质的选择。随着云原生平台逐渐成熟并成为主流解决方案，Serverless 计算平台已经有了长足的进步。2020 年，行业中的各大 Serverless 计算平台变得更加通用。例如，通过预留资源完全消除冷启动对延时的影响，使得延时敏感的在线应用也能够使用 Serverless 方式构建。同时，Serverless 生态不断发展，在应用构建、安全、监控报警等领域涌现出了很多开源项目和创业公司，工具链越来越成熟。用户对 Serverless 的接受度不断提高，传统企业也开始采用 Serverless 技术。Serverless 正在如下几方面持续演进。

1）Serverless 的使用场景从偏离线业务进一步扩展到在线业务。以 FaaS 为代表的 Serverless 技术一开始都是从对响应时间不敏感、事件驱动的偏离线业务入手的。现在，我们已经看到，包括 AWS Lambda Provisioned Capacity 和 Azure Functions Premium plan 在内的产品都是让用户付出一点额外的成本来换取更短的响应时间。这对于在线业务来说，无疑是更适合的。

2）Serverless 不仅赋予了应用弹性计算的能力，也推动了基础设施和后端服务的无服务器化。业务代码托管给 Serverless 平台之后，即可实现自动扩缩容、按请求计费。但是，如果基础设施和相关服务不具备实时扩缩容能力，那么业务整体就不是弹性的。我们已经看到 AWS 围绕 Lambda 对 VPC 网络、数据库连接池等资源做了大量实时弹性优化，相信其他厂商也会跟进，进而使行业整体加速基础设施和各类云服务的无服务器化。

3）以 Knative 为代表的开源解决方案受到越来越多的关注。尽管各个云厂商都在大力推广自己的 Serverless 产品，但是开发者普遍还是会担心被厂商绑定，因此具备一定规模的组织会基于开源方案，如 Knative，搭建自己的 Serverless 平台。一旦某个开源方案成为主流，云厂商就会主动去兼容开源标准并增大社区投入。

4）Serverless 开发者工具和框架会更加多样。IDE、问题诊断、持续集成 / 发布等配套的工具和服务会更加完善。我们将看到更多的成功案例和实践。

5）Java 持续发展，将成为 Serverless 平台的主流语言之一。Serverless 平台要求应用的镜像足够小，以便能够快速分发，同时要求应用的启动时间极短。虽然在这些方面，Java 和 Node.js、Python 等语言相比有差距，但是 Java 社区一直在不断努力。我们看到 Java 通过 Java 9 Modules 以及 GraalVM Native Image 等技术在不断“瘦身”。主流框架 Spring 也开始拥抱 GraalVM，而新的框架如 Quarkus 和 Micronaut 也在力争突破。期待 Java 在 Serverless 领域给人焕然一新的感觉。

6）解决 FaaS 状态传递的中间层（加速层）研究或产品有望得到突破。未来，Serverless 在函数计算场景下最大的挑战是函数之间串联需要状态传递，以及函数处理时频繁和外部交互带来的时延放大，等等。在传统架构下，状态传递和函数处理都是在一个程序进程内部完成的。上述挑战需要通过可计算中间层（加速层）来解决。可计算中间层是未来学术研究和产品攻坚的方向之一。

7）基于 WebAssembly（WASM）的 FaaS 方案有望出现。Docker 创始人 Solomon Hykes 曾说：“如果 2008 年有 WASM 和 WASI，我们当时就没有必要创造 Docker 了。”这句话在一定程度上说明了 WASM 的重要性。虽然当下 WASM 更多是作为一种运行在浏览器端的技术被人了解，但是它具备非常优秀的安全隔离能力、极快的启动速度，并支持超过 20 种语言。那么，为什么不能让它运行在服务端呢？这些技术特性都非常契合 FaaS 的要求。

事实上，随着 Knative 社区的快速发展壮大，Knative 已经成为 Kubernetes 平台上最佳的 Serverless 解决方案。与传统的 FaaS 平台不同，Knative 的服务管理并不需要统一的开发框架支持，应用只要封装成可运行的容器即可。这极大地扩展了 Knative 的适用范围，同时也使得传统微服务可以更加平滑地转换成 Serverless 应用。

基于此，我们希望能够为开发者提供一本系统学习 Knative 的工具书，从 Serverless 的概念到 Knative 的实战，努力将 Knative 的全貌展现给读者，也希望 Knative 能够为企业提升工程效率、降低计算成本。

本书内容

全书分为 4 篇，具体内容如下。

- 准备篇（第 1 ～ 2 章）：通过介绍 Serverless 与 Knative 项目的技术背景、架构设计以及相关的云原生平台基础设施，帮助读者了解 Serverless 技术。通过快速搭建 Knative 测试平台，使读者直观地感受 Knative 是如何管理应用的。

- ❑ 基础篇（第 3 ～ 5 章）：通过对 Knative Serving 和 Eventing 组件、CI/CD 平台的介绍，帮助读者全面了解各个组件的基础概念、架构设计及原理。
- ❑ 实战篇（第 6 章）：采用多个实际范例来验证 Knative 的服务管理能力以及事件驱动基础设施的能力。
- ❑ 扩展篇（第 7 ～ 9 章）：详细介绍了运维 Knative 平台需要关注的内容，包括 Serving 的高级配置、日志中心、监控平台。

本书的读者对象

- ❑ 对 Serverless 技术感兴趣的读者。
- ❑ 想要将 Knative 引入当前技术栈的架构师。
- ❑ 想要采用 Serverless 技术的应用开发者。
- ❑ 想要自己维护 Knative Serverless 平台的运维开发人员。

勘误与支持

如果你在阅读本书的过程中有任何问题或者建议，可以在 GitHub 的源码仓库提交 Issue 或者以 PR 的方式进行交流。我们会对你提出的问题、建议进行梳理，并在本书后续版本中及时做出勘误与更新。

Knative 是一个开源项目，书中使用了官方的示例源代码，读者可以通过以下链接获取相关内容。

- ❑ Knative 项目官网：https://knative.dev/。
- ❑ Knative 项目源代码：https://github.com/knative。
- ❑ 本书在 GitHub 上的源码仓库：https://github.com/knativebook/knative-practices。

致谢

在本书的写作过程中，作者得到了众多同事及朋友的鼓励，在此对他们表示感谢。感谢机械工业出版社华章公司的策划编辑杨福川老师、责任编辑董惠芝老师，是他们的鼓励才让我们能够坚持写完本书。也感谢 Knative 开源社区的贡献者，是他们辛勤、无私的工作，让我们得以与 Serverless 如此近距离接触。谢谢大家！

目　录 *Contents*

实战篇

扩展篇

准 备 篇

从本篇起，Knative的学习之旅正式开始了。本篇将会介绍Serverless的基本概念、历史起源以及Knative出现的原因。Knative是建立在Kubernetes生态基础之上的Serverless解决方案。本篇还简单介绍了Docker、Kubernetes、Istio，这些内容可以让读者对云原生平台有一个整体的了解，同时有助于读者深入了解Knative的优势和发展前景。本篇还针对初学者详细介绍了如何快速搭建Knative的运行环境并运行测试程序。

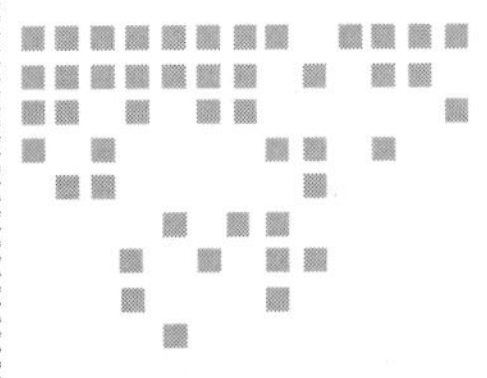

Chapter 1　第 1 章

全面认识 Knative

本章将简要介绍 Knative 相关的背景知识，包括什么是 Serverless、Serverless 的特点以及发展现状。除此之外，本章还对 Knative 的整体架构和原理进行了讲解，使读者对 Knative 有一个全面的认识。

1.1 Serverless 的前世今生

Knative 是 Serverless 的典型实现。在全面认识 Knative 之前，我们先了解一下 Serverless 的基础知识。

1.1.1 Serverless 简介

什么是 Serverless 呢？业内至今对它并没有严格标准的定义，我们可以通过以下描绘理解什么是 Serverless。

- Serverless 的特点是开发者要实现的业务逻辑运行在无状态的计算容器中，由事件触发，完全被第三方管理，业务层面的状态被存储在数据库和其他存储资源中。
- Serverless 不代表不需要服务器，而是说开发者不用过多地考虑服务器的问题，计算资源作为服务而非服务器的概念出现。
- Serverless 是一套构建和管理基于微服务架构的完整流程，允许开发者在服务级别而非服务器级别来管理应用部署，这大大降低了软件开发的复杂度，使得开发者可以快速迭代软件。

1.1.2　Serverless 的主要特征

Serverless 的主要特征是无须管理基础设施、按量付费、事件驱动、自动化构建部署。

1）无须管理基础设施是从开发者角度来说的，即开发者不需要关心服务器和操作系统，将基础设施托管给云厂商或者企业内部运维团队，从而使基础设施与开发者解耦。

2）Serverless 不仅将基础设施进行了抽象，还解决了计算资源按需分配的问题。服务只有被使用到时才会分配计算资源，不被使用时计算资源释放。这种资源分配策略大大提高了计算资源的利用率，也是客户按量付费的基础。

3）Serverless 提供了标准化的事件驱动平台，作为服务之间异步通信的基础设施，降低了服务之间的耦合度。

4）为了给开发者提供更加高效和简洁的运维平台，Serverless 还提供一套自动化部署流程。

需要强调的是，Serverless 不仅包括 FaaS，还包含 BaaS，诸如云数据库、云缓存等。但这些后端服务不是本书关注的重点。FaaS 是 Serverless 的一种实现，包含了一个标准化的运行时框架，用于构建和执行函数。

1.1.3　Serverless 的优缺点

Serverless 的优点如下。

- 低运维成本。Serverless 方案是非常简单的外包解决方案。服务提供者可以是外部厂商，也可以是内部运维团队。规模效应可以降低基础设施构建和人员成本。
- 低开发成本。开发者只关心业务逻辑，不关心平台本身，使得开发效率大幅提高。
- 自动化弹性扩展。Serverless 工作负载的横向扩展是完全自动的、弹性的，且由服务提供者管理，用户只需按量付费。
- 高计算资源利用率。Serverless 的计算资源是按需分配的，不使用时可以释放计算资源给其他工作负载，从而大大提高了计算资源的利用率。

Serverless 在云计算领域拥有巨大的优势，同时也有着一定的局限性。

- 只管理无状态服务。Serverless 要实现工作负载的自由缩放，就必须要求服务是无状态的。有状态的服务由于需要维护存储状态信息，并不适合 Serverless 平台进行管理。这应该是 Serverless 本身的特点所致。
- 延迟问题。Serverless 应用是高度分布式、低耦合的，服务之间的通信比较频繁，有可能会导致应用的整体延时加大。另外，由于 Serverless 应用是按需分配计算资源，有可能会产生冷启动延迟。
- 厂商标准不统一问题。当前，各厂商的 Serverless 产品的标准不统一，导致软件不能跨厂商迁移，客观上造成了厂商锁定问题，这是制约 Serverless 发展的最主要因素。

1.1.4 Serverless 的发展现状

在 Knative 出现之前，各大云厂商和开源社区都提出了自己的 Serverless 解决方案，但是由于缺乏统一的标准，应用难以在不同 Serverless 解决方案之间进行迁移，因此 Serverless 的进一步推广还有很多问题需要解决。

当前，主要的云厂商都推出了自己的 FaaS 产品，以下是一个不完整清单。

- ❑ AWS Lambda：AWS 提供的一项 Serverless 计算服务。
- ❑ Google Cloud Functions：谷歌云提供的云函数服务。
- ❑ Microsoft Azure Functions：微软 Azure 提供的云函数服务。
- ❑ IBM Cloud Functions：IBM 云提供的云函数服务。
- ❑ Aliyun Function Compute：阿里云提供的云函数服务。
- ❑ Tencent Cloud SCF：腾讯云提供的云函数服务。
- ❑ Huawei Cloud FunctionGraph：华为云提供的云函数服务。

在 Knative 出现之前，开源社区也有很多 Serverless 解决方案，具体内容如下。

- ❑ Apache OpenWhisk：是一个成熟的 Serverless 框架，得到了 Apache 基金会和 IBM 的支持。
- ❑ OpenFaaS：是一个易用的开源 Serverless 框架，得到了 VMware 的支持。
- ❑ Fission：基于 Kubernetes 的 Serverless 函数框架，得到了 Platform9 支持。
- ❑ Kubeless：完全基于 Kubernetes 原生的 Serverless 框架。

1.1.5 Serverless 的使用场景

尽管 Serverless 计算已被广泛应用，但它仍然是较新的技术。一般来说，当工作负载为以下情形时，Serverless 应被视为首选。

- ❑ 异步、并发、易于并行化为独立工作单元的工作负载。
- ❑ 低频或有零星请求，但具有较大不可预测扩容变化需求的工作负载。
- ❑ 无状态、短期运行、对冷启动延迟不敏感的工作负载。
- ❑ 业务需求变化迅速，要求快速开发实现的场景。

1.2 什么是 Knative

Knative 是由谷歌发起，有 Pivotal、IBM、Red Hat 等公司共同参与开发的 Serverless 开源解决方案（项目地址是 https://github.com/knative）。官方给 Knative 的定位为“基于 Kubernetes 的平台，用来构建、部署和管理现代 Serverless 工作负载”。通过 Knative 可将云原生应用开发在三个领域的最佳实践结合起来，这三个领域的最佳实践是指服务构建部署的自动化、服务编排的弹性化以及事件驱动基础设施的标准化。

1.2.1 Knative 的产生背景及发展历程

Serverless 的理念受到了业界广泛的认可。众多云厂商也都相继发布了各自的 Serverless 产品的托管服务。但 Serverless 发展的主要障碍依然没有铲除。Serverless 标准不统一，应用无法跨平台或跨云厂商迁移，直接导致应用程序与具体云厂商绑定，这极大地影响了企业在技术选型时对 Serverless 的选择。

随着 Kubernetes 生态的发展壮大，基于 Kubernetes 的开源 Serverless 解决方案也大量出现，基于 Kubernetes 云原生平台的 Serverless 的标准化需求也更加强烈。Knative 的主要目标就是将 Serverless 标准化。

Knative 开源项目将 Serverless 平台中的服务管理、事件驱动、构建部署进行了标准化。它既可以以托管服务形式运行在公有云中，也可以部署在企业内部的数据中心，从而很好地解决多云部署以及供应商锁定的问题。

在两年多时间里，Knative 不断发展演进。

- 2018 年 7 月，在 Google Cloud Next 2018 大会上，谷歌正式发布了 Knative。
- 2019 年 4 月，在 Google Cloud Next 2019 大会上，谷歌正式发布了谷歌云的无服务器计算产品 Cloud Run。Cloud Run 是 Knative 的托管服务，也是 Knative 第一个商用的托管服务。
- 2019 年 8 月，0.8 版本发布，这是 Serving 第一个 RC 版本。
- 2020 年 7 月，0.16.0版本发布。

1.2.2 Knative 的架构设计

Knative 的架构设计遵循了标准化、可替代、松散组合、不绑定的总体设计原则。它以 Kubernetes 扩展的形式实现了服务构建和部署的自动化、服务编排的弹性化以及事件驱动基础设施的标准化。

Knative 以 Kubernetes 扩展的形式提供了一整套中间件，用来构建新一代以代码为中心、基于容器的应用程序。这些应用程序可以运行在任何云环境中。

1）Knative 整合 Kubernetes 平台的最佳实践，将能力主要聚焦在容器的部署、路由和流量管理、按需自动化扩缩容、事件绑定服务。

2）Knative 由 Serving 和 Eventing 两大组件构成。其中，Serving 组件负责实现请求驱动计算，支持缩容到零；Eventing 组件负责事件的交付和管理。在后续章节中，我们会对 Serving 和 Eventing 组件做进一步的详细介绍。

3）Knative 建立在 Kubernetes 生态的基础之上。它整合了 Kubernetes 和 Istio 的能力，没有重新造轮子，从 Kubernetes 生态中获益的同时进一步推动了 Kubernetes 的应用，如图 1-1 所示。

Knative 是一个云原生 Serverless 框架，可以运行任何无状态容器应用。这也意味着

Knative 可以通过容器整合各类 FaaS 平台的运行时框架，实现兼容各类 FaaS 平台已有的应用程序。

图 1-1　Knative 与 Kubernetes 生态

1.2.3　Knative 的主要受众群

不同的受众使用 Knative 的方式是不同的，如图 1-2 所示。

图 1-2　Knative 的受众群及分工

1）**开发人员**：开发人员通过 Knative 组件提供的 Kubernetes 原生 API 部署 Serverless 风格的函数、应用和容器。

2）**运维人员**：Knative 可以被集成到现有的云厂商或企业内部运维的 Kubernetes 服务上，支持在任何兼容的 Kubernetes 版本上安装运行。

3）**社区贡献者**：Knative是一个多元化、开放且包容的社区。它拥有清晰的项目范围定义、轻量的管制模型以及每个可插拔组件间整洁的分隔线，以此为基础建立起高效的工作流。社区贡献者可以提供项目代码和文档。

1.2.4　Knative的商业托管服务产品

Knative是一个拥有众多厂商参与的社区，其中很多厂商已经提供Knative的商业托管服务产品。以下是Knative部分商业托管服务产品的清单。

- Gardener：通过在Gardener vanilla Kubernetes集群中安装Knative，实现无服务器运行时附加层。
- Google Cloud Run for Anthos：通过Serverless开发平台来扩展Google Kubernetes Engine。利用Cloud Run for Anthos，你可以通过Kubernetes的灵活性获得Serverless的开发体验，从而在自己的集群上部署和管理Knative服务。
- Google Cloud Run：由谷歌云全托管的基于Knative的Serverless计算平台。你无须管理Kubernetes集群，通过Cloud Run可以在几秒钟内将容器应用到生产环境中。
- Managed Knative for IBM Cloud Kubernetes Service：IBM Kubernetes Service的托管附加组件，便于你在自己的Kubernetes集群上部署和管理Knative服务。
- OpenShift Serverless：OpenShift容器平台可以让有状态、无状态的Serverless工作负载自动在单个多云容器平台上运行。开发人员可以使用一个平台来托管其微服务、传统应用和Serverless应用程序。
- Pivotal Function Service (PFS)：一个用于在Kubernetes上构建和运行函数、应用程序和容器的平台，基于RIFF的开源项目。
- TriggerMesh Cloud：一个全托管的Knative和Tekton平台，支持AWS、Azure和Google事件源和代理。

1.3　Knative开发运维需要具备的基础知识

Knative是构建在容器、Kubernetes以及Istio的基础之上的Serverless解决方案。为了更好地理解Knative的底层基础架构，我们需要对容器、Kubernetes、Istio做一个整体了解。

1.3.1　容器

Docker是一个开源的容器运行时，用于开发、交付、运行应用。Docker允许用户将基础设施中的应用单独分割出来，形成更小的颗粒（容器），从而提高交付软件的速度。

容器与虚拟机类似。但原理上，容器是将操作系统层虚拟化，虚拟机则是将硬件虚拟化，因此容器更具有便携性，可以更高效地利用服务器。容器多用于表示软件的一个标准化单元。由于容器是标准化的，可以无视基础设施的差异部署到任何一个地方。Docker为容器提供更强的隔离兼容。

Docker 利用 Linux 内核中的资源分离机制 CGroups 以及 Linux 内核命名空间来创建独立的容器。容器可以在单一 Linux 实体下运作，避免引导虚拟机造成额外的负担。Linux 内核对命名空间的支持完全隔离了工作环境中应用程序的视野，包括进程树、网络、用户 ID 与挂载文件系统，而 Linux 内核的 CGroups 提供资源隔离，包括 CPU、存储器、Block I/O 与网络。Docker 作为当前主流的容器运行时组件，为容器提供运行环境支持。

Docker 包括 3 个基本概念。

- ❑ 镜像（Image）：用于创建 Docker 容器的模板。
- ❑ 容器（Container）：独立运行的一个或一组应用，是镜像运行时的实体。
- ❑ 仓库（Registry）：用于保存容器镜像，相当于应用软件仓库。

1.3.2 Kubernetes

Kubernetes 是一个可移植、可扩展的开源平台，用于管理容器化的工作负载和服务，推崇声明式的配置和自动化。Kubernetes 拥有一个庞大且扩张快速的社区生态系统。它的服务、支持和工具应用广泛。

Kubernetes 的核心组件如图 1-3 所示。

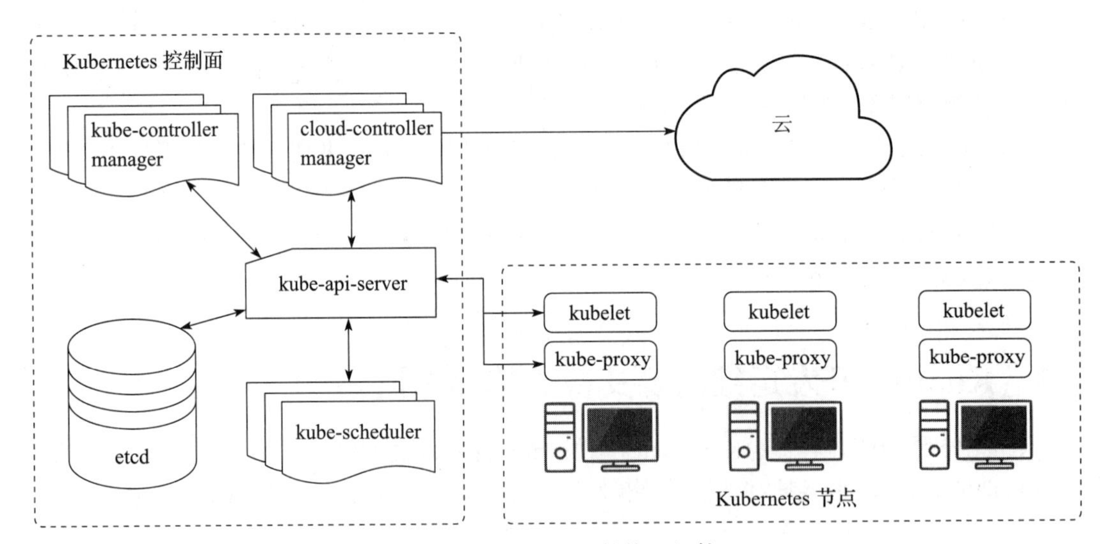

图 1-3 Kubernetes 的核心组件

1）etcd：保存整个集群的状态。

2）kube-api-server：是资源操作的唯一入口，提供了认证、授权、访问控制、API 注册和发现等机制。

3）kube-controller manager：负责维护集群的状态，如故障检测、自动扩展、滚动更新等。

4）kube-scheduler：负责资源的调度，按照预定的调度策略将 Pod 调度到相应的机器上。

5）kubelet：负责维护容器的生命周期以及 Volume（CSI）和网络（CNI）的管理。

6）kube-proxy：负责为 Service 提供集群内部的服务发现和负载均衡。

Kubernetes 主要提供以下能力。

1）服务发现和负载均衡：支持以 DNS 名称或 Cluster IP 地址暴露容器，还可以负载均衡网络流量，从而使部署稳定。

2）存储编排：支持自动挂载用户选择的存储系统，例如本地存储、云存储等。

3）自动部署和回滚：支持以受控的速率将当前状态更改为所需状态。例如，通过 Kubernetes 自动部署来创建新容器，删除现有容器并将资源用于新容器。

4）自动二进制打包：允许指定每个容器所需 CPU 和内存（RAM）。如果容器指定了资源请求的数量，Kubernetes 可以做出更好的决策来管理容器的资源。

5）自我修复：自动重新启动失败的容器，替换容器，杀死不响应健康检查的容器。

6）密钥与配置管理：Kubernetes 支持存储和管理敏感信息，例如密码、OAuth 令牌和 SSH 密钥。你可以在不重建容器镜像的情况下部署和更新密钥和应用程序配置，也无须在栈配置中暴露密钥。

1.3.3 Istio

Istio 主要用来应对开发和运维人员面临的从单体应用向分布式微服务架构转变所带来的挑战。通过负载均衡、服务间的身份验证、监控等方法，Istio 可以轻松地创建一个已经部署了服务的网络，而服务的代码只需少量更改甚至无须更改。通过在整个环境中部署一个特殊的 Sidecar 代理为服务提供 Istio 的支持，而代理会拦截微服务之间的所有网络通信，然后使用其控制面的功能来配置和管理 Istio，包括：

- 为 HTTP、gRPC、WebSocket 和 TCP 流量自动负载均衡；
- 通过丰富的路由规则、重试、故障转移和故障注入对流量行为进行细粒度控制；
- 可插拔的策略层和配置 API，支持访问控制、速率限制和配额；
- 集群内所有流量的自动化度量、日志记录和追踪；
- 在基于身份验证和授权的集群中实现安全的服务间通信。

Istio 具有如下核心特性。

1. 流量管理

Istio 简单的规则配置和流量路由允许你控制服务之间的流量和 API 调用。Istio 简化了服务级属性（如熔断器、超时和重试）的配置，并且能容易地执行重要的任务（如 A/B 测试、金丝雀发布和按流量百分比划分的灰度发布）。

2. 安全

Istio 的安全特性解放了开发人员，使其只需要专注于应用程序级别的安全。Istio 提供了底层的安全通信通道，为大规模的服务提供通信管理认证、授权和加密。有了 Istio，服务通信在默认情况下是受保护的，可以让你在跨不同协议和运行时的情况下实施一致的策略。而所有这些只需要很少甚至不需要修改应用程序。

Istio 是独立于平台的，可以与 Kubernetes（或基础设施）的网络策略一起使用。但它更强大，能够在网络和应用层面保护 Pod 到 Pod 或者服务到服务之间的通信。

3. 策略

Istio 允许你为应用程序配置自定义的策略并在运行时执行规则，例如：

1）速率限制能动态地限制访问服务的流量；

2）Denials、白名单和黑名单用来限制对服务的访问；

3）Header 的重写和重定向；

4）允许你创建自己的策略适配器来添加自定义的授权行为等。

4. 可观察性

Istio 健壮的追踪、监控和日志特性让你能够深入地了解服务网格部署。通过 Istio 的监控能力，你可以真正地了解到服务的性能是如何影响上游和下游的。它的仪表盘提供了对所有服务性能的可视化能力，让你看到它如何影响其他进程。

Istio 的 Mixer 组件负责策略控制和遥测数据收集。它提供了后端抽象和中介，将一部分 Istio 与后端基础设施的实现细节隔离开来，并为运维人员提供了对网格与后端基础设施交互的细粒度控制。

所有这些特性都使你能够更有效地设置、监控和加强服务的 SLO，从而快速有效地检测并解决出现的问题。

1.4 本章小结

传统的 Serverless 平台偏向于对响应时间不敏感、事件驱动的离线业务。随着云计算行业的快速发展，Serverless 平台有了长足的发展，例如通过预留一定的资源消除冷启动对响应时间的影响；Serverless 的生态也在不断发展，Serverless 正逐步从离线业务走向在线业务。

Knative 的出现扩展了 Serverless 平台的适用范围。它不仅支持函数，还支持传统无状态应用。Knative 推动了基础设施和服务的无服务器化进程。

Knative 的快速发展得益于 Docker、Kubernetes、Istio 生态的发展。全面了解 Docker、Kubernetes 和 Istio 有助于我们更深入地认识 Knative 的实现机制和设计理念。

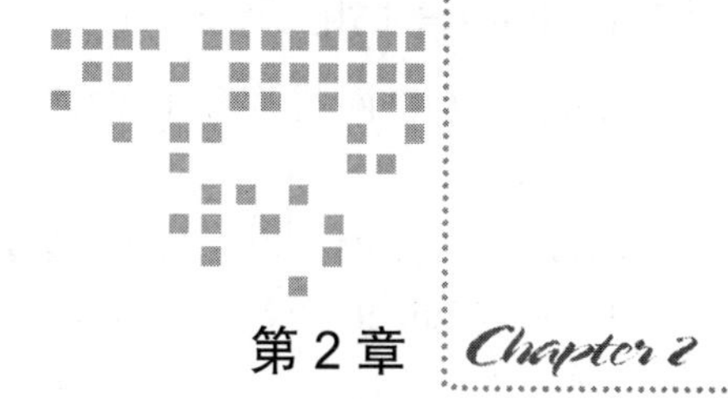

第2章 Chapter 2

搭建 Knative 运行环境

本章将介绍 Knative 的安装过程。Knative 有两个组件，它们既可以各自独立安装部署，也可以一起安装相互配合。Knative 0.16 版本需要 Kubernetes 1.15 以上版本的支持。

2.1 在 Kubernetes 平台上安装 Knative

本节主要介绍怎样在自建 Kubernetes 集群中安装 Knative 和 Istio 软件。为了让初学者能够更好地理解安装过程，以下组件全部采用基础安装，包含 Knative 和 Istio 周边依赖的监控组件。

本章内容所涉及的软件版本如下表所示。

软件名称	版本
CentOS	7.7
Kubernetes	1.17.6
Istio	1.6.8
Knative Serving	0.16.0
Knative Eventing	0.16.0

Knative 版本依赖 Kubernetes 集群 1.16 或更高版本，也包括 kubectl 的版本。由于本书的内容着眼于 Knative，因此 Kubernetes 相关的安装教程请参考官网相应的文档。在这里，我们假定你已经拥有一个完整可运行的 Kubernetes 集群。

2.1.1 Istio 平台的安装

Knative 依赖网络层组件的支持。当前，Knative 支持的网络层组件有 Ambassdor、Contour、Gloo、Istio、Kong、Kourier。在这里，我们选择 Istio 作为 Knative 的网络层组件。Istio 平台的具体安装步骤如下。

1）安装 istioctl 命令行工具：

```
curl -L https://istio.io/downloadIstio | ISTIO_VERSION=1.6.8 sh -
cd istio-${ISTIO_VERSION}
export PATH=$PWD/bin:$PATH
```

2）编写 IstioOperator 自定义配置文件：

```
cat << EOF > ./istio-minimal-operator.yaml
apiVersion: install.istio.io/v1alpha1
kind: IstioOperator
spec:
  values:
    global:
      proxy:
        autoInject: disabled
      useMCP: false
      jwtPolicy: first-party-jwt

  addonComponents:
    pilot:
      enabled: true
    prometheus:
      enabled: false

  components:
    ingressGateways:
      - name: istio-ingressgateway
        enabled: true
      - name: cluster-local-gateway
        enabled: true
        label:
          istio: cluster-local-gateway
          app: cluster-local-gateway
        k8s:
          service:
            type: NodePort
            ports:
            - port: 15020
              nodePort: 31913
              name: status-port
            - port: 80
              nodePort: 31080
              name: http2
```

```
          - port: 443
            nodePort: 31443
            name: https
EOF
```

注意：为了简化安装，我们选择了无Sidecar注入方式。istio-ingressgateway的Kubernetes服务类型选择了NodePort，80和443端口对应的NodePort分别是31080和31443。这些端口在后续测试Knative服务时将会使用到。

3）应用配置清单：

```
istioctl manifest apply -f istio-minimal-operator.yaml
```

4）验证已部署的Istio服务运行状态：

```
watch kubectl -n istio-system get pods
```

这可能需要几秒钟的时间，直到所有Pod状态都显示为Running或Completed，这表明Istio安装成功。

2.1.2　安装Knative Serving组件

我们可以通过以下步骤来安装Knative Serving组件。

1）安装Knative Serving CRD：

```
kubectl apply -f \
https://github.com/knative/serving/releases/download/v0.16.0/serving-crds.yaml
```

2）安装Knative Serving核心组件：

```
kubectl apply -f \
https://github.com/knative/serving/releases/download/v0.16.0/serving-core.yaml
```

3）安装Knative网络层Istio控制器，实现将Istio与Knative集成：

```
kubectl apply -f \
https://github.com/knative/net-istio/releases/download/v0.16.0/release.yaml
```

4）安装HPA自动缩放扩展：

Knative还支持使用Kubernetes Horizontal Pod Autoscaler（HPA）来驱动自动缩放决策。以下命令将安装支持HPA自动缩放所需组件。

```
kubectl apply -f \
https://github.com/knative/serving/releases/download/v0.16.0/serving-hpa.yaml
```

5）检查Knative Serving相关服务运行状态，直到所有Pod的状态显示为Running：

```
watch kubectl get pods -n knative-serving
```

2.1.3 安装Knative Eventing组件

我们可以通过以下步骤来安装 Knative Eventing 组件。

1）安装 Knative Eventing CRD：

```
kubectl apply -f \
https://github.com/knative/eventing/releases/download/v0.16.0/eventing-crds.yaml
```

2）安装 Knative Eventing 核心组件：

```
kubectl apply -f \
https://github.com/knative/eventing/releases/download/v0.16.0/eventing-core.yaml
```

3）安装默认 Channel 层：

```
kubectl apply -f \
https://github.com/knative/eventing/releases/download/v0.16.0/in-memory-channel.yaml
```

注意：以上命令安装了一个运行在内存中的 Channel 实现。采用这个实现是因为它简单且独立，非常适合学习和测试场景，但并不适合生产场景。

4）安装 Broker 层：

```
kubectl apply -f \
https://github.com/knative/eventing/releases/download/v0.16.0/mt-channel-broker.yaml
```

注意：以上命令安装了 Channel 的 Broker 实现，并在系统命名空间中运行事件路由组件，提供一个更小、更简单的安装。

5）检查 Knative Eventing 相关服务运行状态，直到所有 Pod 的状态显示为 Running：

```
watch kubectl get pods -n knative-eventing
```

2.1.4 安装可观察性组件

安装可观察性服务组件可为 Knative 提供日志收集、监控指标、请求跟踪等附加功能。

1）为可观察性组件创建命名空间：

```
kubectl apply -f \
https://github.com/knative/serving/releases/download/v0.16.0/monitoring-core.yaml
```

2）安装 Prometheus 和 Grafana：

```
kubectl apply -f \
https://github.com/knative/serving/releases/download/v0.16.0/monitoring-metrics-
  prometheus.yaml
```

注意：Prometheus 和 Grafana 默认的存储配置类型为 emptyDir，如果你需要 Prometheus 和 Grafana 基于持久化存储安装，请根据当前的存储环境修改配置文件。

3）安装 EFK 日志收集处理中心：

```
kubectl apply -f \
https://github.com/knative/serving/releases/download/v0.16.0/monitoring-logs-
  elasticsearch.yaml
```

注意：Elasticsearch 默认的存储配置类型为 emptyDir，如果你需要 Elasticsearch 基于持久化存储安装，请根据当前的存储环境修改配置文件。

4）安装 Jaeger 实现分布式追踪：

```
kubectl apply -f \
https://github.com/knative/serving/releases/download/v0.16.0/monitoring-
  tracing-jaeger-in-mem.yaml
```

注意：存储层基于内存安装的 Jaeger，因为简单且不依赖其他服务，我们一般用其来做入门测试，它不适用生产环境。如果在生产环境中安装 Jaeger，可选择存储层基于 Elasticsearch 安装的 Jaeger。

至此，Knative 的基础运行环境已初步具备，如果希望对 Knative 做深层次定制，可参考扩展篇中的相关内容。

2.2　部署 HelloWorld 应用

Knative 运行环境安装完成后，我们就拥有了一个可以运行 Serverless 应用的基础设施。在进一步学习 Knative 之前，我们先学习两个范例。

2.2.1　Serving Hello World 范例

为了验证 Knative Serving 组件的服务管理能力，我们部署一个简单的 Serverless 应用。

1）Knative 应用配置：

```
$ vim ksvc-go.yaml
apiVersion: serving.knative.dev/v1
kind: Service
metadata:
  name: helloworld-go
  namespace: default
spec:
  template:
    spec:
      containers:
      - image: cnlab/helloworld-go    # 应用程序容器镜像
        env:
        - name: TARGET
          value: "Go Sample v1"
```

2）部署应用程序：

```
$ kubectl apply -f ksvc-go.yaml
```

3）验证应用运行状态：

```
$ kubectl get ksvc
NAME             URL                                        READY
helloworld-go    http://helloworld-go.default.example.com   True
```

4）验证访问：

```
$ curl -H "host: helloworld-go.default.example.com" http://$(kubectl -n istio-
  system get svc istio-ingressgateway --output jsonpath="{.spec.clusterIP}")

Hello Go Sample v1!
```

2.2.2 Eventing Hello World 范例

为了验证 Knative Eventing 组件，我们创建一个事件驱动程序。

1）创建事件驱动应用配置（配置示例文件 sample-app.yaml）：

```
$ vim sample-app.yaml
# 命名空间启用 Eventing Injection
apiVersion: v1
kind: Namespace
metadata:
  name: knative-samples
  labels:
    knative-eventing-injection: enabled
---
# 部署 Helloworld-go 应用
apiVersion: apps/v1
kind: Deployment
metadata:
  name: helloworld-go
  namespace: knative-samples
spec:
  replicas: 1
  selector:
    matchLabels: &labels
      app: helloworld-go
  template:
    metadata:
      labels: *labels
    spec:
      containers:
        - name: helloworld-go
          image: docker.io/cnlab/event-helloworld-go
# 容器 event-helloworld-go 应用程序源码请参考 https://github.com/knativebook/docs/
```

```
  tree/master/docs/eventing/samples/helloworld/helloworld-go

---
# 创建Service，Trigger可以通过Service来确定subscriber
  kind: Service
  apiVersion: v1
  metadata:
    name: helloworld-go
    namespace: knative-samples
  spec:
    selector:
      app: helloworld-go
    ports:
    - protocol: TCP
      port: 80
      targetPort: 8080
---
# 创建Trigger
apiVersion: eventing.knative.dev/v1
kind: Trigger
metadata:
  name: helloworld-go
  namespace: knative-samples
spec:
  broker: default
  filter:
    attributes:
      type: dev.knative.samples.helloworld
      source: dev.knative.samples/helloworldsource
  subscriber:
    ref:
      apiVersion: v1
      kind: Service
      name: helloworld-go
```

2）部署应用程序：

```
$ kubectl apply -f sample-app.yaml
```

3）验证资源运行状态：

```
$ kubectl -n knative-samples get deploy helloworld-go
$ kubectl -n knative-samples get svc helloworld-go
$ kubectl -n knative-samples get trigger helloworld-go
```

4）获取Broker URL：

```
$ kubectl --namespace knative-samples get broker default
NAME      READY   REASON   URL                                                  AGE
default   True             http://broker-ingress.knative-eventing.svc.          157d
                           cluster.local/knative-samples/default
```

5）按照 CloudEvent 规范发送事件到 Broker：

```
# 创建一个带有 curl 命令的 Pod
$ kubectl -n knative-samples run curl --image=radial/busyboxplus:curl -it --
  generator=run-pod/v1

# 通过 curl 命令向 Broker 发起请求
[ root@curl:/ ]$ curl -v "broker-ingress.knative-eventing.svc.cluster.local/
  knative-samples/default" \
-X POST \
-H "Ce-Id: 536808d3-88be-4077-9d7a-a3f162705f79" \
-H "Ce-specversion: 1.0" \
-H "Ce-Type: dev.knative.samples.helloworld" \
-H "Ce-Source: dev.knative.samples/helloworldsource" \
-H "Content-Type: application/json" \
-d '{"msg":"Hello World from the curl pod."}'
```

我们可以按照 CloudEvent 规范创建一个 HTTP 请求事件发送给 Broker，事件通过 Trigger 过滤后传递给相应订阅的应用。

6）通过查看 helloworld-go 应用的日志信息来验证事件是否已经接收：

```
$ kubectl --namespace knative-samples logs -l app=helloworld-go --tail=50

2020/08/16 11:42:22 Event received. Context: Context Attributes,
  specversion: 1.0
  type: dev.knative.samples.helloworld
  source: dev.knative.samples/helloworldsource
  id: 536808d3-88be-4077-9d7a-a3f162705f79
  time: 2020-08-16T11:42:22.813410631Z
  datacontenttype: application/json
Extensions,
  knativearrivaltime: 2020-08-16T11:42:22.813310554Z
  knativehistory: default-kne-trigger-kn-channel.knative-samples.svc.cluster.local
  traceparent: 00-59756cc2d11f022c86ff67cd9e33f61f-50f538cf949e0c44-00

2020/08/16 11:42:22 Hello World Message from received event "Hello World from
  the curl pod."
2020/08/16 11:42:22 Responded with event Validation: valid
Context Attributes,
  specversion: 1.0                                # CloudEvent 规范的版本
  type: dev.knative.samples.hifromknative         # 事件类型
  source: knative/eventing/samples/hello-world    # 事件源
  id: 5e42b46b-9629-4b73-8fc6-e01ec06b8d83        # 事件 ID
Data,                                             # 事件的内容
  {"msg":"Hi from helloworld-go app!"}
```

此范例验证了 Knative Eventing 组件从事件生产到消费的过程。关于事件处理模型中的

Broker 与 Trigger，我们会在 Knative 事件驱动组件相关章节详细阐述。

2.3 本章小结

本章通过安装 Knative 及其相关组件，初步具备了一个完整的 Knative 运行环境，包括网络层组件 Istio、服务管理组件 Serving、事件驱动组件 Eventing、可观察性组件 Prometheus 和 Grafana 以及 EFK 日志中心。另外，本章还通过部署示例应用，使我们初步体验到 Knative Serving 与 Knative Eventing 组件的能力。后续章节将会详细介绍 Knative 的两大组件 Serving 与 Eventing 的原理与实战。

基 础 篇

接下来，我们将介绍Knative的服务管理组件、事件驱动组件以及基于Tekton的CI/CD平台，并对各个组件的基础概念、架构设计原理进行详细的讲解。

Chapter 3 第3章

Knative的服务管理组件Serving

Knative的服务管理组件Serving是管理应用服务的理想选择，它通过自动缩容为零和基于HTTP负载自动扩展的方式简化了部署流程。Knative平台可管理应用服务的部署、版本、网络、扩缩容。

Knative Serving通过HTTP URL的方式来暴露服务，有许多默认的安全设置。在特定的使用场景下，我们需要调整这些默认值，或者调整服务版本之间的流量分配来满足需求。由于Knative Serving具有自动缩容为零的能力，因此称其为Serverless。

本章详细介绍了Knative Serving的核心资源对象、Autoscaler的工作流程以及Queue Proxy的主要能力，从而帮助读者全面认识Knative Serving服务管理组件的架构设计。

3.1 Serving的架构设计

Knative Serving建立在Kubernetes和Istio的基础上，支持Serverless应用和函数的部署与管理。Knative Serving易于上手并且可扩展，以便支持高级使用场景。

Knative Serving提供中间件原语来实现以下能力。

- 快速部署无服务器容器。
- 自动扩缩容机制，支持缩容到零。
- 基于Istio组件的服务路由和网络编程。
- 部署代码的时间点快照以及配置管理。

Knative Serving支持以下容器化的工作负载。

- Function：传统FaaS的函数应用。通过将传统FaaS平台运行时框架与函数应用一起封装到容器中，实现对 FaaS 函数应用的支持。

- 微服务：满足单一职责原则、可独立部署升级的服务。Knative 非常适合用来部署和管理微服务。
- 传统应用：主要指传统无状态的单体应用。虽然 Knative 不是运行传统应用的最佳平台，但支持传统无状态应用的部署。

Knative Serving 定义了一套 CRD 对象。这些对象用于定义和管理 Serverless 工作负载在集群中的行为，如图 3-1 所示。

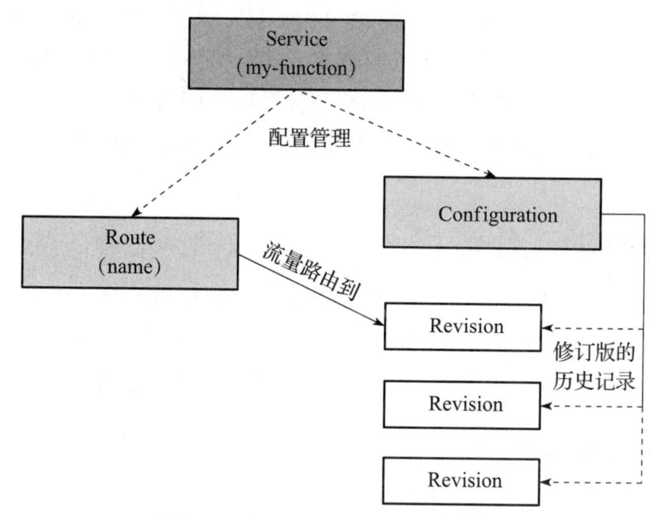

图 3-1　Knative Serving 对象模型

1）服务（Service）：service.serving.knative.dev 资源自动管理用户工作负载的整个生命周期。它控制路由和配置对象的创建，在服务更新时确保应用有对应的服务路由、配置和新的修订版。服务可以被定义为总是把流量路由到最新的修订版或特定修订版。

2）路由（Route）：route.serving.knative.dev 资源用于映射一个网络端点到一个或更多修订版。你可以用多种方式来管理流量，包括分流和命名路由。

3）配置（Configuration）：configuration.serving.knative.dev 资源维护了部署应用的最终状态。它遵循云原生应用 12 要素原则，提供了代码和配置分离的机制。每次修改配置会创建一个新的修订版。

4）修订版（Revision）：revision.serving.knative.dev 资源是在每次变更工作负载时生成的代码和配置的时间点快照。修订版是不可变对象。系统会保留有用的修订版本，删除不再使用的修订版。修订版对应的 Pod 实例数量会根据流量的大小自动进行伸缩。

3.2　Knative 相关的 Kubernetes Service

Knative Serving 组件包含 4 个 Kubernetes Service 和 2 个 Deployment，构成了 Serving

的整体管理能力。

1）Activator（Service）：负责为不活跃状态的修订版接收并缓存请求，同时报告指标数据给 Autoscaler。在 Autoscaler 扩展修订版之后，它还负责将请求重试到修订版。

2）Autoscaler（Service）：接收请求指标数据并调整需要的 Pod 数量以处理流量负载。

3）Controller（Service）：协调所有公共 Knative 对象，自动扩展 CRD。当用户请求一个 Knative Service 给 Kubernetes API 时，Controller 将创建对应配置和路由，并将配置转换为 revision，同时将 revision 转化为 Deployment 和 KPA。

4）Webhook（Service）：拦截所有 Kubernetes API 调用以及所有 CRD 的插入和更新操作，用来设置默认值，拒绝不一致和无效的对象，验证和修改 Kubernetes API 调用。

5）networking-certmanager（Deployment）：协调集群的 Ingrese 为证书管理对象。

6）networking-istio（Deployment）：协调集群的 Ingress 为 Istio 的虚拟服务。

3.3 Autoscaler 的工作流程

Serverless 的重要特点之一就是请求驱动计算。当没有请求时，系统不会分配相应的资源给服务。Knative Serving 支持从零开始扩容，也支持缩容到零。在初始状态下，修订版的副本是不存在的。客户端发起请求时，系统要完成工作负载的激活。

1. Knative 的扩缩容流程

Knative 的扩缩容流程如图 3-2 所示。

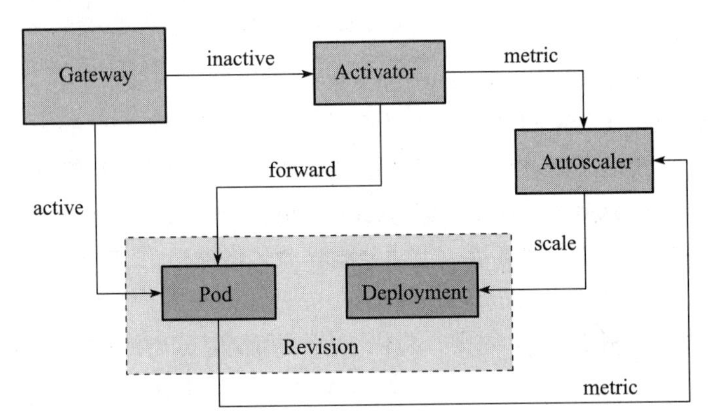

图 3-2　Knative 自动扩缩容的架构图

1）初次请求流程：客户端请求通过入口网关转发给 Activator，然后由 Activator 为不活跃状态的修订版接收并缓存请求，同时报告指标数据给 Autoscaler，接着由 Autoscaler 创建修订版的 Deployment 对象，接着由 Deployment 对象根据 Autoscaler 设定的扩展副本数创建相应数量的 Pod 副本。一旦 Pod 副本的状态变为 Ready，Activator 会将缓存的客户端请求转发给对应的 Pod 副本。Gateway 然后会将新的请求直接转发给相应的 Pod 副本，不再转发给 Activator。

2）持续请求流程：修订版副本中的 Queue Proxy 容器会不断报告指标数据给 Autoscaler，由 Autoscaler 根据当前的指标数据情况不断调整修订版的副本数量。

3）缩容到零的流程：当一定时间周期内没有请求时，Autoscaler 会将 Pod 副本数设置为零，回收 Pod 所占资源。同时，Gateway 会将后续请求路由到 Activator，如果后续请求出现，则触发初次请求流程。

2. 扩缩容算法

Autoscaler 默认基于 Pod 接收到的并发请求数扩缩容资源。Pod 并发请求数的目标值（target）默认为 100。计算公式是：Pod 数 = 并发请求总数 /Pod 并发请求数的目标值。如果 Knative 服务中配置并发请求数的目标值为 10，且加载了 50 个并发请求到 Knative 服务，Autoscaler 就会创建 5 个 Pod。

为了快速响应负载的变化，同时避免过度响应负载变化导致频繁创建销毁 Pod，Autoscaler 实现了两种模式的缩放算法：稳定模式（Stable）和恐慌模式（Panic），如图 3-3 所示。

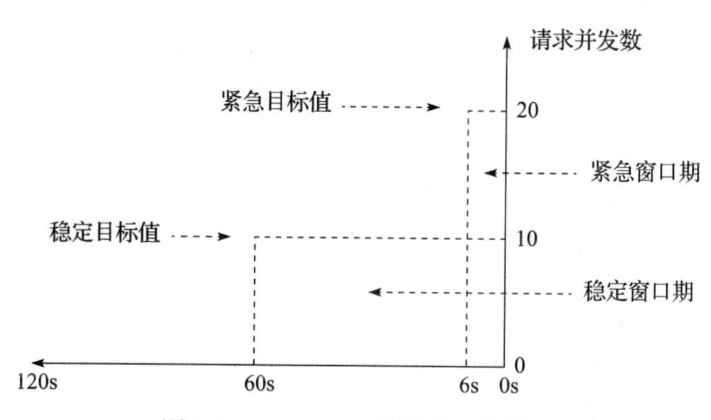

图 3-3 Autoscaler 的两种工作模式

1）稳定模式：在稳定模式下，Autoscaler 自动调整 Deployment 的大小，以实现每个 Pod 所需的平均并发数。Pod 的并发数是根据 60 秒窗口期内接收到的所有数据请求的平均数计算得出的。

2）恐慌模式：Autoscaler 计算 60 秒窗口期内的平均并发数，系统需要在 60 秒内稳定在所需的并发级别。与此同时，Autoscaler 也会计算 6 秒的窗口期内的平均并发数，一旦该窗口期内平均并发数达到目标并发数的 2 倍，则会进入恐慌模式。在恐慌模式下，Autoscaler 将在时间更短、对请求更敏感的紧急窗口工作。紧急情况持续 60 秒后，Autoscaler 将返回初始的 60 秒稳定窗口。

3.4 Queue Proxy

Knative 服务对应的 Pod 里有两个容器，分别是 User Container 和 Queue Proxy。User

Container 为 Knative 服务中定义的业务容器，包含应用程序及其依赖的运行环境。Queue Proxy 是系统容器，以 Sidecar 方式存在。

Knative Serving 为每个 Pod 注入 Queue 代理容器（Queue Proxy）。该容器负责向 Autoscaler 报告用户容器流量指标。Autoscaler 接收到这些指标之后，会根据流量指标及相应的算法调整 Deployment 的 Pod 副本数量，从而实现自动扩缩容。

Queue Proxy 各端口的定义如下。

- 8012：Queue Proxy 代理的 HTTP 端口，访问应用流量的入口。
- 8013：HTTP2 端口，用于 gRPC 流量的转发，未使用。
- 8022：Queue Proxy 管理端口，如健康检查等。
- 9090：Queue Proxy 容器的监控端口，数据由 Autoscaler 采集，用于实现基于请求的自动扩缩容。
- 9091：Queue Proxy 采集到的应用监控指标（请求数、响应时长等），由 Prometheus 采集。

我们以 HTTP1 请求为例，介绍 Queue Proxy 的工作原理。业务流量首先进入 Istio Gateway，然后被转发到 Queue Proxy 的 8012 端口，然后由 Queue Proxy 8012 端口把请求转发到 User Container 的监听端口，至此一个业务请求的服务就完成了，如图 3-4 所示。

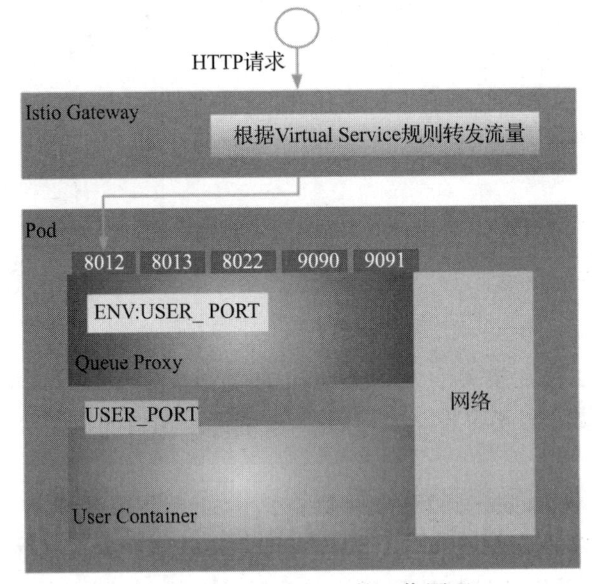

图 3-4 Queue Proxy 的工作原理

3.5 本章小结

Knative Serving 组件是 Knative 的核心组件，它具有 Serverless 计算平台最重要的能力，即服务的部署与弹性伸缩。Knative Serving 资源对象集成了配置管理、版本管理、流量控制以及扩缩容控制，极大地简化了 Serverless 的服务管理。

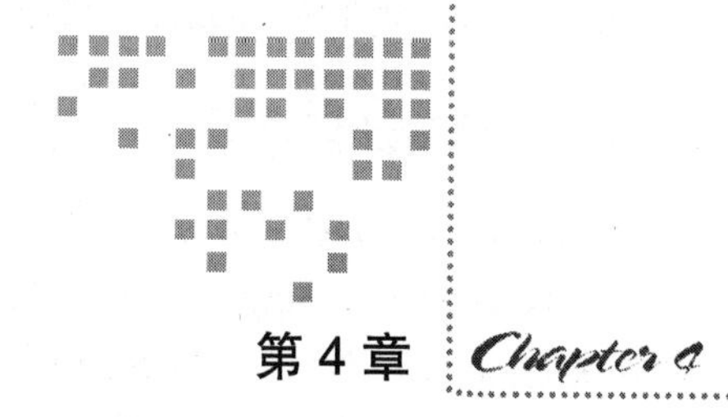

第 4 章 Chapter 4

Knative 的事件驱动组件 Eventing

Knative Eventing 是 Knative 平台的通用事件驱动组件，它实现了云原生应用开发对事件驱动的通用需求，同时还提供了一组可组合的原语，实现了事件源和消费者之间的延迟绑定。

Knative Eventing 支持多种使用模式。现有的事件驱动组件支持以下 3 种使用场景。

1）想要发布事件，不关心谁来消费事件。

使用 HTTP POST 方式将事件发送给 Broker，SinkBinding 将目标配置与应用程序解耦。

2）想要消费特定类型事件，不关心事件是如何发布的。

使用 Trigger 基于 CloudEvent 属性消费来自 Broker 的事件。应用程序通过 HTTP POST 来接收事件。

3）想要通过一系列步骤来转换事件。

使用通道（Channel）和订阅（Subscription）来定义复杂的消息传递拓扑。对于简单的管道，Sequence 自动在每个阶段构建通道和订阅。由于系统是模块化设计，它可以以各种方式组合搭配使用这些组件。此外，Knative 还支持一些附加模式，诸如事件的并行（Parallel）扇出、从通道和代理路由事件响应。

本章将从 Eventing 组件的架构设计开始，详细介绍 CloudEvent 规范、事件源、Broker/Trigger 模型、事件流控制、事件通道、事件注册表等抽象概念。

4.1 Eventing 的架构设计

Eventing 组件遵循 Knative 的标准化、可替代、松散组合、不绑定的总体设计原则，采用了 CloudEvent 事件格式标准，还对事件源、消费者、通道进行了抽象。

本节将会详细介绍 Knative 事件驱动组件的总体设计目标、基础概念以及事件的传递方式。

4.1.1 总体设计目标

Knative Eventing 围绕着以下目标而设计。

1）Knative Eventing 服务是松散耦合的，可以独立开发和部署，并且可以跨多种平台（例如 Kubernetes、VMS、SaaS 或 FaaS）。

2）事件生产者和事件消费者是独立存在的。任何生产者（或事件源）可以生成事件而不依赖消费者。任何事件消费者可以在事件创建前订阅某个或某类事件。

3）其他服务可以连接到事件系统，这些服务可以完成两个功能：在不修改事件生产者或事件消费者的情况下创建新应用；从生产者那里选择并定位特定事件子集。

4）保障跨服务的互操作性。Knative Eventing 遵循 CloudEvent 标准。

4.1.2 Eventing 的基础概念

1. 事件消费者

为了能够将事件交付到多种类型的服务，Knative Eventing 定义了两个被多个 Kubernetes 资源实现的通用接口：Addressable 与 Callable。

1）Addressable 接口能够接收和确认通过 HTTP 传递到指定地址的事件，这个地址在 status.address.url 中定义。

2）Callable 接口能够接收通过 HTTP 传递的事件，并且转换事件，在 HTTP 响应中返回 0 或 1 个新事件。这些返回的事件可以以处理外部事件源同样的方式被进一步处理。

2. 代理与触发器

为了更容易地过滤事件，Knative Eventing 定义了代理（Broker）和触发器（Trigger）对象。

代理提供了一个可以通过属性选择的事件桶。它接收并转发事件到由一个或多个匹配的 Trigger 所定义的订阅者中。

触发器描述了一个基于事件属性的过滤器，该事件将被传递给可寻址对象。你可以按需创建多个触发器。

3. 事件注册表

Knative Eventing 定义了一个事件类型（EventType）对象，用以简化消费者发现可通过代理消费的事件类型。

事件注册表（Registry）是事件类型的集合。存储在注册表中的事件类型包含所有必要的信息，供消费者创建触发器而不需要依靠其他外部的机制。

4. 事件通道与订阅

Knative Eventing 还定义了一个事件转发和持久化层，叫作通道（Channel）。每个通道是一个独立的 Kubernetes 自定义资源。我们可以使用订阅（Subscription）将事件传递给服务或转发给其他通道。集群中消息的传递方式可以基于需求的变化而改变。事件可以通过 in-memory 实现的通道来处理，也可以使用 Apache Kafka 或 NATS Streaming 来持久化。

5. 事件流控制

在某些情况下，你可能希望使用一组需要协作的服务。对于这种场景，Knative Eventing 提供了两个附加资源：Sequence 提供了定义一个有序服务列表的方法；Parallel 提供了一个定义事件分支列表的方法。

6. 事件源

事件源（Source）是由开发人员或集群管理员创建的 Kubernetes 定制资源（Custom Resource，CR），用于连接事件生产者和事件接收器。事件接收器可以是 Kubernetes 服务、Knative 服务、通道或一个事件的代理。

每个事件源是一个独立的 Kubernetes 定制资源，它允许每种事件源类型定义必要的参数来实例化。所有的事件源应该是事件源类型的一部分，你可以使用 kubectl get sources 命令列出现存的事件源。

4.1.3　事件传递方式

当前，Eventing 架构支持 3 种事件传递方式。

1）简单事件传递：直接从事件源到单个服务。在这个场景中，如果目标服务不可用，事件源负责重试或对事件排队，如图 4-1 所示。

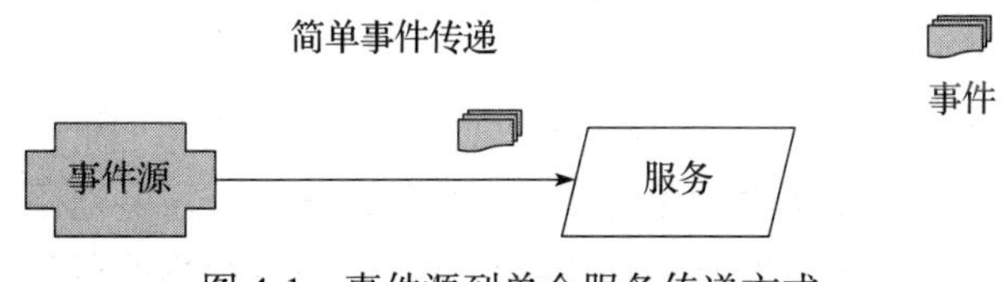

图 4-1　事件源到单个服务传递方式

2）通过通道与订阅方式传递事件：一个事件源或服务的响应使用通道和订阅扇出模式传递到多个端点。在这个场景中，通道要确保消息被传递到目标，并且目标服务不可用时应缓存事件，如图 4-2 所示。

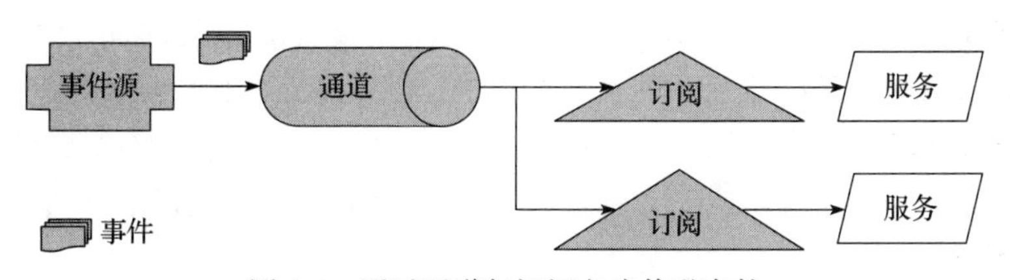

图 4-2　通过通道与订阅方式传递事件

3）通过 Broker/Trigger 方式传递事件：该方式与订阅方式类似，不同之处是它支持事件过滤。事件过滤是一种事件的筛选方法，该方法允许订阅者对流入 Broker 中的特定消息表示感兴趣。

对于每个代理，Knative Eventing 会隐式地创建一个通道。Trigger 会订阅 Broker，并将过滤器作用到消息上。过滤器通过 CloudEvent 消息的属性过滤相应的消息，然后将消息传递给感兴趣的订阅者，如图 4-3 所示。

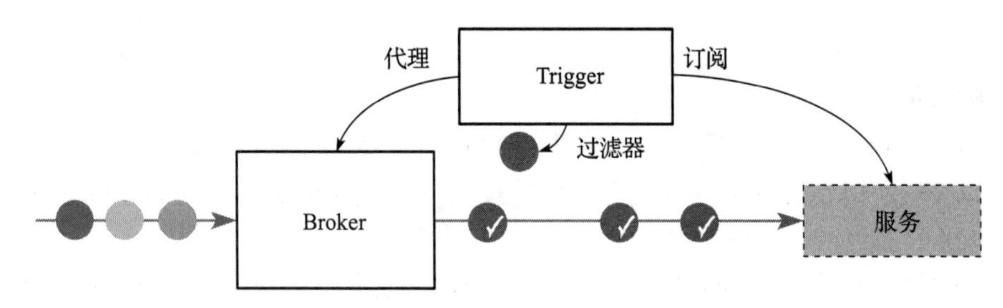

图 4-3　通过 Broker/Trigger 方式传递事件

4.2　关于 CloudEvent

在详细介绍 Knative Eventing 组件之前，我们需要先了解一下当前最重要的通用事件数据规范 CloudEvent。作为 Knative Eventing 采用的标准事件格式，CloudEvent 极大地推动了 Serverless 事件驱动基础设施的标准化。

4.2.1　CloudEvent 简介

事件无处不在，然而事件生产者描述事件的方式各不相同。由于缺少通用方式来描述事件，开发人员不得不为每个事件源编写新的事件处理逻辑。没有通用的事件格式意味着没有通用的库、工具和基础设施来跨环境传递事件数据。事件数据的可移植性和生产效率受到了阻碍。

CloudEvent 是一个采用通用格式描述事件数据的规范，提供了事件在跨服务、平台和系统之间的互操作性。事件格式指定如何使用某些编码格式序列化 CloudEvent。支持这些编码并兼容 CloudEvent 的实现必须遵守相应事件格式中指定的编码规则。所有实现都必须支持 JSON 格式。

当前，CloudEvent 还处于活跃的发展过程中，已经广泛引起行业兴趣，包括主流的云厂商和热门的 SaaS 厂商。

4.2.2　术语

图 4-4 是对 CloudEvent 中部分术语关系的描述。

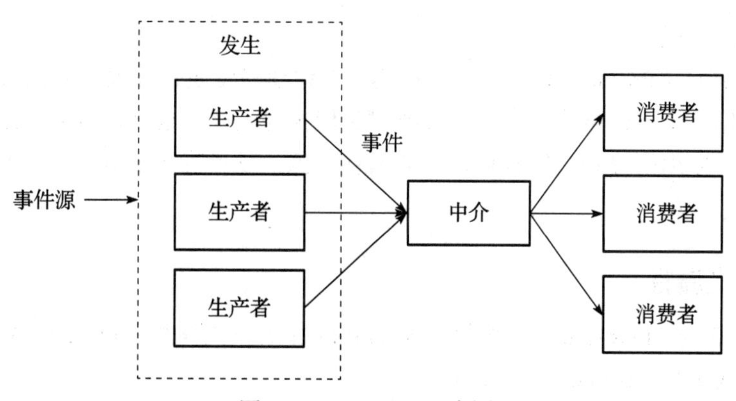

图 4-4　CloudEvent 术语

1）发生（Occurrence）：在软件系统运行期间捕获的事实的陈述。这可能是由于系统发出一个信号或观察到一个信号后发生的状态变化、计时器时间变化或任何其他值得注意的活动。例如，由于电池电量不足或虚拟机将要执行重启计划，设备可能会进入警报状态。

2）事件（Event）：发生（Occurrence）及其上下文的数据记录。事件从事件生产者路由到感兴趣的事件消费者。事件路由可以基于事件中包含的信息，但是不会标识特定的路由目的地。事件包含两种类型的信息：事件数据和内容元数据。一次发生可能会产生多个事件。

3）生产者（Producer）：创建描述 CloudEvent 数据结构的特定实例、进程或设备。

4）源（Source）：事件出现时的上下文信息。在分布式系统中，事件源可能由多个生产者组成。如果事件源不知道 CloudEvent，外部生产者将会代表事件源来创建 CloudEvent。

5）消费者（Consumer）：接收事件并对其采取行动。消费者使用上下文和数据执行某些逻辑，这也可能导致新的事件发生。

6）中介（Intermediary）：接收包含事件的消息，目的是将事件转发给下一个接收者。该接收者可能是另一个中介或消费者。中介的典型任务是根据上下文中的信息将事件路由到接收者。

7）上下文（Context）：元数据封装在"Context Attribute"（上下文属性）中。工具和应用程序代码可以使用此信息来识别事件与系统或事件与其他事件的关系。

8）数据（Data）：有关事件特定域的信息（即有效负载）。这可能包括发生事件的信息、已更改数据的详细信息。

9）事件格式（Event Format）：给出了将 CloudEvent 序列化为字节序列的方法。独立事件格式（诸如 JSON 格式）指定了独立于任何协议或存储介质的序列化方法。协议绑定可以定义协议依赖的格式。

10）消息（Message）：事件是以消息为载体从事件源传递到目的地的。

11）协议（Protocol）：通过各种行业标准协议（例如 HTTP、AMQP、MQTT、SMTP）、开源协议（例如 Kafka、NATS）或特定于平台 / 供应商的协议（例如 AWS Kinesis、Azure

Event Grid）传递消息。

12）协议绑定（Protocol Binding）：描述了如何通过给定协议发送和接收事件。协议绑定可以选择使用一个事件格式将事件直接映射到传输封包体，也可以为封包体提供附加格式和结构。例如，使用围绕一个结构化模式的消息打包，或者将几个消息一起批量打包进一个传输封包体。

4.2.3 上下文属性

符合此规范的 CloudEvent 必须包含 Required 的上下文属性（Context Attribute），并且可以包括一个或多个 Optional 上下文属性。

这些属性描述了事件，可以独立于事件数据进行序列化。这样，我们就可以在目的地对它们进行检查，而不必对事件数据进行反序列化。

1. 属性命名规范

CloudEvent 规范定义了到各种协议和编码的映射，随附的 CloudEvent SDK 提供了对各种运行时和语言的支持。其中，一些语言和运行时处理元数据元素区分大小写，并且单个 CloudEvent 可能会通过涉及协议、编码和运行时混合的多个跃点进行路由。因此，CloudEvent 规范限制了所有属性的可用字符集，避免区分大小写问题或通用语言中的标识符与允许字符集冲突问题。

CloudEvent 属性名称必须由 ASCII 字符集的小写字母（a 至 z）或数字（0 至 9）组成，并且必须以小写字母开头。属性名称应简洁、方便对应，长度不得超过 20 个字符。

2. 类型系统

以下抽象数据类型可用于属性。每一个类型都可以通过不同的事件格式和协议元数据字段来表示。CloudEvent 规范为所有实现必须支持的类型定义了字符串编码规范。

1）Boolean：布尔值为 true 或 false。

2）Integer：范围在 –2 147 483 648 到 +2 147 483 647 之间的整数。

3）String：允许的 Unicode 字符序列。

4）Binary：字节序列。

5）URI：绝对统一资源标识符。

6）URI-reference：统一资源标识符引用。

7）Timestamp：公历的日期和时间表达式。

3. Required 属性

以下属性必须出现在所有 CloudEvent 中。

1）id：String 类型。该属性用来表示事件的标识。生产者要确保 source 和 id 对每个特定事件是唯一的。如果事件被重复发送（例如由于网络错误），它可能具有相同的 id。消费者可以假定具有相同 source 和 id 的事件是重复的。

2）source：URI-reference 类型。该属性用来标识一个发生事件的上下文。通常，这包括诸如事件源的类型、发布事件的组织或事件的进程等信息。事件生产者定义了 URI 中编码数据背后的确切语法和语义。应用程序可以为每个不同的生产者分配唯一的 source，没有生产者有相同的 source，唯一 id 的生成会更加容易。应用程序可以使用 UUID、URN、DNS Authority 或特定于应用程序的方案来创建唯一的 source 标识符。

3）specversion：String 类型。该属性用来表示事件使用的 CloudEvent 规范的版本。

4）type：String 类型。该属性描述了初始发生相关事件的类型。通常，此属性用于描述路由、可观察性、策略执行等。此属性格式由生产者定义，可以包含类型的版本等信息。

4. Optional 属性

以下属性是可选的，可以出现在 CloudEvent 规范中。

1）datacontenttype：String 类型。该属性用来表示 data 值的内容类型。该属性使 data 可以承载任何类型的内容，格式和编码可与所选事件的格式和编码不同。例如，使用 JSON 封包格式渲染的事件可以在 data 中携带 XML 的有效负载，并且通过将此属性设置为 application / xml 来通知使用者。

2）dataschema：URI 类型。该属性用来表示 data 遵循的模式。

3）subject：String 类型。该属性用来表示事件生产者的上下文中描述的事件主题。在发布 – 订阅场景中，订阅者订阅源发出的事件，如果源的上下文中具有内部子结构，仅通过事件源标识符不足以作为任何特定事件的限定符，就需要引入事件主题。在上下文的元数据中，指定事件的主题在中间件无法解释数据内容的订阅在过滤场景中特别有用。

4）time：Timestamp 类型。该属性用来表示发生时的时间戳。如果无法确定发生时间，生产者可以将此属性设置为其他时间（诸如当前时间）。事件源相同的生产者在时间规则上必须要保持一致，它们要么使用实际发生时间，要么使用相同的算法来确定这个值。

5. 扩展上下文属性

CloudEvent 可以包含任意数量具有不同名称的附加上下文属性，这些属性称为扩展属性。扩展属性必须遵循相同的命名约定，并使用与标准属性相同的类型系统。扩展属性在 CloudEvent 规范中没有预先定义，允许外部系统将元数据附加到事件，就像 HTTP 自定义头信息一样。

扩展属性始终根据绑定规则进行序列化，就像标准属性一样。为了与非 CloudEvent 系统进行交互，此规范不会阻止将事件属性值复制到消息的其他部分。如果这些复制的值与 Cloud Event 序列化值不同，扩展规范应该明确接收方将如何解释该消息。

扩展定义应该全面定义属性的所有方面，包括名称、类型、语义含义以及可能的值。新的扩展定义应该使用描述准确的名称，避免与其他扩展发生命名冲突。特别注意，扩展的作者应该检查已知扩展集的文档，这不仅是为了避免潜在的命名冲突，还为了发现潜在感兴趣的扩展。

许多协议支持发送者包含附加元数据的能力，例如使用HTTP头信息的方式。虽然未强制要求CloudEvents接收方处理并传递它们，但强烈建议接收方通过某种机制实现这样的处理，这可以使其明确它们不是CloudEvent元数据。

这是一个演示附加属性需求的示例。在许多物联网和企业使用场景中，事件可以在Serverless应用程序中使用。该应用程序跨多种事件类型执行操作。为了支持这类使用场景，事件生产者需要向上下文属性添加其他标识属性，以便事件消费者使用这些属性将这个事件与其他事件相关联。如果此类身份属性恰好是事件数据的一部分，事件生产者还需要将身份属性添加到上下文属性中，这样事件消费者无须解码和检查事件数据就可以轻松访问此信息。此类身份属性还可用于帮助中间网关确定如何路由事件。

4.2.4 事件数据

按照术语Data（数据）的定义，CloudEvent可以包含有关发生的特定域的信息。如果存在事件发生，以下信息将封装在数据中。

Description：事件的有效负载。CloudEvent规范对此信息的类型没有任何限制。它被编码为datacontenttype属性指定的媒体格式（例如application/json）并且遵循dataschema格式（如果这些属性存在）。

4.2.5 大小限制

在许多情况下，CloudEvent通过一个或多个通用中介进行转发。每个中介都可能会对转发事件的大小施加限制。CloudEvent也可能会被路由到受存储或内存限制的消费者（如嵌入式设备），因此会遇到大型单一事件。

事件的大小是其线路传输的字节数，包括针对该事件在线路上传输的每个位。根据所选的事件格式和所选的协议绑定，包括传输帧元数据（Frame Metadata）、事件元数据（Event Metadata）和事件数据（Event Data）。

如果应用程序配置要求事件跨不同的协议进行路由或要求事件进行重新编码，则应该考虑使用最低效的协议和编码以符合大小限制。大小限制包括中介必须转发小于或等于64KB的事件；消费者应该接收小于64KB的事件。

实际上，这些限制允许生产者安全地发布最大为64KB的事件。这里说的安全是指事件大小是合理的、预期可被所有中介所接收并转发的。无论是出于本地考虑接收或拒绝该大小的事件，它都应该在特定的消费者控制范围内。

通常，CloudEvent发布者应该保持事件的小巧，不要将大型数据项嵌入事件的有效负载，而是应该将事件的有效负载链接到此类数据项。从访问控制的角度来看，此方法还允许事件的更广泛分布。通过解析链接访问事件相关的详细信息可实现差异化的访问控制和选择性公开，而不是将敏感的信息直接嵌入事件中。

4.2.6　隐私与安全

互操作性是此规范的主要推动力，但要使互操作行为成为可能，就需要明确提供一些信息，这可能导致信息意外泄露。为了防止信息意外泄露，尤其是在利用第三方平台和通信网络时产生信息泄露，开发人员可考虑以下方法。

1）敏感信息不应携带和表示在上下文属性中。CloudEvent 生产者、消费者和中介可以内省并记录上下文属性。

2）特定域的事件数据应该加密以限制可见性。生产者和消费者之间的协议使用这种加密机制，不在规范的范围之内。

3）应当采用协议级安全来确保 CloudEvent 的可信和安全交换。

4.2.7　示例

下面是一个使用 JSON 序列化 CloudEvent 的示例。

```
{
    "specversion" : "1.0-rc1",
    "type" : "com.github.pull.create",
    "source" : "https://github.com/cloudevents/spec/pull",
    "subject" : "123",
    "id" : "A234-1234-1234",
    "time" : "2018-04-05T17:31:00Z",
    "comexampleextension1" : "value",
    "comexampleothervalue" : 5,
    "datacontenttype" : "text/xml",
    "data" : "<much wow=\"xml\"/>"
}
```

4.3　事件源

除了下面说明的事件源，还有其他的事件源可以安装。如果你需要的事件源没有被覆盖到，可以使用 kubebuilder 写一个符合自己需要的事件源。

如果发送事件是你的代码业务逻辑的一部分，那么它并不适合事件源的模型，可以考虑采用直接传递事件给代理的方式。

4.3.1　核心事件源

核心事件源在安装 Knative Eventing 后即可直接使用，具体包括以下几个。

1）APIServerSource：当一个 Kubernetes 资源被创建、更新或删除时，APIServerSource 会发起一个新事件。

2）PingSource：PingSource 在 Cron 指定的时间点会发起事件。

3）ContainerSource：ContainerSource 实例化可以生成事件的容器映像，直到 ContainerSource

被删除。其可用于轮询 FTP 服务器以查找新文件或以设置的时间间隔生成事件。

4）SinkBinding：SinkBinding 可使用 Kubernetes 提供的计算抽象（例如 Deployment、Job、DaemonSet、StatefulSet）或 Knative 抽象（例如 Service、Configuration）创作新的事件源。

4.3.2 社区贡献的事件源

社区贡献的事件源具体包括以下几个。

1）GitHubSource：GitHubSource 根据选定的 GitHub 事件类型发起一个新事件。

2）AwsSqsSource：每次在 AWS SQS Topic 上发布一个事件，AwsSqsSource 都会触发一个新事件。

3）KafkaSource：KafkaSource 从 Apache Kafka 集群读取事件，然后传递给 Knative Serving 应用进行消费。

4）CamelSource：CamelSource 事件源可以代表任何 Apache Camel Component 提供一个消费端，并且使能发布事件给可寻址端点。每个 Camel 端点都具有 URI 形式，其中 scheme 是组件的 ID。

4.3.3 Google Cloud Source

为了从不同的 GCP 服务消费事件，Knative-GCP 支持不同的 GCP 源。

1）CloudPubSubSource：当 Google Cloud Platform PubSub topic 上发布一个消息，CloudPubSubSource 会触发一个新事件。

2）CloudStorageSourc：在指定的 Google Cloud Storage bucket 和可选对象前缀上注册特定类型的事件，让这些事件传入 Knative。

3）CloudSchedulerSource：创建、更新、删除 Google Cloud Scheduler 作业，当这些作业被触发，Knative 将会接收到事件。

4）CloudAuditLogsSource：注册 Google Cloud Audit Log 上的特定事件类型，将事件连接到 Knative。

4.4 Broker/Trigger 事件模型

代理（Broker）与触发器（Trigger）以 CRD 的方式提供了一个事件传递机制，它隐藏了从生产者到消费者事件路由的细节。

Knative 提供了一个多租户、基于通道的代理实现，该代理使用通道进行事件路由。在使用 Knative 的代理之前，必须安装一个通道提供者，诸如 InMemoryChannel、Kafka 或 NATS 等。

注意：InMemoryChannel 通道仅用于开发测试目的，不能在生产部署中使用。

触发器定义了想要订阅的事件，这些事件来自指定的代理。触发器可以定义为接收所有来自代理的事件，也可以定义为由一个或多个过滤器来过滤事件，符合条件的事件将会转发给订阅者。订阅者可以是 Knative Service，也可以是 Kubernetes Service。

4.4.1　工作原理

Broker/Trigger 方式与通道、订阅方式类似，不同之处是它支持事件的过滤。事件过滤是一种事件的筛选方法。该方法允许订阅者对流入 Broker 中的特定消息感兴趣。

对于每个代理，Knative Eventing 会隐式地创建一个通道。Trigger 会将自己订阅到 Broker，并过滤消息。过滤器通过 CloudEvent 消息的属性过滤消息，然后将消息传递给感兴趣的订阅者，如图 4-5 所示。

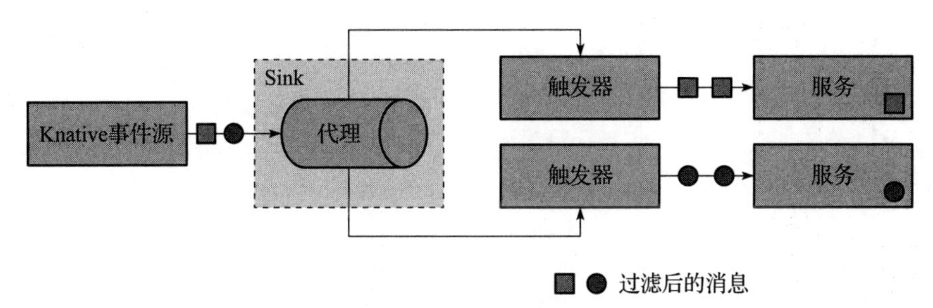

图 4-5　Broker/Trigger 事件模型

4.4.2　默认代理配置

Knative Eventing 提供了名为 config-br-defaults 的 ConfigMap，它位于 knative-eventing 命名空间，主要提供了创建代理和通道的默认配置。

1）使用默认配置创建一个 Broker：

```
kubectl create -f - <<EOF
apiVersion: eventing.knative.dev/v1
kind: Broker
metadata:
  name: default
  namespace: default
EOF
```

2）默认的 Broker 创建完成后，一般会生成一个完整的 Broker 配置，具体如下：

```
apiVersion: eventing.knative.dev/v1
kind: Broker
metadata:
  annotations:
    eventing.knative.dev/broker.class: MTChannelBasedBroker
```

```
  name: default
  namespace: default
spec:
  config:
    apiVersion: v1
    kind: ConfigMap
    name: config-br-default-channel
    namespace: knative-eventing
```

4.4.3 Broker/Trigger 模型范例

接下来，我们用一个范例来演示 Broker/Trigger 事件模型。

1）创建订阅者。订阅者可以是 Knative Service，也可以是 Kubernetes Service。

```
kubectl create -f - <<EOF
apiVersion: serving.knative.dev/v1
kind: Service
metadata:
  name: my-service
  namespace: default
spec:
  template:
    spec:
      containers:
      - image: gcr.io/knative-releases/knative.dev/eventing-contrib/cmd/event_
        display
EOF
```

2）创建 Trigger。触发器将特定类型的事件发送给第一步创建的订阅者（my-service）。在此示例中，我们使用 Ping 事件源。它发出的事件类型是 dev.knative.sources.ping。

```
kubectl create -f - <<EOF
apiVersion: eventing.knative.dev/v1
kind: Trigger
metadata:
  name: my-service-trigger
  namespace: default
spec:
  broker: default
  filter:
    attributes:
      type: dev.knative.sources.ping
  subscriber:
    ref:
      apiVersion: serving.knative.dev/v1
      kind: Service
      name: my-service
EOF
```

3）使用 Ping 事件源发出事件。Ping 事件源被配置成每分钟发出一个指定事件。

```
kubectl create -f - <<EOF
apiVersion: sources.knative.dev/v1alpha2
kind: PingSource
metadata:
  name: test-ping-source
spec:
  schedule: "*/1 * * * *"
  jsonData: '{"message": "Hello world!"}'
  sink:
    ref:
      # Deliver events to Broker.
      apiVersion: eventing.knative.dev/v1
      kind: Broker
      name: default
EOF
```

4.5 事件注册表

事件注册表（Registry）维护了一个事件类型（EventType）的目录，这些事件类型可以通过不同的代理进行消费。为了在集群的数据存储中持久化事件类型信息，事件注册表引入了一个新的 EventType CRD。

4.5.1 事件发现

通过事件注册表，你可以从代理的事件网格中发现可消费的各种事件类型。事件注册表的设计目的是使用 Broker/Trigger 模型创建触发器。

我们可以通过下面的命令来查看可用的事件类型。

```
kubectl get eventtypes -n <namespace>
```

上述命令的输出如下，命名空间使用的是 default。

NAME	TYPE	SOURCE	SCHEMA	BROKER	DESCRIPTION	READY	REASON
dev.knative.source.github.push-34cnb	dev.knative.source.github.push	https://github.com/knative/eventing		default		True	
dev.knative.source.github.push-44svn	dev.knative.source.github.push	https://github.com/knative/serving		default		True	
dev.knative.source.github.pullrequest-86jhv	dev.knative.source.github.pull_request	https://github.com/knative/eventing		default		True	
dev.knative.source.github.pullrequest-97shf	dev.knative.source.github.pull_request	https://github.com/knative/serving		default		True	
dev.knative.kafka.event-cjvcr	dev.knative.kafka.event	/apis/v1/namespaces/default/kafkasources/kafka-sample#news		default		True	
dev.knative.kafka.event-tdt48	dev.knative.kafka.event	/apis/v1/namespaces/default/kafkasources/kafka-sample#knative-demo		default		True	
google.pubsub.topic.publish-hrxhh	google.pubsub.topic.publish	//pubsub.googleapis.com/knative/topics/testing		dev		False	BrokerIsNotReady

从输出结果中可以看到，在 default 命名空间的事件注册表中有 7 个不同的 EventType。我们选择第一个并使用以下命令查看相应的 EventType 输出内容。

```
kubectl get eventtype dev.knative.source.github.push-34cnb -o yaml

apiVersion: eventing.knative.dev/v1alpha1
kind: EventType
metadata:
  name: dev.knative.source.github.push-34cnb
  namespace: default
  generateName: dev.knative.source.github.push-
spec:
  type: dev.knative.source.github.push
  source: https://github.com/knative/eventing
  schema:
  description:
  broker: default
status:
  conditions:
    - status: "True"
      type: BrokerExists
    - status: "True"
      type: BrokerReady
    - status: "True"
      type: Ready
```

对于事件消费者来说，spec 和 status 是最重要的字段，name 是建议性的。为了避免命名冲突，name 通常是根据 generateName 的值自动生成的。name 和 generateName 在消费者创建触发器时没有被使用到。

status 字段的主要目的是告诉消费者 EventType 是否已准备好。其是否就绪是基于 Broker 就绪状态基础上的。我们从上面例子的输出可以看到，PubSub EventType 处于未就绪状态，因为 Broker dev 处于未就绪状态。

让我们来看一下 spec 字段中更多的细节。

1）type：在事件网格中特指 CloudEvent 的类型，是必填属性。事件消费者可以根据这个属性创建触发器的过滤规则。

2）source：在事件网格中特指 CloudEvent 的事件源，是必备属性。事件消费者可以根据这个属性创建触发器的过滤规则。

3）schema：一个有效的 URI，可以是 JSON schema、Protobuf schema 等，是可选属性。

4）description：描述 EventType 的一段文字，是可选属性。

5）broker：指提供 EventType 的 Broker，是必备属性。

4.5.2 事件订阅

现在，我们知道事件可以通过代理的事件网格进行消费。我们可以创建触发器去订阅特定的事件。下面是基于以上事件注册表的输出，使用 type 和 source 精确匹配订阅事件的触发器示例。

1）订阅来自任何事件源的 GitHub push 事件。

```
apiVersion: eventing.knative.dev/v1alpha1
kind: Trigger
metadata:
  name: push-trigger
  namespace: default
spec:
  broker: default
  filter:
    attributes:
      type: dev.knative.source.github.push
  subscriber:
    ref:
      apiVersion: serving.knative.dev/v1
      kind: Service
      name: push-service
```

在上面事件注册表的输出中，只有两个事件源（knative's eventing 和 serving 代码库）存在特定的事件类型。后续如果有新的事件源被注册为 GitHub push，这个触发器可以消费它们。

2）订阅来自 GitHub Knative eventing 代码库的 GitHub pull 请求事件。

```
apiVersion: eventing.knative.dev/v1alpha1
kind: Trigger
metadata:
  name: gh-knative-eventing-pull-trigger
  namespace: default
spec:
  broker: default
  filter:
    attributes:
      type: dev.knative.source.github.pull_request
      source: https://github.com/knative/eventing
  subscriber:
    ref:
      apiVersion: serving.knative.dev/v1
      kind: Service
      name: gh-knative-eventing-pull-service
```

3）订阅发送到 knative-demo Topic 的 Kafka 消息。

```
apiVersion: eventing.knative.dev/v1alpha1
kind: Trigger
metadata:
  name: kafka-knative-demo-trigger
```

```
  namespace: default
spec:
  broker: default
  filter:
    attributes:
      type: dev.knative.kafka.event
      source: /apis/v1/namespaces/default/kafkasources/kafka-sample#knative-demo
  subscriber:
    ref:
      apiVersion: serving.knative.dev/v1
      kind: Service
      name: kafka-knative-demo-service
```

4）订阅 GCP Knative Project 发送到 Testing Topic 的 PubSub 消息。

```
apiVersion: eventing.knative.dev/v1alpha1
kind: Trigger
metadata:
  name: gcp-pubsub-knative-testing-trigger
  namespace: default
spec:
  broker: dev
  filter:
    attributes:
      source: //pubsub.googleapis.com/knative/topics/testing
  subscriber:
    ref:
      apiVersion: serving.knative.dev/v1
      kind: Service
      name: gcp-pubsub-knative-testing-service
```

注意：只有代理状态变为 ready，事件才能被触发器定义的订阅者所消费。

4.5.3 填充事件注册表

现在我们知道了怎样通过事件注册表发现事件，以及怎样利用这些信息订阅感兴趣的事件，下面看一下如何填充事件注册表。

1. 手工注册

为了填充事件注册表，集群配置人员可以手工注册事件类型。这意味着配置人员可以像管理其他 Kubernetes 资源一样（只要应用事件类型为 yaml 文件即可）。

```
kubectl apply -f <event_type.yaml>
```

2. 自动注册

由于手工注册很烦琐且容易出错，因此系统还支持事件类型的自动注册。事件类型的创建是在事件源实例化过程中完成的。目前，支持事件类型自动注册的事件源包括 CronJobSource、ApiServerSource、GithubSource、GcpPubSubSource、KafkaSource、AwsSqsSource。

我们来看一个使用 KafkaSoure 来填充测试集群的事件注册表的例子，相应的 yaml 配置如下。

```
apiVersion: sources.eventing.knative.dev/v1alpha1
kind: KafkaSource
metadata:
  name: kafka-sample
  namespace: default
spec:
  consumerGroup: knative-group
  bootstrapServers: my-cluster-kafka-bootstrap.kafka:9092
  topics: knative-demo,news
  sink:
    apiVersion: eventing.knative.dev/v1alpha1
    kind: Broker
    name: default
```

从该 yaml 配置中，我们可以看到 sink 的 kind 是 Broker。当前，只有那些指向 Broker 的 Source 实例支持自动创建 Eventype。topics 被用于生成事件类型的 source 字段。source 字段与 CloudEvent 的 source 属性值相同。

一旦 kubectl 应用了该 yaml 配置，kafka-sample 将被实例化。由于其有两个 topic（knative-demo、news），因此会有两个事件类型被添加到事件注册表中。我们可以在事件注册表的输出中看到这两个事件类型。

4.6　事件流控制

Knative Eventing 提供了两个描述事件流的 CRD。Sequence 定义了一个有序函数列表。Parallel 定义了一个分支列表，每个分支都会接收到同样的 CloudEvent 事件。

4.6.1　Sequence

在开发实践中，我们经常会遇到需要将一条数据经过多次处理的场景。Knative Sequence CRD 提供了一个定义有序、可调用函数列表的方法。每一步都可以修改、过滤或创建一个新的类型事件。Sequence 会在后台创建通道和订阅。

Sequence 定义规范包括 3 个部分。

1）Step：定义一个订阅者的有序列表，订阅者函数按列表顺序被执行。

2）ChannelTemplate：定义被用于创建 Step 之间通道的模板。

3）Reply：序列中最终步骤的结果被发送到的目的地。

Sequence 的 Status 由 4 个部分构成。

1）Condition：代表 Sequece 对象总体状态的细节。

2）ChannelStatus：传达底层作为序列一部分的通道资源的状态。它是一个数组，每个状态对应一个步骤编号。数组中第一条是第一步前面的通道的状态。

3）SubscriptionStatus：传达底层作为序列一部分的订阅资源的状态。它是一个数组，每个状态对应一个步骤编号。数组中的第一条是连接第一个通道到第一个步骤的订阅状态。

4）AddressStatus：通过该字段对外暴露 Sequenced 的可访问地址。发送到该地址的事件将被定向到第一个步骤前的通道。

Sequence 在 Knative Eventing 中提供了以下 4 种使用场景。

1）直接访问：事件源产生的事件直接发送给 Sequence，Sequence 接收到事件之后按顺序调用服务对事件进行处理。

2）面向事件处理：事件源产生的事件直接发送给 Sequence，Sequence 接收到事件之后按顺序调用服务对事件进行处理，处理之后的最终结果会调用 Reply 区块中定义的对象对事件进行处理。

3）级联 Sequence：Sequence 还支持级联处理，可进行多次 Sequence 处理，满足复杂事件处理场景需求。

4）面向 Broker/Trigger：事件源向代理发送事件时，通过触发器将这些事件发送给 Sequence。Sequence 处理完之后还可以将结果事件发送给代理，并最终由另一个触发器发送给对应的消费者进行事件处理。

4.6.2 Parallel

在开发实践中，我们经常会遇到根据不同的过滤条件对事件进行选择处理的场景。Parallel CRD 提供了一种简单的方法来定义一个分支列表，每个分支会接收到同样的消息（消息是发送到 Parallel Ingress Channel 的 CloudEvent）。通常，每个分支由过滤器函数构成，以保障分支的顺利执行。Parallel 会在后台创建通道和订阅。

Parallel 的定义规范包括 3 部分。

1）branch：定义一个由过滤器订阅者对构成的列表，每个分支有一个可选的 reply 对象。每个分支的定义如下。

- filter：（可选项）判定条件。返回一个事件时，调用订阅者执行，filter 和 subscriber 必须是可寻址的。
- subscriber：事件订阅者。返回的事件会被发送到 reply 分支对象，如果 reply 为空，事件将被发送到 spec.reply 对象。

2）channelTemplate：（可选项）定义用于创建通道的模板。

3）reply：（可选项）定义当某个分支没有定义自己的 reply 对象时，将结果发送给的对象。

Parallel 的 status 由 3 部分构成。

1）condition：描述 Parallel 对象的总体状态。

2）ingressChannelStatus 和 branchesStatus：表示 Parallel 底层的通道和订阅资源的状态。

3）address：暴露出 address 可以让可寻址对象使用 Parallel。发送到 address 的消息会被定向到 Parallel 前面的通道。

4.7　事件通道

通道（Channel）是 Kubernetes 自定义资源，用于定义单个事件转发和持久层。消息系统可以通过 Kubernetes 自定义资源来提供通道的实现，支持不同的技术平台，例如 Apache Kafka、NATS Streaming。

4.7.1　当前可用的通道

Knative Eventing 提供了多个基于各类消息中间件的通道实现，其中包括 Apache Kafka、NATS Streaming、GCP PubSub 等主流消息系统。InMemoryChannel 是基于内存的通道实现，当前主要用于开发测试目的，不建议用于生产环境部署。

当前，可用的通道以及所处的阶段状态如表 4-1 所示。

表 4-1　可用事件通道

名称	阶段状态	描述
GCP PubSub	概念验证	通过 GCP PubSub 实现的通道
InMemoryChannel	概念验证	仅用于开发测试，不能用于生产环境
KafkaChannel	概念验证	通过 Apache Kafka topics 实现的通道
NatssChannel	概念验证	通过 NATS Streaming 实现的通道

4.7.2　默认通道设置

默认通道配置在 knative-eventing 命名空间名为 default-ch-webhook 的 ConfigMap 中指定。该 ConfigMap 可以指定集群范围内的默认通道和特定于命名空间的通道实现。指定命名空间的默认值将覆盖在指定命名空间中创建的通道的集群默认值。具体示例如下。

1）为消息层设置默认通道配置。

```
apiVersion: v1
kind: ConfigMap
metadata:
  name: default-ch-webhook
  namespace: knative-eventing
data:
  default-ch-config: |
    clusterDefault:
```

```
    apiVersion: messaging.knative.dev/v1
    kind: InMemoryChannel
  namespaceDefaults:
    some-namespace:
      apiVersion: messaging.knative.dev/v1beta1
      kind: KafkaChannel
      spec:
        numPartitions: 2
        replicationFactor: 1
```

注意：当命名空间名称匹配时，特定于命名空间的默认设置优先于集群默认值。

2）创建一个使用集群或命名空间的默认设置的通道。

管理员可以使用集群或命名空间的默认配置创建一个通道。这通常会很有用，你可以不必关心通道的类型，直接使用管理员选择的通道。

```
apiVersion: messaging.knative.dev/v1
kind: Channel
metadata:
  name: my-channel
  namespace: default
```

4.8 本章小结

事件驱动是 Serverless 的核心能力之一。本章讲述了 Knative 事件驱动组件的架构设计，其使用 HTTP POST 方式将事件发送给代理，使用 SinkBinding 将目标配置与应用程序解耦，使用触发器基于 CloudEvent 属性消费来自代理的事件。应用可以通过 HTTP POST 来接收事件。Knative Eventing 使用通道和订阅来定义复杂的消息传递方式。

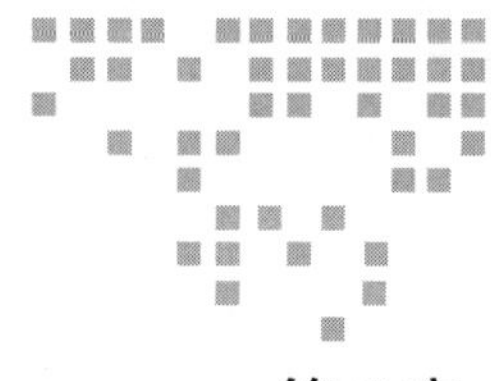

第 5 章 Chapter 5

基于 Tekton 的 CI/CD 平台

Tekton 是一个云原生的持续集成和持续交付（CI/CD）的解决方案，开发者使用它可以在多云环境和本地环境构建、测试、部署应用。本章将详细介绍 Tekton 的基本概念以及 CI/CD 工作流的实现。

5.1 Tekton 概述

Tekton 是由谷歌开源的 Kubernetes 原生框架，适用于创建持续集成和持续交付系统，支持在多云 / 多集群下进行构建、测试和部署，可实现滚动部署、蓝 / 绿部署、金丝雀部署或 GitOps 工作流等高级部署。

Tekton 的前身是 Knative Build 组件。随着 Knative Build 越来越趋向于成为一个通用型的 CI/CD 框架，最终导致 Knative Build 项目合并到 Tekton 中，成为在 Kubernetes 下的通用型原生 CI/CD 框架。相对于其他 CI/CD 平台，基于 Tekton 的 CI/CD 平台表现得更轻便、灵活，用户可根据需求快速定制所需功能，可直接与现有 CI/CD 工具（如 Jenkins、Jenkins X、Skaffold 等）结合使用。目前，Tekton 已被持续交付基金会（CDF）定为初始项目之一。

5.1.1 Tekton 的优势

Tekton 主要具有如下优势。

1）可定制：Tekton 实体是全面可定制的，具有高度的灵活性。平台工程师可以定义非常详细的构建模块目录，供开发者在各种场景中使用。

2）可重用：Tekton 实体是完全可移植的。一旦定义实体，组织内的任何人都可以使用给定的流水线并重用其构建模块，使得开发者可以快速构建复杂的流水线。

3）可扩展：Tekton Catalog 是 Tekton 构建模块的社区驱动的仓库，你可以使用 Tekton Catalog 中的预制组件快速创建新流水线，扩展现有流水线。

4）标准化：Tekton 在 Kubernetes 集群上以 CRD 扩展形式安装和运行。Tekton 工作负载在 Kubernetes 集群的容器中执行。

5）可伸缩：如果想要增加工作负载容量，只需添加集群节点即可。Tekton 随集群的扩展而扩展，无须重新分配资源或对流水线做任何修改。

5.1.2 Tekton 的组件构成

Tekton 由如下 7 个组件构成。

1）Tekton Pipeline：Tekton Pipeline 是 Tekton 的基础组件，定义了一组 Kubernetes 自定义资源。作为构建模块的基础，你可以使用它们装配 CI/CD 流水线。

2）Tekton Trigger：Tekton Trigger 可以实现基于事件实例化的流水线。例如，你可以在 GitHub 代码库合并 PR 时触发流水线的实例化和执行，也可以创建一个用于启动特定的 Tekton 触发器的用户接口。

3）Tekton CLI：Tekton CLI 提供了一个名为 tkn 的命令行界面，你可以使用它与 Tekton 进行交互。

4）Tekton Dashboard：Tekton Dashboard 是 Tekton Pipeline 的 Web 图形界面，展示有关流水线的执行状况。

5）Tekton Catalog：Tekton Catalog 是一个高质量的、由社区贡献的构建模块（任务、流水线等）仓库。这些模块可随时在你的流水线中使用，例如 docker-build、create-gitlab-release、git-clone 等共用的构建模块。如果我们在 Tekton 中需要实现 docker-build 功能，无须自己编写 Task，可直接使用 Catalog 项目中提供的功能配置，也可以根据自己的需求进行修改。

6）Tekton Hub：Tekton Hub 是用于访问 Tekton Catalog 的 Web 图形界面。

7）Tekton Operator：Tekton Operator 是一个 Kubernetes Operator，可用于便捷地在 Kubernetes 集群上安装、更新以及删除 Tekton 项目。

5.1.3 Tekton 的资源对象

Tekton 引入了 Task、Pipeline、TaskRun、PipelineRun、PipelineResource 概念，你可以通过它们指定任何想要运行的工作负载。

1）Task：定义了一个由 Step 组成的有序集合，每个步骤基于一组特定的输入调用特定的构建工具，并产生一组特定的输出。

2）Pipeline：定义了一系列与构建或交付相关的 Task，可由事件触发或 PipelineRun 调用。

3）TaskRun：通过特定的输入、输出、执行参数来实例化 Task。换句话说，Task 告诉了 Tekton 该做什么，而 TaskRun 则告诉 Tekton 在什么参数基础上做。

4）PipelineRun：实例化特定的 Pipeline，在一组特定输入的基础上执行 Pipeline 并产生一组特定的输出到特定目标。

5）PipelineResource：用于定义 Task 中 Step 的输入和输出的位置。

每个任务都在自己的 Kubernetes Pod 中执行。因此，默认情况下，流水线中的任务不共享数据。要想在任务之间共享数据，你必须显式配置每个任务，以使其输出可用于下一个任务，并将先前执行的任务的输出作为其输入。任何一个任务都适用此规则。

Task 与 Pipeline 的适用场景如下。

1）Task 适用于简单的工作负载，诸如运行测试、代码检查或构建 Kaniko 缓存。每个 Task 在独立的 Kubernetes Pod 中执行，使用独立的存储空间。Task 在定义简单任务的同时保持配置上的简单。

2）Pipeline 适用于复杂的工作负载，诸如对代码的静态分析、测试、构建、部署这类需要完成多个任务的综合项目。

5.2 Tekton 的概念模型

Tekton 的主要功能是实现持续集成和交付部署。Tekton Pipeline 是其核心组件，其他组件都是建立在 Tekton Pipeline 之上的。为了更好地理解 Tekton Pipeline 组件中各资源对象的作用，我们将详细阐述它们的基础概念和模型。

5.2.1 Step、Task 和 Pipeline

Step（步骤）是 CI/CD 工作流中最小的基础操作单元。Tekton 通过在 Step 中定义的容器镜像执行每个 Step。它可以帮助我们实现各种需求，如编译代码后制作成镜像并推送到镜像仓库，再把相应的程序镜像发布到 Kubernetes 集群中，这些实施细节都需要在 Step 中定义。

Task（任务）是由 Step 组成的集合。Tekton 中会以 Kubernetes Pod 的形式运行 Task，而 Task 中的每个 Step 都将作为 Kubernetes 集群 Pod 中的一个容器运行。此种设计模式允许同一个 Task 中的众多 Step 共享相应的资源，例如，Pod 中的各容器可以访问在 Pod 级别定义的存储卷。

Pipeline（流水线）是 Task 的集合，可以按特定的执行顺序定义 Task。每个 Task 都将作为 Kubernetes 集群上的一个 Pod 运行。为了使各 Task 共同协作实现持续集成，Pipeline 提供了如任务重试、排序控制等功能。

如图 5-1 所示，Pipeline 中引用了 Task A、Task B、Task C、Task D，因为 Pipeline 中各 Task 默认为并发执行，无法满足后一个 Task 依赖前一个 Task 结果的需求，所以使用排序功能定义各 Task 的执行顺序。首先由 Task A 运行，当 Task A 运行结束后，Task B 和 Task C 并发运行。待 Task B 和 Task C 运行结束后 Task D 运行。我们还可以观察到，每个 Task 中的 Step 都是按定义的顺序在执行。如果想调整 Task 中 Step 的运行顺序，我们只能在 Task 中重新对 Step 进行排序。

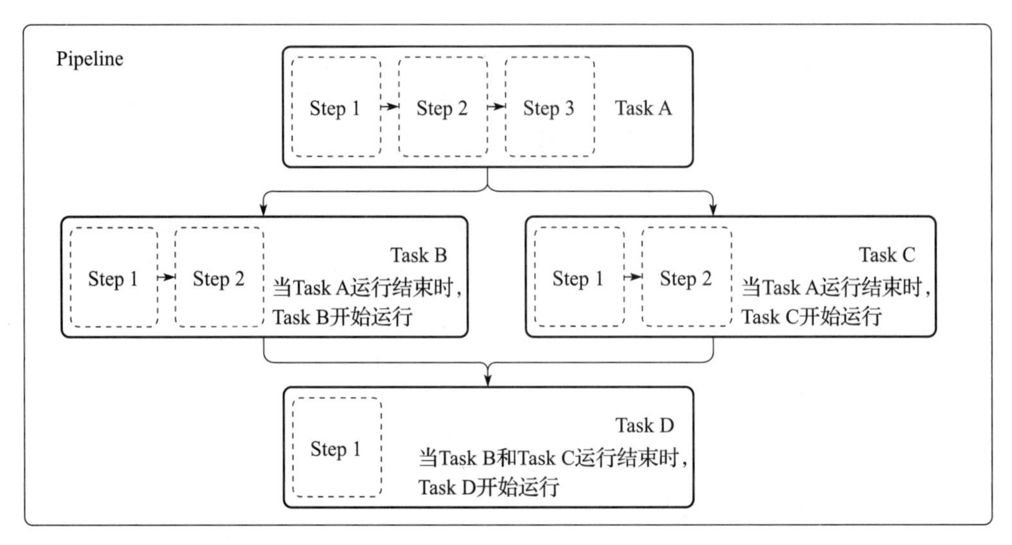

图 5-1　Task 与 Pipeline

5.2.2　输入与输出资源

每个 Task 和 Pipeline 可能都有自己的输入和输出，在 Tekton 中称为输入和输出资源。例如，我们定义一个 Task，此 Task 主要完成代码从编译到镜像的创建，这时可以将 Git 存储库作为输入，容器镜像作为输出。如图 5-2 所示，该任务从存储库克隆源代码，然后运行一些测试，最后将源代码构建为可执行的容器镜像。

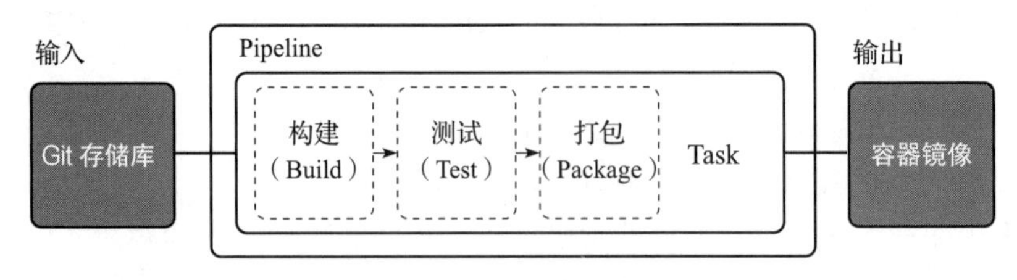

图 5-2　输入与输出资源

Tekton 支持多种不同类型的资源，以下列出主要的资源类型。

- Git：Git 存储库。
- Pull Request：Git 存储库中的特定请求。
- Image：容器镜像。

- Cluster：为 Tekton 所在集群以外的 Kubernetes 集群提供访问。
- Storage：Blob 存储中的对象或目录，例如 Google 云存储。
- CloudEvent：定义事件数据的规范。

5.2.3 TaskRun 与 PipelineRun

TaskRun 可以在集群上实例化和执行 Task。我们可以在 Pipeline 之外通过单独运行 TaskRun 来执行 Task，并且通过 TaskRun 查看 Task 中每个 Step 执行的细节。PipelineRun 可以在集群上实例化和执行 Pipeline。我们可以通过 PipelineRun 的运行状态查看每个 Task 的详细信息和运行情况。

TaskRun 和 PipelineRun 可以帮助我们把资源与 Task 和 Pipeline 对象串联起来，通过运行 TaskRun 和 PipelineRun 来完成一次 CI/CD 的工作流。

创建 TaskRun 和 PipelineRun 有多种方式，我们可以通过手动创建、在 Dashboard 上创建或通过触发器触发自动创建等方式完成，如图 5-3 所示。

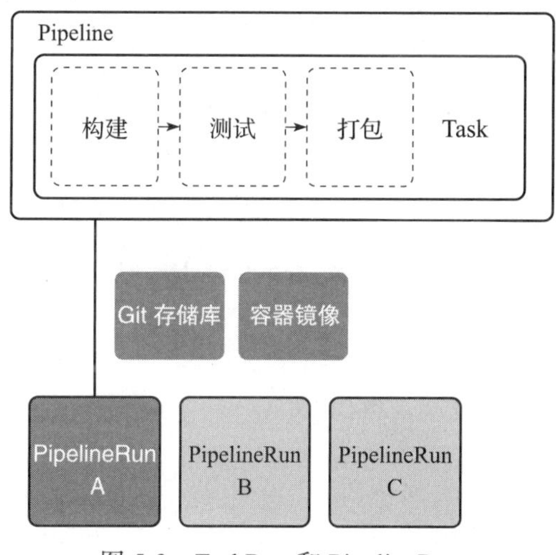

图 5-3　TaskRun 和 PipelineRun

5.2.4 Tekton 的运作方式

总体来说，Tekton Pipeline 的核心功能是打包每个步骤。其中，Tekton Pipeline 会在 Step 容器中注入一个二进制文件，将其作为入口点。当系统准备就绪时，将执行指定的命令。

Tekton Pipeline 使用 Kubernetes 注释来跟踪 Pipeline 的状态。这些注释通过 Kubernetes Downward API 以文件的形式投射到每个 Step 容器中。该入口点的二进制文件密切关注投射的文件，只有在特定注释显示为文件时才会启动命令。例如，当要求 Tekton 在一个 Task 中连续运行两个 Step 时，注入第二个 Step 容器中的入口点的二进制文件将闲置等待，直到注释报告第一个 Step 容器成功完成。

此外，Tekton Pipeline 会安排一些容器在 Step 容器之前和之后自动运行，以支持特定的内置功能，例如检索输入资源和将输出加载到存储库。你也可以通过 TaskRun 和 PipelineRun 跟踪它们的运行状态。在运行 Step 容器之前，系统还会执行许多其他操作来设置环境。

5.3 Tekton Pipeline 资源对象详解

Tekton Pipeline 中引入了多个资源对象，这些资源对象是 CI/CD 中的基础构建单元。本节将介绍在 Tekton Pipeline 中常用的资源对象及其字段与配置。

5.3.1 Task

Task 是由 Step 组成的集合。作为持续集成的一部分，用户可以在 Task 中按特定的执行顺序定义 Step。最终，Task 中的每个 Step 都将作为 Kubernetes 集群 Pod 中的一个容器运行。

Task 声明中的元素包括 params、resources、steps、workspaces 和 results 等。

1. Task 的配置字段

Task 的必要配置字段如下。

- apiVersion：指定 API 版本，例如 tekton.dev/v1beta1。
- kind：表示资源对象类型，在此应标记为 Task。
- metadata：为 Task 对象指定唯一的标识。
- spec：指定 Task 资源对象的配置信息。
- steps：指定在 Task 中运行的一个或多个容器镜像。

Task 的可选配置字段如下。

- description：为 Task 提供描述信息。
- params：指定 Task 所需的执行参数。
- resources：指定 Task 需要或将创建的 PipelineResource 资源（仅用于 Alpha 版本）。
- inputs：指定 Task 的输入资源。
- outputs：指定 Task 的输出资源。
- workspaces：指定 Task 运行期间所需存储卷的路径。
- results：指定在 Task 下写入执行结果的名称。
- volumes：指定一个或多个存储卷，这些存储卷可用于 Task 的 Step 中。
- stepTemplate：指定用于 Step 中的配置，所有 Step 都可引用。当 Step 中的各配置与 stepTemplate 配置冲突时，Step 中的配置生效。

- sidecars：指定Sidecar容器与Task中的Step一起运行。Sidecar容器会在Task之前执行，并在Task执行完之后删除。

2. Task与ClusterTask资源对象区别

Task与ClusterTask两个资源对象的配置完全相同。它们的区别在于，Task的作用域是命名空间，ClusterTask的作用域是整个Kubernetes集群，即Task资源对象只允许被本命名空间的TaskRun或Pipeline调用，而ClusterTask资源对象允许被整个Kubernetes集群下的TaskRun、Pipeline调用。

ClusterTask配置示例如下：

```
apiVersion: tekton.dev/v1beta1
kind: ClusterTask           # 声明此为ClusterTask资源对象
metadata:
  name: script-task
spec:
  steps:
    - name: hello-world
      image: bash:latest
      script: |
        #!/usr/bin/env bash
        echo "Hello World"

---
apiVersion: tekton.dev/v1beta1
kind: TaskRun
metadata:
  name: script-task-run
  namespace: default
spec:
  taskRef:
    kind: ClusterTask       # 需明确指定调用ClusterTask资源，默认为Task
    name: script-task
  timeout: 1h0m0s
```

3. Task资源对象中的字段示例

（1）steps字段

Step是对容器镜像的引用，通过引用特定的镜像来完成相应的任务。要想将Step添加到Task中，需要先定义steps字段。steps字段包含一系列的Step。其中，各Step的排列顺序决定了它们的执行顺序。

1）Task中的保留目录说明。

- /workspace：此目录是Tekton的工作空间和资源目录。用户可通过Tekton支持的变量进行引用。
- /tekton：此目录是Task运行时所需的特殊目录。

a. Task 执行结果会被写到运行容器的 /tekton/results 目录下，可通过 $(results.name.path) 变量引用。

b. 在向私有镜像仓库推送镜像时，需要的认证文件（config.json）存放在 /tekton/home/.docker/ 下。

c. Tekton 中还有其他功能使用该路径（/tekton），但用户不应该依赖这些路径，因为将来可能会改变。

2）Step 中常用的子句。

表 5-1 描述了 Task steps 中常用的配置子句。

表 5-1　Task steps 中常用的配置子句

字段	描述
name	描述一个 Step 名称
image	定义 Step 中需要引用的镜像
command	定义可用命令和参数（需要镜像中包含该命令）
args	定义可用参数
env	自定义变量
script	定义脚本
workingDir	定义工作目录
volumeMounts	定义挂载卷

3）在 Step 中运行脚本。

在 Step 中，我们可通过 script 字段来编写脚本，如 Bash、Python、Node、Perl 脚本。需要注意的是，script 字段与 command 字段互斥。script 字段默认解释器是“#!/bin/sh”。该字段可在编写脚本时自行定义，但需保证容器中存在该解释器。

Bash 脚本定义示例如下。该范例主要功能是自动生成镜像的 tag，然后在 Task 中通过 $(results.build-id.path) 进行引用。

```
apiVersion: tekton.dev/v1beta1
kind: Task
metadata:
  name: generate-build-id
spec:
  params:
    - name: base-version
      description: Base product version
      type: string
      default: "1.0"
  results:
    - name: timestamp
      description: Current timestamp
    - name: build-id
      description: ID of the current build
```

```
steps:
  - name: get-timestamp
    image: bash:latest
    script: |              # 开始编写脚本
      #!/usr/bin/env bash
      ts='date "+%Y%m%d-%H%M%S"'
      echo "Current Timestamp: ${ts}"
      echo ${ts} | tr -d "\n" | tee $(results.timestamp.path)
  - name: get-buildid
    image: bash:latest
    script: |              # 开始编写脚本
      #!/usr/bin/env bash
      ts='cat $(results.timestamp.path)'
      buildId=$(inputs.params.base-version)-${ts}
      echo ${buildId} | tr -d "\n" | tee $(results.build-id.path)
```

Python脚本定义示例如下：

```
steps:
- image: python
  script: |
    #!/usr/bin/env python3
    print("Hello from Python!")
```

（2）params字段

params字段可以指定在执行时提供给Task的全局参数。我们可以将TaskRun中对应的params传入Task。

1）参数的name字段只能包含字母、数字、字符、连字符（-）和下划线（_），必须以字母或下划线（_）开头。

2）每个参数都有一个type字段，用来描述此参数的数据类型。目前，params字段支持array（数组）和string（字符串）类型，默认类型为string。可以简单理解为，array类型可传递数组，而string类型只能传递一个参数值。

params字段的定义示例如下：

```
apiVersion: tekton.dev/v1beta1
kind: Task
metadata:
  name: task-parameters
spec:
  params:
    - name: flags
      type: array          # 设置 array 类型
    - name: pathToContext
      type: string         # 设置 string 类型
  steps:
    - name: ls
```

```
      image: bash:latest
      command: ["ls","$(params.flags[*])","$(params.pathToContext)"]
      # 执行命令: ls -l -a /tekton/ /workspace

---
apiVersion: tekton.dev/v1beta1
kind: TaskRun
metadata:
  name: run-parameters
spec:
  taskRef:
    name: task-parameters
  params:
    - name: flags
      value:              # 把多个 ls 命令的选项一起传递给 array 类型的 Param
        - "-l"
        - "-a"
        - "/tekton/"
    - name: pathToContext
      value: "/workspace"
```

（3）resources 字段

在 resources 字段中，我们可以指定 PipelineResource 资源对象提供的输入和输出资源。resources 字段的定义示例如下：

```
spec:
  resources:
    inputs:                # 输入
      - name: git-source
        targetPath: customworkspace   # 覆盖默认路径（可选）
        type: git
    outputs:               # 输出
      - name: git-code
        type: git
```

Tekton 中的默认工作目录为 /workspace/。在指定 Git 类型的输入资源时，代码存放路径是 $(resources.inputs.<inputsName>.path)，即 /workspace/git-source。

如果需要覆盖默认路径，可通过 targetPath 指定的路径覆盖默认路径。此时，代码会存放在 /workspace/customworkspace 路径下，同样使用变量 $(resources.inputs.<inputsName>.path) 引用。

（4）workspaces 字段

workspaces 字段允许指定 Task 运行期间需要的存储卷，建议最多使用一个可写卷。我们可在 Task 中指定 workspaces 字段使用集群的 PersistentVolumeClaim、ConfigMap、Secret、emptyDir 资源。

workspaces 字段的定义示例如下：

```
apiVersion: v1
kind: PersistentVolumeClaim      # 在Kubernetes集群上创建PVC资源
metadata:
  name: pvc-km
spec:
  accessModes:
    - "ReadWriteOnce"
  resources:
    requests:
      storage: "2Gi"

---
apiVersion: v1
kind: ConfigMap                  # 在Kubernetes集群上创建ConfigMap资源
metadata:
  name: cm-km
data:
  config: "Hello ConfigMap!\n"

---
apiVersion: v1
kind: Secret                     # 在Kubernetes集群上创建Secret资源
metadata:
  name: secret-km
type: Opaque
stringData:
  username: user
data:
  server-cert.pem: SGVsbG8gU2VjcmV0IQo=

---
apiVersion: tekton.dev/v1beta1
kind: Task
metadata:
  name: task-workspaces
spec:
  workspaces:
    - name: emptyDirName
    - name: pvcName
      mountPath: /km/pvc
    - name: configmapName
      mountPath: /km/configmap
    - name: secretName
      mountPath: /km/secret  # 将资源挂载到/km/secret(路径不存在时，自动创建)
  steps:
    - name: print
      image: bash:latest
      script: |
        #!/usr/bin/env bash
        echo "Hello emptyDir!" >> $(workspaces.emptyDirName.path)/emptyDir.txt
```

```
        echo "Hello PersistentVolumeClaim!" >> $(workspaces.pvcName.path)/pvc.txt
        cat $(workspaces.emptyDirName.path)/emptyDir.txt
        cat $(workspaces.pvcName.path)/pvc.txt
        cat $(workspaces.configmapName.path)/config
        cat $(workspaces.secretName.path)/server-cert.pem

---
apiVersion: tekton.dev/v1beta1
kind: TaskRun
metadata:
  name: taskrun-storage
spec:
  serviceAccountName: docker-git-sa
  workspaces:
    - name: emptyDirName
      emptyDir: {}
    - name: pvcName               # 此名称必须与 Task 对象中相应的 Workspace 名称相同
      persistentVolumeClaim:
        claimName: pvc-km         # 引用 Kubernetes 集群上的 PVC（必须提前存在）
    - name: configmapName
      configmap:
        name: cm-km               # 引用 Kubernetes 集群上的 ConfigMap（必须提前存在）
    - name: secretName
      secret:
        secretName: secret-km # 引用 Kubernetes 集群上的 Secret（必须提前存在）
  taskRef:
    name: task-workspaces
    kind: Task
```

（5）results 字段

通过定义 results 字段，我们可将 Task 输出的字符串结果保存到文件内，此结果可在 Task 级别或 Pipeline 级别使用。在 Pipeline 中使用该文件可把数据从一个 Task 传递给下一个 Task。该文件默认存储在 Task 容器中的 /tekton/results 目录下。

目前，Task 的执行结果大小受 Kubernetes 容器的 TerminationMessage 限制，最大能保存 4096 字节的数据。因为 Tekton 需要使用 TerminationMessage 来完成一些内部实现，所以建议大于千字节的结果数据通过 Workspace 目录来实现任务之间的数据传递。

results 字段的定义示例如下：

```
apiVersion: tekton.dev/v1beta1
kind: Task
metadata:
  name: generate-build-id
spec:
  params:
    - name: base-version
      description: Base product version
      type: string
```

```
      default: "1.0"
  results:
    - name: timestamp
      description: Current timestamp
    - name: build-id
      description: ID of the current build
  steps:
    - name: get-timestamp
      image: bash:latest
      script: |
        #!/usr/bin/env bash
        ts='date "+%Y%m%d-%H%M%S"'
        echo "Current Timestamp: ${ts}"
        echo ${ts} | tr -d "\n" | tee $(results.timestamp.path)
    - name: get-buildid
      image: bash:latest
      script: |
        #!/usr/bin/env bash
        ts='cat $(results.timestamp.path)'
        buildId=$(inputs.params.base-version)-${ts}
        echo ${buildId} | tr -d "\n" | tee $(results.build-id.path)
```

上述示例中，首先把 Step 中 get-timestamp 的执行结果存储到 $(results.timestamp.path) 中，然后在 get-buildid 中再次对其进行调用。

（6）volumes 字段

volumes 字段为 Task 中的 Step 指定一个或多个存储卷。

通过 volumes 字段可以实现挂载 Kubernetes 中的 Secret；创建一个 emptyDir，在多个 Step 之间实现数据的临时共享；挂载 Kubernetes 中的 ConfigMap；将物理机 Docker 上的 Socket 挂载到 Step 中，以便使用 Dockerfile 构建容器镜像。但由于这种方式存在很大的安全隐患，建议使用 Kaniko 项目进行容器镜像的构建与推送。

volumes 字段的定义示例如下：

```
apiVersion: tekton.dev/v1beta1
kind: Task
metadata:
  name: task-volume
spec:
  params:
      # 通过参数指定 Kubernetes 集群上的 PVC 资源名称（给 spec.volumes 字段引用）
    - name: mavenPVC
      type: string
      default: maven-pvc
      # 通过参数指定 Kubernetes 集群上的 ConfigMap 资源名称（给 spec.volumes 字段引用）
    - name: configMapName
      type: string
      default: app-config
```

```
    # 通过参数指定此 Task 中 Volume 的名称（给 spec.volumes 字段引用）
  - name: volumeName
    type: string
    default: appconfig
resources:
  outputs:
  - name: builtImage
    type: image
steps:
  - name: volumes-example
    image: docker:git
    command: ['docker']
    args:
      - push
      - $(resources.outputs.builtImage.url)
    volumeMounts:
      - name: shareData
        mountPath: /shareData
      - name: localtime
        mountPath: /etc/localtime
      - name: docker-socket
        mountPath: /var/run/docker.sock
      - name: maven-storage
        mountPath: /root/.m2
      - name: "$(params.volumeName)"
        mountPath: /app/config
volumes:
  - name: shareData
    emptyDir: {}
  - name: localtime
    hostPath:
      path: /usr/share/zoneinfo/Asia/Shanghai
  - name: docker-socket
    hostPath:
      path: /var/run/docker.sock
      type: Socket
  - name: maven-storage
    persistentVolumeClaim:
      claimName: "$(params.mavenPVC)"
  - name: "$(params.volumeName)"
    configMap:
      name: "$(params.configMapName)"
      items:
        - key: config
          path: config
```

上述示例通过 volumes 和 volumeMounts 字段挂载 emptyDir、ConfigMap、PVC、Docker Socket 等资源。

（7）stepTemplate 字段

stepTemplate 字段用于指定 Step 容器的起始配置，比如定义公共配置。所有 Step 都可引用该模板，以避免重复定义。当 Step 中的配置与 stepTemplate 配置冲突时，Step 中的配置生效。

stepTemplate 字段的定义示例如下：

```
apiVersion: tekton.dev/v1beta1
kind: Task
metadata:
  name: stepTemplate
spec:
  stepTemplate:
    env:
      - name: "FOO"
        value: "bar"
  steps:
    - name: test-a
      image: bash:latest
      script: |
        #!/usr/bin/env bash
        echo "FOO is ${FOO}"
    - name: test-b
      image: bash:latest
      env:
        - name: "FOO"
          value: "baz"
      script: |
        #!/usr/bin/env bash
        echo "FOO is ${FOO}"
```

（8）sidecars 字段

sidecars 字段定义了与 Task 中的 Step 一起运行的容器。Sidecar 容器为 Step 提供辅助功能，会在 Task 执行之前启动，并在 Task 执行完之后删除。

sidecars 字段的定义示例如下：

```
steps:
  - image: docker
    name: client
    script: |
        #!/usr/bin/env bash
        cat > Dockerfile << EOF
        FROM ubuntu
        RUN apt-get update
        ENTRYPOINT ["echo", "hello"]
        EOF
        docker build -t hello . && docker run hello
        docker images
```

```
        volumeMounts:
          - mountPath: /var/run/
            name: dind-socket
    sidecars:
      - image: docker:18.05-dind
        name: server
        securityContext:
          privileged: true
        volumeMounts:
          - mountPath: /var/lib/docker
            name: dind-storage
          - mountPath: /var/run/
            name: dind-socket
    volumes:
      - name: dind-storage
        emptyDir: {}
      - name: dind-socket
        emptyDir: {}
```

上述示例通过 Docker-in-Docker 容器，展示了 Sidecar 在构建 Docker 镜像时起到的作用。

（9）description 字段

description 为可选字段，用于为 Task 提供描述信息。

description 字段的定义示例如下：

```
spec:
  resources:
    outputs:
      - name: builtImage
        description: The URI of the image to push, including registry host.
        type: image
```

4. 变量替换

Task 中支持变量替换，用户可以通过变量来完成替换参数的引用，如表 5-2 所示。

表 5-2　Task 中的可用变量

变量	描述
params.<paramName>	运行时的参数值
resources.inputs.<resourceName>.path	输入资源的路径
resources.outputs.<resourceName>.path	输出资源的路径
results.<resultName>.path	Task 将其执行结果数据写入文件的路径
workspaces.<workspaceName>.path	工作区的路径
workspaces.<workspaceName>.claim	PVC 的名称
workspaces.<workspaceName>.volume	Volume 的名称

（续）

变量	描述
credentials.path	creds-init 初始化容器时写入身份验证文件的路径。当前版本默认路径为 /tekton/creds，身份验证文件以隐藏文件的形式保存在该路径下，可通过引用 $(credentials.path) 使用该路径

（1）params 变量替换

在 Task 的 Step 中引用 params，需要使用 params.<paramName> 语法。params.<paramName> 是参数的名称。前面已经介绍过 params 字段支持两种参数类型，即 string 和 array 类型。这里，我们展示如何通过变量实现参数替换的引用。

string 类型参数的引用示例如下：

```
spec:
  params:
    - name: app       # 定义参数名称
      type: string    # 定义参数类型，默认为 string 类型（支持 string 和 array 类型）
      default: hapi   # 定义默认参数值（可选），可被 TaskRun、Pipeline 等传递的值覆盖
  steps:
    - name: print
      image: bash:latest
      command: ["echo","$(params.app)"]
      # 通过 params.<paramName> 语法，在 steps 字段中引用参数
```

array 类型参数的引用示例如下：

```
apiVersion: tekton.dev/v1beta1
kind: Task
metadata:
  name: task-parameters
spec:
  params:
    - name: ls
      type: array
  steps:
    - name: print
      image: bash:latest
      command: ["ls","$(params.ls[*])","/bin"]
      # "$(params.ls[*])" 必须独立引用。如: "$(params.ls[*]) /bin" 会显示语法错误

---
apiVersion: tekton.dev/v1beta1
kind: TaskRun
metadata:
  name: run-parameters
spec:
  taskRef:
    name: task-parameters
```

```
  params:
    - name: ls
      value:        # 向 array 类型的参数中传递多个值
        - "-l"
        - "-a"
        - "/tekton/"
```

上述示例中，我们通过运算符扩展 array 参数，将运算符 "[*]" 添加到 <paramName> 后边。在引用该语法时，将数组元素插入独立字符的位置。command: ["ls","$(params.ls[*])", "/workspace/"] 展开后是 command: ["ls","-l","-a",/tekton/,"/workspace/"]。

（2）Resource 变量替换

在 Task 的 Step 中引用 Resource 相关变量，需要关注 Task 中 Resource 和 PipelineResource 资源对象中的 7 大资源类型。它们是 Git、PullRequest、Image、GCS、BuildGCS、Cluster 和 CloudEvent。

基于 Git 与 Image 资源类型的简单用法示例如下：

```
apiVersion: tekton.dev/v1beta1
kind: Task
metadata:
  name: resource-task
spec:
  resources:
    inputs:
      - name: git-source
        type: git
    outputs:
      - name: app-image
        type: image
  steps:
    - name: print
      image: bash:latest
      script: |
        #!/usr/bin/env bash
        echo $(resources.inputs.git-source.path)  # 代码存放路径
        echo $(resources.outputs.app-image.url)   # 镜像 url
```

（3）Workspace 变量替换

Workspace 可以帮助用户把输入 / 输出资源和 Kubernetes 上的 ConfigMap、Secret、持久存储、emptyDir 等资源挂载到 Task 中，便于我们在 Task 的 Step 中引用。

以下示例主要展示通过变量替换语法实现 Workspace 资源的引用。

```
apiVersion: tekton.dev/v1beta1
kind: Task
metadata:
  name: task-workspaces
```

```
spec:
  workspaces:
    - name: pvcName              # 定义 Workspace 名称
      mountPath: /km/pvc
  steps:
    - name: print
      image: bash:latest
      script: |
        #!/usr/bin/env bash
        # 引用变量，展开后路径为：/km/pvc/pvc.txt
        echo "Hello PVC!" >> $(workspaces.pvcName.path)/pvc.txt
        cat $(workspaces.pvcName.path)/pvc.txt

---
apiVersion: tekton.dev/v1beta1
kind: TaskRun
metadata:
  name: taskrun-storage
spec:
  serviceAccountName: docker-git-sa
  # 指定 Kubernetes 中已存在的 PVC 资源，然后传递给 Task 资源中相应的 Workspace
  workspaces:
    - name: pvcName
      persistentVolumeClaim:
        claimName: pvc-km     # 引用 Kubernetes 集群上的 PVC（必须提前存在）
  taskRef:
    name: task-workspaces
    kind: Task
```

（4）Volume 变量替换

在 Tekton 中，Volume 支持多种常见的类型，包括 ConfigMap、Secret、PersistentVolumeClaim、emptyDir 等。我们可以通过参数化 Volume 名称和类型做变量替换。参数化配置可以传递不同的资源名称，便于我们配置和使用 Task。

下面通过挂载 ConfigMap 资源示例展示 Volume 的基本使用。

```
apiVersion: tekton.dev/v1beta1
kind: Task
metadata:
  name: task-volume
spec:
  params:
    # 通过参数指定 Kubernetes 集群上 PVC 资源名称（给 spec.volumes 字段引用）
    - name: pvcName
      type: string
      default: pvc-km
  steps:
    - name: print
      image: bash:latest
```

```
        script: |
          #!/usr/bin/env bash
          echo "Hello PVC!" >> /km/pvc/pvc.txt
          cat /km/pvc/pvc.txt
        volumeMounts:
          - name: storage
            mountPath: /km/pvc
  volumes:
    - name: storage
      persistentVolumeClaim:
        claimName: "$(params.pvcName)"    # 引用参数名称传递 PVC 资源名称
```

5.3.2 TaskRun

TaskRun 可以在集群上实例化和执行 Task。TaskRun 会按指定的顺序执行 Task 中的 Step，直到所有 Step 都成功执行或失败为止。在使用过程中，我们可以先编写 Task，然后在 Tekton Dashboard 界面上创建 TaskRun。

TaskRun 的必要配置字段如下。

- ❑ apiVersion：指定 API 版本，例如 tekton.dev/v1beta1。
- ❑ kind：将资源对象标记为 TaskRun。
- ❑ metadata：为 TaskRun 对象指定唯一标识。
- ❑ spec：指定 TaskRun 资源对象的配置信息。
- ❑ taskRef 或 taskSpec ：指定 TaskRun 将执行的 Task。

TaskRun 的可选配置字段如下。

- ❑ serviceAccountName ：指定 Kubernetes 集群上的一个 ServiceAccount 对象，该对象会为 Task 全局提供身份验证的凭证。
- ❑ params：指定 Task 执行时所需的执行参数。
- ❑ resources：指定 Task 执行时所需的 PipelineResource。inputs：指定输入资源。outputs：指定输出资源。
- ❑ timeout：指定 TaskRun 的超时时间。
- ❑ podTemplate：指定一个 Pod 模板，用作执行 Task 时 Pod 的配置基础。
- ❑ workspaces：指定用于 Task 中 Workspace 所需的存储卷。

1. TaskRun 资源对象中的字段及示例

（1）taskRef 和 taskSpec 字段

taskRef 和 taskSpec 字段的区别在于，taskRef 字段引用现有 Task 资源，而 taskSpec 字段通过在 TaskRun 中嵌套 Task 配置来完成任务的运行。

通常在使用中是先创建 Task 资源文件，再创建 TaskRun 资源文件，在 TaskRun 中使用 taskRef 字段去引用已存在的 Task 资源。此种用法比较灵活，可以通过 Tekton Dashboard

创建TaskRun。在TaskRun创建过程中，我们可以引用同一个Task模板填写不同的参数，实现适用于不同环境的CI/CD流程。TaskRun中的taskSpec字段嵌套功能适用场景较少。而且，目前Tekton Dashboard还不支持TaskRun中的taskSpec字段嵌套功能，需要通过kubectl去执行TaskRun文件。

注意：taskRef与taskSpec字段功能互斥，不能同时存在于TaskRun中。

1）使用taskRef字段，指定在TaskRun中执行的Task。

如果想通过TaskRun运行Task，需要通过taskRef字段引用。如果引用的是ClusterTask，需要使用kind字段指定，具体示例如下：

```
apiVersion: tekton.dev/v1beta1
kind: TaskRun
metadata:
  name: taskrun-hello
spec:
  taskRef:
    name: task-hello            # 引用已存在的Task资源对象
    kind: ClusterTask           # 指定作用域。默认是Task，只能被同命名空间中的TaskRun引用。
                                  ClusterTask可被集群内的TaskRun引用
```

2）使用taskSpec字段，将所需的Task直接嵌套在TaskRun中运行，具体示例如下：

```
apiVersion: tekton.dev/v1beta1
kind: TaskRun
metadata:
  name: taskrun-hello
spec:
  serviceAccountName: docker-git-sa
  resources:                    # 把输入、输出资源传递到taskSpec中
    inputs:
      - name: git-source
        resourceSpec:
          type: git
          params:
            - name: url
              value: http://git.xxxx.com/cnlab/dart-hello.git
            - name: revision
              value: master
    outputs:
      - name: builtImage
        resourceSpec:
          type: image
          params:
            - name: url
              value: dart-hello:v1.0-test
  taskSpec:                     # 嵌套Task资源配置
    resources:
      inputs:
```

```
        - name: git-source
          type: git
      outputs:
        - name: builtImage
          type: image
    steps:
      - name: build-and-push
        image: gcr.io/kaniko-project/executor:debug-v0.24.0
        env:
          - name: "DOCKER_CONFIG"
            value: "/tekton/home/.docker/"
        command:
          - /kaniko/executor
        args:
          - --dockerfile=$(resources.inputs.git-source.path)/Dockerfile
          - --destination=$(resources.outputs.builtImage.url)
          - --context=$(resources.inputs.git-source.path)
          - --log-timestamp
```

（2）ServiceAccountName 字段

在执行 Task 的过程中，需要向 Git 镜像仓库等服务拉取或推送相应资源。此时，我们需要将 Git 和镜像仓库等服务的身份验证配置在 Kubernetes 集群中，然后在 TaskRun 中定义 ServiceAccountName 字段来引用 Kubernetes 集群中的 ServiceAccount。如果未指定，系统会使用 config-defaults 配置文件中 default-service-account 选项指定的 ServiceAccountName。该配置文件默认使用所在命名空间下的 default 用户。

示例如下：

```
apiVersion: tekton.dev/v1beta1
kind: TaskRun
metadata:
  name: taskrun-sa
spec:
  serviceAccountName: docker-git-sa   # 指定 Kubernetes 集群中的 ServiceAccount
  taskRef:
    name: task-sa
    kind: Task
```

（3）params 字段

当 Task 中具有 params 字段时，我们可以在 TaskRun 中向 Task 资源传递参数值。需要注意的是，Param 名称要与 Task 中 params 字段的名称相同。

示例如下：

```
apiVersion: tekton.dev/v1beta1
kind: TaskRun
metadata:
  name: taskrun-hello
```

```
spec:
  params:
    - name: outputContent
      value: TektonHello
  taskRef:
    name: task-hello
    kind: ClusterTask
```

（4）resources 字段

如果 Task 中需要资源（即输入 / 输出资源），则必须在 TaskRun 中指定。我们可以使用 resourceRef 字段引用现有的 PipelineResource 资源，也可以通过 resourceSpec 字段直接嵌套资源内容。

注意：resourceRef 与 resourceSpec 字段功能互斥，不能同时存在于 TaskRun 中。

1）使用 resourceRef 字段，引用已存在的 PipelineResource 资源，示例如下：

```
apiVersion: tekton.dev/v1alpha1
kind: PipelineResource
metadata:
  name: hello-git
spec:
  type: git
  params:
    - name: url
      value: http://git.xxxx.com/cnlab/hello.git
    - name: revision
      value: master
---
apiVersion: tekton.dev/v1alpha1
kind: PipelineResource
metadata:
  name: hello-image
spec:
  type: image
  params:
    - name: url
      value: hello-code/hello:v1.0

---
apiVersion: tekton.dev/v1beta1
kind: TaskRun
metadata:
  name: taskrun-resources
spec:
  resources:
    inputs:
      - name: git-source
        resourceRef:                    # 直接引用 PipelineResource 资源对象
          name: hello-git
```

```
    outputs:
      - name: builtImage
        resourceRef:                    # 直接引用 PipelineResource 资源对象
          name: hello-image
```

2）使用 resourceSpec 字段，嵌套输入 / 输出的资源内容，示例如下：

```
apiVersion: tekton.dev/v1beta1
kind: TaskRun
metadata:
  name: taskrun-hello
spec:
  resources:
    inputs:
      - name: git-source
        resourceSpec:
          type: git
          params:
            - name: url
              value: http://git.xxxx.com/cnlab/hello.git
            - name: revision
              value: master
    outputs:
      - name: builtImage
        resourceSpec:
          type: image
          params:
            - name: url
              value: hello-code/hello:v1.0
  taskRef:
    name: task-hello
    kind: Task
```

（5）timeout 字段

可在 TaskRun 中通过定义 timeout 字段来设置超时时间。如果未指定超时时间，系统会使用 config-defaults 配置文件中 default-timeout-minutes 选项指定的时间，默认为 60 分钟。如果将超时时间设置为 0，没有单独设置超时时间的 TaskRun 在遇到错误后会立即失败。

timeout 字段的值是符合 Go 语言中 ParseDuration 格式的持续时间。例如，有效值为 1h30m、1h、1m 和 60s。

将 Task（task-hello）设置为在 10 分钟后超时，示例如下：

```
apiVersion: tekton.dev/v1beta1
kind: TaskRun
metadata:
  name: taskrun-hello
spec:
  taskRef:
```

```
    name: task-hello
    kind: Task
  timeout: 0h10m0s     # 设置故障超时时间为 10 分钟
```

（6）podTemplate 字段

在 Task 对象中，每一个 Step 都将作为 Pod 中的容器运行。有时，我们需要对 Pod 进行特殊配置（例如：添加 tolerations 污点配置、nodeSelector 配置等），可以在 TaskRun 或 PipelineRun 中使用 podTemplate 字段为 Pod 设置初始配置，还可以通过 config-default 文件中的 default-pod-template 参数为 Pod 设置全局默认启动参数。需要注意的是，podTemplate 字段只作用在某个 TaskRun 或 PipelineRun 中，而通过 config-defaults 文件中的 default-pod-template 参数可以为 Tekton 全局定义默认的 Pod 配置。两种配置冲突时，全局默认的 Pod 配置将被忽略。

通过 podTemplate 字段配置 Pod 参数启动模板，示例如下：

```
apiVersion: tekton.dev/v1beta1
kind: Task
metadata:
  name: task-pod-template
spec:
  steps:
    - name: ls
      image: bash:latest
      script: |
        #!/usr/bin/env bash
        date -R
      volumeMounts:
        - name: localtime
          mountPath: /etc/localtime

---
apiVersion: tekton.dev/v1beta1
kind: TaskRun
metadata:
  name: taskrun-pod-template
spec:
  serviceAccountName: docker-git-sa
  taskRef:
    name: task-pod-template
    kind: Task
  # 配置 Pod 模板
  podTemplate:
    nodeSelector:
      # 让 Task 资源中的所有 Pod 运行在匹配标签的节点上
      kubernetes.io/hostname: k8s-tekton
    volumes:
      # 指定 Task 资源中所有 Pod 的启动默认配置（volume 配置还需要在 Task 资源中引用）
```

```
    - name: localtime
      hostPath:
        path: /usr/share/zoneinfo/Asia/Shanghai
```

（7）workspaces 字段

如果在 Task 中指定了一个或多个 Workspace，则必须在 TaskRun 中通过 workspaces 字段将相应的存储卷映射到 Task 中，示例如下：

```
# 需要提前在 Kubernetes 创建好 PVC 资源
apiVersion: v1
kind: PersistentVolumeClaim
metadata:
  name: pvc-km1
spec:
  accessModes:
    - "ReadWriteOnce"
  resources:
    requests:
      storage: "2Gi"
---
apiVersion: v1
kind: PersistentVolumeClaim
metadata:
  name: pvc-km2
spec:
  accessModes:
    - "ReadWriteOnce"
  resources:
    requests:
      storage: "2Gi"

---
apiVersion: tekton.dev/v1beta1
kind: Task
metadata:
  name: task-storage
spec:
  workspaces:
    - name: km1
      mountPath: /km1
    - name: km2
      mountPath: /km2
    - name: appconfig       # 指定挂载目录，默认挂载到 /workspace/appconfig
      mountPath: /config
  steps:
    - name: storage
      image: bash:latest
      script: |
        #!/usr/bin/env bash
```

```
        echo $(workspaces.km1.path)
        echo $(workspaces.km2.path)
        echo $(workspaces.appconfig.path)
        sleep 10m
        # 等待10分钟，我们可以进入Pod中查看（如无须查看可取消此项）
        # 也可以通过Dashboard或TaskRun信息查看其输出结果
---
apiVersion: tekton.dev/v1beta1
kind: TaskRun
metadata:
  name: taskrun-storage
spec:
  serviceAccountName: docker-git-sa
  workspaces:
    - name: km1                   # 必须与Task对象中相应的workspaces名称一致
      persistentVolumeClaim:
        claimName: pvc-km1
      subPath: mydata             # 把子目录中的数据直接挂载到Pod中的相应目录下（如果子目
                                    录路径是/pvc-km1/mydata/，挂载时只会把mydata中的
                                    数据挂载到相应目录中，而不是mydata目录）
    - name: km2
      persistentVolumeClaim:
        claimName: pvc-km2        # 把已经存在的PVC资源挂载到km2中
    - name: appconfig
      configmap:
        name: app-config          # 引用Kubernetes集群中的ConfigMap资源，必须提前存在
  taskRef:
    name: task-storage
    kind: Task
```

（8）指定Sidecar

Tekton支持将Sidecar注入Task资源运行的Step中。Sidecar是与Step并行运行的容器，为Step提供辅助支持。例如，Sidecar可以是运行日志守护程序、更新共享卷上文件的服务或网络代理。

Tekton支持将Sidecar注入属于TaskRun的Pod中，一旦Task中的所有Step完成执行，则终止在Pod中运行的每个Sidecar。

（9）指定limitRange值

Tekton支持Kubernetes的LimitRange功能，可以为某个命名空间设置默认资源大小限制。如果想通过LimitRange功能限制Step在运行时的资源使用，可以尝试使用Kubernetes LimitRange功能。

2. TaskRun的运行状态

在TaskRun执行时，status字段会累计每个Step和TaskRun整体执行情况的信息。此信息包括start、stop、exit code、container image等相应描述。

需要注意的是，当 Kubernetes 对 Pod 进行 OOMKilled 时，即使退出码为 0，TaskRun 也会将其标记为失败。

TaskRun 的运行状态如表 5-3 所示。

表 5-3 TaskRun 的运行状态

状态	原因	设置完成时间	描述
Unknown	Started	No	TaskRun 刚刚被控制器接收
Unknown	Pending	No	TaskRun 正在等待状态为 Pending 的 Pod
Unknown	Running	No	TaskRun 已通过验证并开始执行其工作
Unknown	TaskRunCancelled	No	用户请求取消 TaskRun，取消尚未完成
True	Succeeded	Yes	TaskRun 运行成功完成
False	Failed	Yes	TaskRun 运行失败，因为其中一个 Step 失败
False	[Error message]	No	TaskRun 遇到非永久性错误，并且仍在运行，最终可能会成功
False	[Error message]	Yes	TaskRun 因永久错误而失败（通常是验证问题）
False	TaskRunCancelled	Yes	TaskRun 已成功取消
False	TaskRunTimeout	Yes	TaskRun 超时

5.3.3 Pipeline

Pipeline 是 Task 的集合。作为持续集成的一部分，我们可以在 Pipeline 中按特定的执行顺序定义 Task。其中，Pipeline 中的每个 Task 都将作为 Kubernetes 集群上的一个 Pod 运行。

需要注意的是，在 Pipeline 中定义的 Task 不是按照排列顺序执行的，而是并发执行。Pipeline 的主要功能就是引用各 Task 共同协作实现持续集成。所以在配置 Pipeline 时，如果某些 Task 需要互相依赖其产生的执行结果，我们可以通过 Pipeline 中的排序控制字段（如 from、runAfter 等）来控制各 Task 的执行顺序。

Pipeline 支持的必要配置字段如下。

- apiVersion：指定 API 版本，例如 tekton.dev/v1beta1。
- kind：资源对象类型，标记为 Pipeline。
- metadata：为 Pipeline 对象指定唯一标识。
- spec：为 Pipeline 对象添加配置项。
- tasks：为 Pipeline 对象指定需要引用的 Task。

Pipeline 支持的可选配置字段如下。

- resources：为 Pipeline 中的 Task 指定 PipelineResources（仅用于 Alpha 版本）。
- params：指定要在执行 Task 时提供给 Pipeline 的全局参数。
- workspaces：指定各 Task 所需的 Workspace，在 Pipeline 中允许多个 Task 共享一个或多个 Workspace 。

- tasks：
  - resources.inputs / resource.outputs，将 PipelineResource 用作 Task 中的输入和输出，该字段用于接收 Pipeline 中 spec.resources 字段的值。
  - from，排序控制，使 Task 按特定顺序执行。将 Task-A 的输出资源作为 Task-B 的输入资源来控制执行顺序。
  - runAfter，排序控制，使 Task 按特定顺序执行。使用 runAfter 可以指定此 Task 必须在一个或多个其他 Task 之后执行。
  - retries，指定 Pipeline 中 Task 失败后重试的次数。
  - conditions，条件检查，当满足指定条件时才能继续运行 Task。
  - timeout，指定 Task 失败的超时时间。
- results：输出执行结果。
- description：为 Pipeline 提供描述信息。
- finally：指定一个或多个最后需要执行的 Task 列表。finally 会指定待 spec.tasks 字段下的所有任务执行完成后再并行执行的任务。不管 spec.tasks 下的任务成功或失败，finally 指定的任务都将被执行。

1. Pipeline 资源对象中的字段示例

（1）resources 字段

Pipeline 需要 PipelineResources 为 Task 提供输入和存储输出的功能。我们可以在 Pipeline 定义的 spec.resources 字段中声明它们。

以下示例定义了 Task 和 Pipeline 资源，主要展示 Pipeline 和 Task 接收输入和输出资源的关系。

```
apiVersion: tekton.dev/v1beta1
kind: Task
metadata:
  name: build-and-push
spec:
  resources:
    inputs:                    # 在 Task 中定义的输入资源
      - name: git-source
        type: git
    outputs:                   # 在 Task 中定义的输出资源
      - name: builtImage
        type: image
  steps:
    - name: build-and-push
      image: gcr.io/kaniko-project/executor:debug-v0.24.0
      env:
        - name: "DOCKER_CONFIG"
          value: "/tekton/home/.docker/"
      command:
```

```
          - /kaniko/executor
        args:
          - --dockerfile=$(resources.inputs.git-source.path)/DockerFile
          - --destination=$(resources.outputs.builtImage.url)
          - --context=$(resources.inputs.git-source.path)

---
apiVersion: tekton.dev/v1beta1
kind: Pipeline
metadata:
  name: hello-pipeline
spec:
  resources:
    - name: git-source-p                # 定义 Pipeline 所需的 Git 类型资源
      type: git
    - name: builtImage-p                # 定义 Pipeline 所需的 Image 类型资源
      type: image
  tasks:
    - name: build-to-push
      resources:
        inputs:
          - name: git-source            # 必须与 Task 资源中定义的输入资源名称相同
            resource: git-source-p      # 引用 spec.resources 中相应的资源名称
        outputs:
          - name: builtImage            # 必须与 Task 资源中定义的输出资源名称相同
            resource: builtImage-p      # 引用 spec.resources 中相应的资源名称
      taskRef:
        name: build-and-push
        kind: Task
```

（2）workspaces 字段

在 Pipeline 中允许多个 Task 共享一个或多个 Workspace，但需要在 PipelineRun 中定义 VolumeSource（VolumeSource 支持的常用类型有 PersistentVolumeClaim、emptyDir、configMap、secret 等）。通过 PipelineRun 执行 Pipeline 来实现多个 Task 共享 Workspace。

以下示例展示了 PipelineRun 与 Pipeline 中 workspaces 字段的配置及关联关系：

```
apiVersion: tekton.dev/v1beta1
kind: Pipeline
metadata:
  name: kb-pipeline
spec:
  workspaces:
    - name: filedata                    # 定义 Pipeline 所需的 Workspace 资源（通过执行
                                          PipelineRun 传递 Workspace 给 Pipeline）
  tasks:
    - name: download
      taskRef:
        name: file-wget
```

```
      workspaces:
        - name: datastore              # 此名称必须与 Task 资源中定义的 Workspace 名称相
                                         同，Task 中必须声明此名称
          workspace: filedata          # 引用 spec.workspaces 中相应的资源名称
    - name: update
      taskRef:
        name: file-update
      runAfter:                        # 排序控制，表示 update 任务必须在 download 任务后
                                         面执行，通过 runAfter 关联两个任务的执行顺序
        - download
      workspaces:
        - name: digital                # 此名称必须与 Task 资源中定义的 Workspace 名称相
                                         同，Task 中必须声明此名称
          workspace: filedata          # 引用 spec.workspaces 中相应的资源名称

---
apiVersion: tekton.dev/v1beta1
kind: PipelineRun
metadata:
  name: kb-run
spec:
  pipelineRef:
    name: kb-pipeline
  workspaces:
    - name: filedata                   # 此名称必须与 Pipeline 资源中定义的 Workspace 名
                                         称相同，Pipeline 中必须声明此名称
      volumeClaimTemplate:             # 定义 VolumeSource，基于 PersistentVolumeClaim
                                         类型
        spec:
          accessModes:
            - ReadWriteMany            # 该 Volume 可被多个节点以读写方式映射
          resources:
            requests:
              storage: 5Gi
```

（3）params 字段

params 字段可以指定在执行 Pipepline 时提供的全局参数，将 PipelineRun 中对应的 Param 传入 Pipeline。

1）参数名称只能包含字母、数字、字符、连字符（-）和下划线（_），必须以字母或下划线（_）开头。

2）每个参数都有一个 type 字段，用来描述此参数的数据类型。目前，type 字段支持 array（数组）和 string（字符串）类型，默认类型为 string。简单地说，array 类型可传递数组，而 string 类型只能传递一个参数值。

以下示例展示了在 Pipeline 中定义全局参数，然后在各个 Task 中使用变量替换的方式引用。

```
apiVersion: tekton.dev/v1beta1
kind: Pipeline
metadata:
  name: deploy-pipeline
spec:
  params:
    - name: pathToContext                # 定义 Pipeline 所需的 Param (通过执行
                                           PipelineRun 传递 Param 给 Pipeline)
      type: string
      description: Path to Context      # 添加描述信息 (可选)
      default: /workspace/deploy        # 添加默认值 (可选)
  tasks:
    - name: deploy
      taskRef:
        name: deploy-task
      params:
        - name: pathToDeployment
          value: $(params.pathToContext)/ksvc.yaml
          # 通过变量替换，引用 params.pathToContext

---
apiVersion: tekton.dev/v1beta1
kind: PipelineRun
metadata:
  name: deploy-pipelinerun
spec:
  pipelineRef:
    name: deploy-pipeline
  params:
    - name: pathToContext                # 此名称必须与 Pipeline 资源中定义的 Param
                                           名称相同，Pipeline 中必须声明此名称
      value: /workspace/dart-hello
```

(4) tasks 字段

因为 Pipeline 是各个任务的集合，所以在定义 Pipeline 时必须至少引用一个任务资源。我们可以在 Pipeline 中通过 tasks 字段定义需要引用的一个或多个任务资源。

以下示例展示了在 tasks 字段下，通过 name 和 taskRef 字段定义一个有效的任务名称和引用一个已存在的任务资源。

```
apiVersion: tekton.dev/v1beta1
kind: Pipeline
metadata:
  name: hello-pipeline
spec:
  tasks:
    - name: build-to-push                # 自定义一个有效的任务名称
      taskRef:
        name: build-and-push             # 引用一个已存在的 Task 资源 (此名称非自定义，而
```

```
                                       是一个已存在的 Task 对象名称)
        kind: Task                   # 此 Task 资源的作用域
```

以下示例展示了如何将 Pipeline 中的 Resource 用于 Pipeline Task 的输入和输出。

```
apiVersion: tekton.dev/v1beta1
kind: Pipeline
metadata:
  name: hello-pipeline
spec:
  resources:
    - name: git-source-p             # 定义 Pipeline 所需的资源(通过执行 PipelineRun
                                       传递 PipelineResource 给 Pipeline)
      type: git
    - name: builtImage-p             # 定义 Pipeline 所需的资源(通过执行 PipelineRun
                                       传递 PipelineResource 给 Pipeline)
      type: image
  tasks:
    - name: build-to-push
      resources:
        inputs:
          - name: git-source         # 必须与 Task 资源中定义的输入资源名称相同
            resource: git-source-p   # 引用 spec.resources 中相应的资源名称
        outputs:
          - name: builtImage         # 必须与 Task 资源中定义的输出资源名称相同
            resource: builtImage-p   # 引用 spec.resources 中相应的资源名称
      taskRef:
        name: build-and-push
        kind: Task
```

以下示例展示了如何将 Pipeline 中的 Param 用于 Pipeline Task。

```
apiVersion: tekton.dev/v1beta1
kind: Pipeline
metadata:
  name: hello-pipeline
spec:
  params:
    - name: pathToContext            # 定义 Pipeline 所需的 Param(通过执行
                                       PipelineRun 传递 Param 给 Pipeline)
      type: string
  tasks:
    - name: build-to-push
      params:
        - name: pathToContext
          value: $(params.pathToContext)    # 通过变量替换,引用 params.pathToContext
      taskRef:
        name: build-and-push
        kind: Task
```

(5) from 字段

Pipeline 是一个 Task 集合。在有些场景中，我们需要某个任务必须在其他任务之后执行，这时可以使用 from 字段来实现。from 在 Pipeline 中属于排序控制类的字段，它通过把前一个任务的输出资源作为后一个任务的输入资源来控制执行顺序，并且保证前一个任务成功运行结束后再运行后一个任务。

需要注意的是，前一个任务与后一个任务必须引用同一个 Pipeline 中的 spec.resources 资源，示例如下：

```
apiVersion: tekton.dev/v1beta1
kind: Task
metadata:
  name: task-build-to-push
spec:
  resources:
    outputs:
      - name: app-image-a
        type: image
  steps:
    - name: print-1
      image: bash:latest
      script: |
        #!/usr/bin/env bash
        echo 'date "+%Y%m%d-%H:%M:%S"'
        echo $(resources.outputs.app-image-a.url)
    - name: print-2
      image: bash:latest
      script: |
        #!/usr/bin/env bash
        sleep 5s
        echo date "+%Y%m%d-%H:%M:%S"
        echo $(resources.outputs.app-image-a.url)
    - name: print-3
      image: bash:latest
      script: |
        #!/usr/bin/env bash
        sleep 5s
        echo date "+%Y%m%d-%H:%M:%S"
        echo $(resources.outputs.app-image-a.url)

---
apiVersion: tekton.dev/v1beta1
kind: Task
metadata:
  name: task-deploy
spec:
  resources:
    inputs:
      - name: app-image-b
```

```
        type: image
  steps:
    - name: print-1
      image: bash:latest
      script: |
        #!/usr/bin/env bash
        echo date "+%Y%m%d-%H:%M:%S"
        echo $(resources.inputs.app-image-b.url)
    - name: print-2
      image: bash:latest
      script: |
        #!/usr/bin/env bash
        sleep 5s
        echo date "+%Y%m%d-%H:%M:%S"
        echo $(resources.inputs.app-image-b.url)
    - name: print-3
      image: bash:latest
      script: |
        #!/usr/bin/env bash
        sleep 5s
        echo date "+%Y%m%d-%H:%M:%S"
        echo $(resources.inputs.app-image-b.url)

---
apiVersion: tekton.dev/v1beta1
kind: Pipeline
metadata:
  name: from-pipeline
spec:
  resources:
    - name: builtImage                  # 定义 Pipeline 所需的资源(通过执行 PipelineRun
                                          传递 PipelineResource 给 Pipeline)
      type: image
  tasks:
    - name: build-to-push
      taskRef:
        name: task-build-to-push
        kind: Task
      resources:
        outputs:                       # 定义输出资源
          - name: app-image-a          # 必须与 Task 资源中定义的输出资源名称相同
            resource: builtImage       # 引用 Pipeline 中的 spec.resources(此 Task
                                         中的输出资源必须与 deploy 中的输入资源名称相同)
    - name: deploy
      taskRef:
        name: task-deploy
        kind: Task
      resources:
        inputs:                        # 定义输出资源
          - name: app-image-b          # 必须与 Task 资源中定义的输出资源名称相同
```

```
            resource: builtImage      # 引用 Pipeline 中的 spec.resources（此 Task
                                        中的输入资源必须与 build-to-push 中的输出资源
                                        名称相同）
            from:
              - build-to-push           # 排序控制，表示只有 build-to-push 任务成功执行
                                        完成后，deploy 任务才会执行
```

在上面示例中，task-build-to-push 负责构建和推送镜像，task-deploy 负责部署服务。在没有配置排序控制参数的情况下执行 Pipeline 中的任务时，所有任务会同时执行各自的 Step。虽然 task-build-to-push 还没有完成构建和推送镜像，task-deploy 已经同时在执行自己的 Step 了，最终导致执行失败。如果使用 from 参数，可以控制 task-build-to-push 先执行完成后在执行 task-deploy。

（6）runAfter 字段

runAfter 字段可以指定任务按特定顺序执行。它可以指定某个任务必须在一个或多个其他任务之后执行。runAfter 与 from 都属于排序控制字段。它们在配置上的区别在于 from 需要依赖于资源，而 runAfter 无须任何依赖。

以下示例展示了通过 runAfter 字段指定的 deploy 任务必须在 build-to-push 任务之后执行。

```
apiVersion: tekton.dev/v1beta1
kind: Pipeline
metadata:
  name: runafter-pipeline
spec:
  resources:
    - name: git-source
      type: git
  tasks:
    - name: build-to-push
      taskRef:
        name: build-and-push
        kind: Task
      resources:
        inputs:
          - name: workspace
            resource: git-source
    - name: deploy
      taskRef:
        name: deploy-app
        kind: Task
      runAfter:
        - build-and-push                 # 指定的 deploy 任务必须在 build-to-push 任务之后执行
      resources:
        inputs:
          - name: workspace
            resource: git-source
```

（7）retries 字段

retries 字段可以指定 Pipeline 中 Task 运行失败后重试的次数。

当任务执行失败时，相应的 TaskRun 的状态将被标记为失败（False）。这时，Tekton 会根据 retries 字段定义的重试次数执行该任务。

以下示例展示了如果任务（build-to-push）在运行过程中失败，将根据 retries 字段定义的重试次数重新执行此任务。如果在规定的重试范围内任务还是失败，则任务最终将被定义为失败。

```
apiVersion: tekton.dev/v1beta1
kind: Pipeline
metadata:
  name: runafter-pipeline
spec:
  resources:
    - name: git-source
      type: git
  tasks:
    - name: build-to-push
      retries: 1                    # 指定 build-to-push 任务失败后，重试执行的次数
      taskRef:
        name: build-and-push
        kind: Task
        ...
```

（8）conditions 字段

Tekton 支持在 Pipeline 中引用 conditions 字段对被执行的任务进行条件检查。当任务满足指定条件时，才能继续运行。条件检查永远在对应任务前。

条件资源会通过执行自身的 Step 容器对用户所提供的条件进行检查。只有检查结束后返回的退出码为 0，才代表任务成功通过条件检查，即任务可继续被执行。否则配置了条件的任务以及此任务所关联依赖的其他任务都将不会被执行（通过 from 与 runAfter 字段配置的任务有依赖关系）。TaskRun 资源中 ConditionSucceeded 字段的状态将被设置为 False，报错信息为 ConditionCheckFailed。

定义条件对象及在 Pipeline 中引用条件的示例如下：

```
apiVersion: tekton.dev/v1alpha1  # 当前 Condition 的版本为 Alpha
kind: Condition                  # 声明 Condition 资源对象
metadata:
  name: condition-test
spec:
  resources:
    - name: pipeline-git
      type: git
  check:                         # 表示开始声明一个 Step。此 Step 中可包含条件判断的逻辑
    name: hello
```

```
        image: bash:latest
        command:
          - bash
        args:
          - -c
          - |
            # 可以在此处添加条件检查的判断逻辑，退出码为非 0 时代表条件检查失败
            echo "Hello from Tekton Pipeline!"

---
apiVersion: tekton.dev/v1beta1
kind: Pipeline
metadata:
  name: pipeline-to-list-files
spec:
  resources:
    - name: pipeline-git
      type: git
  tasks:
    - name: conditional-list-files
      taskRef:
        name: task-to-list-files
      resources:
        inputs:
          - name: pipeline-git
            resource: pipeline-git
      conditions:
        - conditionRef: condition-test      # 引用已存在的 Condition 对象
          resources:                        # 向 Condition 对象中传递 Resource
            - name: pipeline-git
              resource: pipeline-git
```

在 check 下只能声明一个 Step，声明方式与任务对象中的 Step 声明相似，同样支持 command、args、script 等字段。我们可以通过 script 字段编写 Shell、Python、Perl 等语言的条件逻辑脚本。

Pipeline 中引用的条件对象运行示意图如图 5-4 所示。

前面已经介绍过，对象条件检查失败只会对相应任务以及关联依赖的任务有影响，不会对整个 Pipeline 对象中的其他任务产生影响。Pipeline 中的任务如果没有配置任何排序控制，任务之间无任何依赖，所有任务会同时运行并完成各自的 Step。而如果 Pipeline 中配置了排序控制（from 或 runAfter 字段），那就需要等待所依赖的任务成功运行结束后才能开始运行。反之所依赖的任务运行失败时，此任务不会再被运行。从图 5-4 可以看到，当配置了条件检查的 Task-C 任务运行失败时，依赖于 Task-C 的 Task-D 将不会被运行，而不依赖 Task-C 和 Task-D 的其他任务将继续运行。

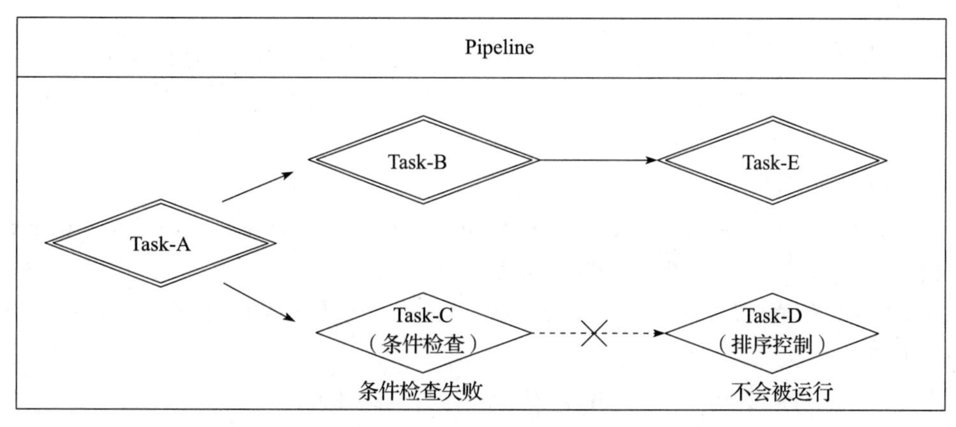

图5-4 条件对象运行示意图

Pipeline中引用的条件资源支持排序。我们可以在Pipeline中的task.conditions下引用resources字段，并使用from字段进行排序。与常规的Pipeline task.resources一样，我们可使用from字段将前一个任务的输出用作输入进行排序。示例如下：

```
apiVersion: tekton.dev/v1beta1
kind: Pipeline
metadata:
  name: from-pipeline
spec:
  resources:
    - name: builtImage                     # 定义 Pipeline 所需的资源（通过执行 PipelineRun
                                             传递 PipelineResource 给 Pipeline）
      type: image
  tasks:
    - name: build-to-push
      taskRef:
        name: task-build-to-push
        kind: Task
      resources:
        outputs:                           # 定义输出资源
          - name: app-image-a              # 必须与 Task 资源中定义的输出资源名称相同
            resource: builtImage           # 引用 Pipeline 中的 spec.resources
    - name: deploy
      taskRef:
        name: task-deploy
        kind: Task
      conditions:
        - conditionRef: condition-test
          resources:
            - name: app-image-b            # 必须与 Task 资源中定义的输出资源名称相同
              resource: builtImage         # 引用 Pipeline 中的 spec.resources（此 Task
                                             中的输入资源必须与 build-to-push 中的输出资
                                             源名称相同）
```

```
        from:
         - build-to-push          # 排序控制，表示只有build-to-push任务成功执
                                    行后，deploy任务才会执行（Condition永远在
                                    此Task前运行）
```

（9）timeout 字段

通过在 Pipeline 中通过 timeout 字段来设置 TaskRun 的超时时间。如果在 Pipeline 中不为任务指定超时时间，将会使用在 PipelineRun 中设置的超时时间。

timeout 字段的值是符合 Go 语言中 ParseDuration 格式的持续时间。例如，有效值为 1h30m、1h、1m 和 60s。

以下示例将 Task（hello-task）故障超时时间设置为 10 分钟。

```
apiVersion: tekton.dev/v1beta1
kind: Pipeline
metadata:
  name: hello-pipeline
spec:
  tasks:
    - name: hello
      taskRef:
        name: hello-task
        kind: Task
      timeout: 0h10m0s                  # 设置故障超时时间
```

（10）results 字段

在流水线持续集成中，任务之间的关联很重要。results 字段正好实现了在 Pipeline 中任务之间执行结果的共享。Pipeline 可以将任务的执行结果用在如下两个不同的场景。

- Pipeline 可以将任务的执行结果通过变量替换的方式传递到另一个任务的参数中。
- Pipeline 可以通过 results 字段引用任务的执行结果并传递给 PipelineRun。

1）将一个任务的结果传递到另一个任务的参数中。

在 Pipeline 中，任务之间共享执行结果是通过变量替换实现的。一个任务发出执行结果，另一个任务会将其作为参数接收。变量格式为 $(tasks.<task-name>.results.<result-name>)。

当一个任务接收到另一个任务的执行结果时，这两个任务之间将会产生依赖关系。为了让任务成功接收到另一个任务的执行结果，生产结果的任务将会被强制首先运行。

在下面示例中，通过观察 Pipeline 资源对象中的配置发现，task-3 会通过变量引用 task-1 与 task-2 的结果到参数中。运行时也可以印证生产结果的任务将会被强制首先运行，即 Task-1 与 Task-2 将优先被执行。当成功产生结果后，Task-3 才会被运行。

```
apiVersion: tekton.dev/v1beta1
kind: Task
metadata:
  name: sum
```

```
spec:
  params:
    - name: a
    - name: b
  results:
    - name: sum
  steps:
    - name: sum
      image: bash:latest
      script: |
        #!/usr/bin/env bash
        # 参数a与参数b做加法，然后把结果数值存放到"$(results.sum.path)"路径中备用
        echo -n $(( "$(params.a)" + "$(params.b)" )) | tee $(results.sum.path)

---
apiVersion: tekton.dev/v1beta1
kind: Task
metadata:
  name: multiply
spec:
  params:
    - name: a
    - name: b
  results:
    - name: product
  steps:
    - name: product
      image: bash:latest
      script: |
        #!/usr/bin/env bash
        # 参数a与参数b做乘法，然后把结果数值存放到"$(results.product.path)"路径中备用
        echo -n $(( "$(params.a)" * "$(params.b)" )) | tee $(results.product.path)

---
apiVersion: tekton.dev/v1beta1
kind: Pipeline
metadata:
  name: sum-and-multiply-pipeline
spec:
  params:                             # 定义Pipeline级别参数，通过PipelineRun传入
    - name: a
    - name: b
  tasks:
    - name: task-1
      taskRef:
        name: sum
      params:                         # 引用参数值，用于加法计算
        - name: a
          value: "$(params.a)"
        - name: b
```

```
          value: "$(params.b)"
    - name: task-2
      taskRef:
        name: multiply
      params:                          # 引用参数值，用于乘法计算
        - name: a
          value: "$(params.a)"
        - name: b
          value: "$(params.b)"
    - name: task-3
      taskRef:
        name: sum
      params:                          # 将任务 task-1 和 task-2 的结果通过变量替换传递到任
                                         务 task-3 的参数中
        - name: a
          value: "$(tasks.task-2.results.product)$(tasks.task-1.results.sum)"
        - name: b
          value: "$(tasks.task-2.results.product)$(tasks.task-1.results.sum)"

---
apiVersion: tekton.dev/v1beta1
kind: PipelineRun
metadata:
  name: sum-and-multiply-pipeline-run
spec:
  pipelineRef:
    name: sum-and-multiply-pipeline
  params:                              # 向 Pipeline 对象中传递参数数值
    - name: a
      value: "2"
    - name: b
      value: "10"
```

2）通过 results 字段引用任务的执行结果。

某些场景有可能需要 Pipeline 在成功运行结束后发出自己的执行结果。一些外部系统（如自研的持续集成系统）可能需要读取 Pipeline 在运行结束后的结果，以便做汇总分析之用或者将执行结果作为 CI/CD 过程中日志信息的输出。

Pipeline 的执行结果可以由其中一个或多个任务的执行结果组成。Pipeline 可通过 results 字段引用各任务的执行结果。引用格式为 $(tasks.<task-name>.results.<result-name>)。在 Pipeline 执行结束后，Tekton 会使用 Pipeline 输出的结果填充 PipelineRun。执行结果将被写入 PipelineRun 的 status.pipelineResults 字段中。

在以下示例中，我们基于第一种场景附加上 results 字段，通过变量引用各任务的结果为 Pipeline 配置执行结果。

```
apiVersion: tekton.dev/v1beta1
kind: Task
```

```
metadata:
  name: sum
spec:
  params:
    - name: a
    - name: b
  results:
    - name: sum
  steps:
    - name: sum
      image: bash:latest
      script: |
        #!/usr/bin/env bash
        echo -n $(( "$(params.a)" + "$(params.b)" )) | tee $(results.sum.path)

---
apiVersion: tekton.dev/v1beta1
kind: Task
metadata:
  name: multiply
spec:
  params:
    - name: a
    - name: b
  results:
    - name: product
  steps:
    - name: product
      image: bash:latest
      script: |
        #!/usr/bin/env bash
        echo -n $(( "$(params.a)" * "$(params.b)" )) | tee $(results.product.path)

---
apiVersion: tekton.dev/v1beta1
kind: Pipeline
metadata:
  name: sum-and-multiply-pipeline
spec:
  params:
    - name: a
    - name: b
  tasks:
    - name: task-1
      taskRef:
        name: sum
      params:
        - name: a
          value: "$(params.a)"
        - name: b
```

```
          value: "$(params.b)"
      - name: task-2
        taskRef:
          name: multiply
        params:
          - name: a
            value: "$(params.a)"
          - name: b
            value: "$(params.b)"
      - name: task-3
        taskRef:
          name: sum
        params:
          - name: a
            value: "$(tasks.task-2.results.product)$(tasks.task-1.results.sum)"
          - name: b
            value: "$(tasks.task-2.results.product)$(tasks.task-1.results.sum)"
    results:                          # 通过变量引用各任务的结果，为 Pipeline 配置执行结果
      - name: task-1-results
        value: $(tasks.task-1.results.sum)
      - name: task-2-results
        value: $(tasks.task-2.results.product)
      - name: all-sum
        description: The sum of task-1 and task-2
        value: $(tasks.task-1.results.sum)+$(tasks.task-2.results.product)

---
apiVersion: tekton.dev/v1beta1
kind: PipelineRun
metadata:
  name: sum-and-multiply-pipeline-run
spec:
  pipelineRef:
    name: sum-and-multiply-pipeline
  params:
    - name: a
      value: "2"
    - name: b
      value: "10"
```

当 PipelineRun 成功运行结束后，我们可查看 status.pipelineResults 字段的内容。查看命令如下：

```
# kubectl get pr sum-and-multiply-pipeline-run -o jsonpath='{.status.
  pipelineResults[*]}{"\n"}'
name:task-1-results value:12
name:task-2-results value:20
name:all-sum value:12+20
```

（11）description字段

description为可选字段，用于为Pipeline提供描述信息。

示例如下：

```
apiVersion: tekton.dev/v1beta1
kind: Pipeline
metadata:
  name: sum-three-pipeline
spec:
  params:
    - name: first
      description: the first operand
```

（12）finally字段

finally字段可用于指定一个或多个最后需要执行的任务。finally字段指定的任务会等spec.task字段下的所有任务执行完成后再执行。（finally字段下的任务并行执行，不需排序控制。）finally字段指定的任务不管spec.tasks字段下的任务成功或失败都将被执行。finally指定的任务与spec.tasks下的任务配置相似，遵循相同的语法。每个finally指定的任务必须具有有效的名称和taskRef或taskSpec。

以下示例完整展示了finally字段支持的配置，如workspaces、params、resources等，并提供了依赖对象的配置（如Task、PipelineRun等）。

```
apiVersion: tekton.dev/v1beta1
kind: Pipeline
metadata:
  name: pipeline-example
spec:
  params:
    - name: a
    - name: b
    - name: fv1
  workspaces:
    - name: filedata
  resources:
    - name: builtImage-p
      type: image
  tasks:
    - name: sum-inputs
      taskRef:
        name: sum
      params:
        - name: a
          value: $(params.a)
        - name: b
          value: $(params.b)
  finally:                               # 开始配置 finally
```

```
    - name: finally-one                  # 定义一个 Task。finally 字段不支持排序控制，
                                           所有 Task 将被并行执行
      taskRef:
        name: print-time                 # 引用已存在的 Task 对象
      params:                            # 引用 PipelineParams（可选）
        - name: fvl
          value: "$(params.fvl)"
      workspaces:                        # 引用 PipelineWorkspaces（可选）
        - name: digital
          workspace: filedata
      resources:                         # 引用 PipelineResources（可选）。注意：
                                           resources 不支持 from 排序子句
        inputs:
          - name: builtImage
            resource: builtImage-p
    - name: finally-two
      taskRef:
        name: print-time
      params:
        - name: fvl
          value: "$(params.fvl)"
      workspaces:
        - name: digital
          workspace: filedata
      resources:
        inputs:
          - name: builtImage
            resource: builtImage-p

---
apiVersion: tekton.dev/v1beta1
kind: Task
metadata:
  name: sum
spec:
  params:
    - name: a
      type: string
    - name: b
      type: string
  steps:
    - name: sum
      image: bash:latest
      script: |
        #!/usr/bin/env bash
        echo sum: $(( "$(params.a)" + "$(params.b)" ))

---
apiVersion: tekton.dev/v1beta1
kind: Task
```

```
metadata:
  name: print-time
spec:
  params:
    - name: fvl
      type: string
  workspaces:
    - name: digital
  resources:
    inputs:
      - name: builtImage
        type: image
  steps:
    - name: time
      image: bash:latest
      script: |
        #!/usr/bin/env bash
        echo $(params.fvl): 'date "+%Y-%m-%d %H:%M:%S %Z"' > $(workspaces.
          digital.path)/file.txt
        echo $(resources.inputs.builtImage.url) >> $(workspaces.digital.path)/
          file.txt
        cat  $(workspaces.digital.path)/file.txt

---
apiVersion: tekton.dev/v1beta1
kind: PipelineRun
metadata:
  name: pipeline-run-example
spec:
  pipelineRef:
    name: pipeline-example
  params:
    - name: a
      value: "2"
    - name: b
      value: "10"
    - name: fvl
      value: "Current Time"
  workspaces:
    - name: filedata
      volumeClaimTemplate:
        spec:
          accessModes:
            - ReadWriteOnce
          resources:
            requests:
              storage: 1Gi
  resources:
    - name: builtImage-p
      resourceRef:
```

```
      name: image-resource
```

1）Workspace 在 finally 字段中的定义。

finally 字段支持定义 Workspace，我们可以根据场景和需求灵活配置。

Workspace 在 finally 字段配置示例片段如下：

```
apiVersion: tekton.dev/v1beta1
kind: Pipeline
metadata:
  name: pipeline-example
spec:
  params:
    - name: a
    - name: b
  workspaces:
    - name: filedata
  tasks:
    - name: sum-inputs
      taskRef:
        name: sum
      params:
        - name: a
          value: $(params.a)
        - name: b
          value: $(params.b)
  finally:
    - name: finally-one
      taskRef:
        name: print-time
      workspaces:                        # 引用 PipelineWorkspace（可选）
        - name: digital
          workspace: filedata
```

2）Param 在 finally 字段中的定义。

finally 字段支持定义 Param，语法与 Workspace 在 finally 字段中的定义相同。

Param 在 finally 字段配置示例片段如下：

```
apiVersion: tekton.dev/v1beta1
kind: Pipeline
metadata:
  name: pipeline-example
spec:
  params:
    - name: a
    - name: b
    - name: fv1
  tasks:
    - name: sum-inputs
```

```
      taskRef:
        name: sum
      params:
        - name: a
          value: $(params.a)
        - name: b
          value: $(params.b)
  finally:
    - name: finally-one
      taskRef:
        name: print-time
      params:                          # 引用 PipelineParams（可选）。
        - name: fvl
          value: "$(params.fvl)"
```

3）Resource 在 finally 字段中的定义。

finally 字段引用 PipelineResource 对象，将其作为 finally 字段指定任务的输入和输出资源。finally 字段指定的任务中不支持 from 子句。

Resource 在 finally 字段配置示例片段如下：

```
apiVersion: tekton.dev/v1beta1
kind: Pipeline
metadata:
  name: pipeline-example
spec:
  params:
    - name: a
    - name: b
  resources:
    - name: builtImage-p
      type: image
  tasks:
    - name: sum-inputs
      taskRef:
        name: sum
      params:
        - name: a
          value: $(params.a)
        - name: b
          value: $(params.b)
      resources:
        outputs:
          - name: builtImage
            resource: builtImage-p
  finally:
    - name: finally-one
      taskRef:
        name: print-time
      resources:                       # 引用 PipelineResource（可选）。注意：
```

```
                                          resources 不支持 from 排序子句
        inputs:
          - name: builtImage              # 此名称需要与 Task 对象中定义的 Resource 名称相同
            resource: builtImage-p        # 引用 spec.resource 下相应的资源
            from:                         # 无效语法，resources 不支持使用 from 排序子句
              - sum-inputs
```

4）finally 字段不支持的配置。

截至 Tekton 0.16.3，finally 字段不支持配置任务的执行顺序（包括 from 与 runAfter 字段）、condifions 字段、results 字段。

5）PipelineRun 中 finally 的相关状态。

PipelineRun 状态根据 PipelineTask（spec.tasks）和 FinallyTask（spec.finally）状态计算而来。

无 finally 字段定义的 PipelineRun 状态描述如表 5-4 所示。

表 5-4　无 finally 字段定义的 PipelineRun 状态

PipelineTask 状态	PipelineRun 状态	原因
全部 PipelineTask 执行成功	true	Succeeded
一个或多个 PipelineTask 被跳过，其余执行成功	true	Completed
有一个 PipelineTask 执行失败	false	Failed

有 finally 字段定义的 PipelineRun 状态描述如表 5-5 所示。

表 5-5　有 finally 字段定义的 PipelineRun 状态描述

PipelineTask 状态	FinallyTask 状态	PipelineRun 状态	原因
全部 PipelineTask 执行成功	全部 FinallyTask 执行成功	true	Succeeded
全部 PipelineTask 执行成功	一个或多个 FinallyTask 执行失败	false	Failed
一个或多个 PipelineTask 被跳过，其余执行成功	全部 FinallyTask 执行成功	true	Completed
一个或多个 PipelineTask 被跳过，其余执行成功	一个或多个 FinallyTask 执行失败	false	Failed
有一个 PipelineTask 执行成功	全部 FinallyTask 执行成功	false	Failed
有一个 PipelineTask 执行失败	一个或多个 FinallyTask 执行失败	false	Failed

下面针对各个场景解释 PipelineRun 状态的转换过程。

1）所有 PipelineTask 和 FinallyTask 都执行成功，状态转换过程为 Started → Running → Succeeded。

2）跳过（因条件检查失败跳过）至少一个 PipelineTask，其余执行成功，则状态转换过程为 Started → Running → Completed。

3）一个 PipelineTask 执行失败 / 一个或多个 FinallyTask 执行失败，则状态转换过程为 Started → Running → Failed。

2. Pipeline 主要配置功能总结

Pipeline 是实现持续集成最重要的一个环节。Pipeline 中添加了 3 个新的概念，具体内容如下。

1）PipelineTask 排序：默认情况下 Pipeline 中所有的任务都会被并发执行。这时，为解决各任务之间的依赖问题，Pipeline 中的任务执行顺序成了最重要的关注点。我们总结出，在 Pipeline 中主动影响执行顺序的参数子句有 3 个，分别是 from、runAfter、results。

2）任务执行前的条件检查：在 Pipeline 中执行 Task 列表中的任务时会因为某个条件不符合预期，导致任务执行失败。为了保证任务的顺利运行，我们使用条件检查功能。条件检查会在任务执行之前运行，检查用户所定义的条件。待条件检查成功后，再继续运行此任务和依赖此任务的任务。在定义条件对象时，我们可以通过各种语言编写的逻辑去验证条件。

3）finally 字段指定最后执行的任务列表：finally 字段可以指定执行完 Pipeline 任务之后再执行的任务，而且不管 Pipeline 任务是否执行成功。

5.3.4　PipelineRun

PipelineRun 可以在集群上实例化和执行 Pipeline，并且会按 Pipeline 中配置的顺序执行任务。PipelineRun 在创建时会自动为 Pipeline 中的每个任务创建相应的 TaskRun，然后再执行任务，直到所有任务都成功执行或发生错误为止。

PipelineRun 中的 status 字段用于跟踪当前运行状态。我们可利用此特性监视其进度。status 字段还包含每个 TaskRun 的状态，以及用于实例化此 PipelineRun 的完整 PipelineSpec，以实现全过程完全可审核。

PipelineRun 的必要配置字段如下。

- apiVersion：指定 API 版本，例如 tekton.dev/v1beta1。
- kind：将资源对象标记为 PipelineRun。
- metadata：为 PipelineRun 对象指定唯一标识。
- spec：指定此 PipelineRun 资源对象的配置信息。
- pipelineRef 或 pipelineSpec：指定 PipelineRun 将执行的 Pipeline。

PipelineRun 的可选配置字段如下。

- resources：指定 Pipeline 所需的 PipelineResource。
- params：指定 Pipeline 所需的执行参数。
- serviceAccountName：指定 Kubernetes 集群上一个 ServiceAccount 对象，该对象会为 Pipeline 全局提供身份验证的凭证。
- serviceAccountNames：为 Pipeline 中特定的任务指定 ServiceAccount 对象，这将覆盖 serviceAccountName 的值。
- podTemplate：指定一个 Pod 模板，用作对每个任务的 Pod 进行初始配置。
- taskRunSpec：指定 PipelineRunTaskSpec 列表，该列表允许为每个 PipelineTask 定义

ServiceAccountName 和 podTemplate。这将覆盖整个 Pipeline 中的 ServiceAccountName 和 podTemplate 的值。

- timeout：指定 PipelineRun 的超时时间。

1. PipelineRun 资源对象中的字段示例

（1）pipelineRef 字段和 pipelineSpec 字段

在 PipelineRun 中引用被执行的 Pipeline，我们需要通过 pipelineRef 字段或通过 pipelineSpec 字段直接在 PipelineRun 中嵌入 Pipeline 对象的配置。

使用 pipelineRef 字段引用现有的 Pipeline，示例如下：

```
apiVersion: tekton.dev/v1beta1
kind: PipelineRun
metadata:
  name: pipeline-run-example
spec:
  pipelineRef:                          # 引用已存在的 Pipeline 对象
    name: pipeline-example
```

使用 pipelineSpec 字段直接在 PipelineRun 中嵌入 Pipeline 对象的配置，示例如下。

1）通过 pipelineSpec 字段嵌入 Pipeline 对象的配置，并使用 taskRef 字段引用已存在的任务。

```
apiVersion: tekton.dev/v1beta1
kind: Task
metadata:
  name: task-hello
spec:
  steps:
    - name: hello
      image: bash:latest
      script: |
        #!/usr/bin/env bash
        echo "Hello World!"

---
apiVersion: tekton.dev/v1beta1
kind: PipelineRun
metadata:
  name: pipelinerun-hello
spec:
  pipelineSpec:                         # 在 PipelineRun 对象中，通过 pipelineSpec 字段嵌
                                          入 Pipeline 对象的配置
    tasks:                              # 定义 Pipeline 中需要执行的 Task 列表
      - name: hello-one
        taskRef:                        # 引用已存在的 Task
          name: task-hello
      - name: hello-two
```

```
        taskRef:
          name: task-hello
```

2）通过pipelineSpec字段嵌入Pipeline对象的配置，并且使用taskSpec字段嵌入任务对象的配置。

```
apiVersion: tekton.dev/v1beta1
kind: PipelineRun
metadata:
  name: pipelinerun-hello
spec:
  pipelineSpec:                    # 在PipelineRun对象中，通过pipelineSpec字段嵌
                                     入Pipeline对象的配置
    tasks:                         # 定义Pipeline中需要执行的Task列表
      - name: hello-one
        taskSpec:                  # 嵌入Task对象的配置
          params:
            - name: MESSAGE
              default: "Hello World!"
          steps:
            - name: hello
              image: bash:latest
              script: |
                #!/usr/bin/env bash
                echo "$(params.MESSAGE)"
      - name: hello-two
        taskSpec:
          steps:
            - name: hello
              image: bash:latest
              script: |
                #!/usr/bin/env bash
                echo "Hello World!"
```

（2）resources字段

我们可以在PipelineRun中为执行的Pipeline定义所需的PipelineResource，这主要是为Pipeline中的任务提供输入和存储输出。

1）使用resourceRef字段引用PipelineResource，示例如下：

```
apiVersion: tekton.dev/v1alpha1
kind: PipelineResource
metadata:
  name: hello-resource
spec:
  type: image
  params:
  - name: url
    value: example/hello:latest
```

```
---
apiVersion: tekton.dev/v1beta1
kind: PipelineRun
metadata:
  name: pipeline-run-example
spec:
  pipelineRef:
    name: pipeline-example
  resources:                     # 指定 Pipeline 所需要的 PipelineResource
    - name: builtImage           # 此名称必须与 Pipeline 对象中定义的 Resource 名称相同
      resourceRef:               # 引用已存在的 PipelineResource
        name: hello-resource
```

2）使用 resourceSpec 字段在 PipelineRun 中嵌入 PipelineResource 对象的配置，示例如下：

```
apiVersion: tekton.dev/v1beta1
kind: PipelineRun
metadata:
  name: pipeline-run-example
spec:
  pipelineRef:
    name: pipeline-example
  resources:                      # 设置 Pipeline 所需要的 PipelineResource
    - name: hello-git             # 此名称必须与 Pipeline 对象中定义的 Resource 名称相同
      resourceSpec:               # 嵌入 PipelineResource 对象的配置
        type: git
        params:
          - name: url
            value: https://git.com/hello/hello.git
          - name: revision
            value: master
    - name: hello-image           # 此名称必须与 Pipeline 对象中定义的 Resource 名称相同
      resourceSpec:               # 嵌入 PipelineResource 对象的配置
        type: image
        params:
          - name: url
            value: example/hello:latest
```

（3）params 字段

在执行 PipelineRun 时，我们需要为 Pipeline 传递所需参数。如果在 Pipeline 中为参数指定了默认值且不需要修改，可以不在 PipelineRun 中定义，示例如下：

```
apiVersion: tekton.dev/v1beta1
kind: PipelineRun
metadata:
  name: pipeline-run-example
spec:
  pipelineRef:
```

```
    name: pipeline-example
  params:
    - name: a
      value: "2"
    - name: b
      value: "10"
```

（4）serviceAccountName 字段

在 PipelineTasks 被执行的过程中，我们需要向 Git、镜像仓库等服务拉取或推送相应资源。因此，我们需要将 Git 和镜像仓库等服务的身份验证信息配置在 Kubernetes 集群中，然后在 PipelineRun 中定义 serviceAccountName 字段来引用 Kubernetes 集群中的 ServiceAccount 对象。如果未指定此对象，则 PipelineRun 创建的 TaskRun 将会使用名为 config-defaults 的 ConfigMap 中 default-service-account 字段所指定的 ServiceAccount 对象。如果 config-defaults 中 default-service-account 字段也未指定，默认使用对应命名空间中名为 default 的 ServiceAccount 对象。

1）为 Pipeline 全局指定 ServiceAccount 对象，示例如下：

```
apiVersion: tekton.dev/v1beta1
kind: PipelineRun
metadata:
  name: pipeline-run-sa
spec:
  serviceAccountName: docker-git-sa    # 指定 Kubernetes 集群中的 ServiceAccount 对象
  pipelineRef:
    name: hello-pipeline
```

2）为 Pipeline 中特定的任务指定 ServiceAccount 对象，示例如下：

```
apiVersion: tekton.dev/v1beta1
kind: Pipeline
metadata:
  name: hello-pipeline
spec:
  tasks:
    - name: build-to-push
      taskRef:
        name: build-and-push
    - name: task-test
      taskRef:
        name: test

---
apiVersion: tekton.dev/v1beta1
kind: PipelineRun
metadata:
  name: pipeline-run-sa
spec:
```

```
  serviceAccountName: docker-git-sa       # 为 Pipeline 全局指定 ServiceAccount 对象
  serviceAccountNames:                    # 为 Pipeline 中特定的 Task 指定
                                            ServiceAccount，这将覆盖
                                            serviceAccountName 的值
    - taskName: build-to-push
      serviceAccountName: build-and-push-sa
  pipelineRef:
    name: hello-pipeline
```

我们可以看出，为 Pipeline 中特定的任务指定 ServiceAccount，可以使用 serviceAccountNames 字段，这将覆盖 serviceAccountName 的值。此时，构建和推送镜像（build-to-push）将使用 build-and-push-sa 账户，而测试（task-test）将使用 docker-git-sa 账户。

（5）podTemplate 字段

在 Pipeline 对象中，每个任务都将作为 Kubernetes 集群上的一个 Pod 运行，而 Pod 中又包含任务对象内的各 Step 执行容器。有时，我们对 Pod 进行特殊配置（例如添加 Toleration 污点配置、nodeSelector 配置等），就可以在 TaskRun 或 PipelineRun 中利用 podTemplate 字段为 Pod 进行初始配置，还可以通过 config-default（ConfigMap）文件中的 default-pod-template 参数为 Pod 设置全局默认启动参数。需要注意的是，podTemplate 字段只作用在某个 TaskRun 或 PipelineRun 中，而通过 config-defaults（ConfigMap）文件中的 default-pod-template 参数可以为 Tekton 全局定义默认的 Pod 配置。当两种配置冲突时，全局默认的 Pod 配置将被忽略。

以下示例展示了在 PipelineRun 中指定一个 podTemplate，用作执行每个任务时对 Pod 的初始配置，且在 podTemplate 子句中为 Pod 指定 volumes 和 securityContext 初始配置。

```
apiVersion: v1
kind: PersistentVolumeClaim
metadata:
  name: pvc-km1
spec:
  accessModes:
    - "ReadWriteOnce"
  resources:
    requests:
      storage: "1Gi"

---
apiVersion: tekton.dev/v1beta1
kind: Task
metadata:
  name: task-storage
spec:
  steps:
    - name: storage
      image: bash:latest
      script: |
```

```
        #!/usr/bin/env bash
        echo "Hello Tekton!" > /file-data/file.txt
        cat /file-data/file.txt
      volumeMounts:
        - name: file
          mountPath: /file-data

---
apiVersion: tekton.dev/v1beta1
kind: Pipeline
metadata:
  name: pipeline-storage
spec:
  tasks:
    - name: filestorage
      taskRef:
        name: task-storage

---
apiVersion: tekton.dev/v1beta1
kind: PipelineRun
metadata:
  name: pipelinerun-storage
spec:
  pipelineRef:
    name: pipeline-storage
  podTemplate:                # 为 Pipeline 中的各 Task 设置运行时 Pod 的初始配置
    securityContext:
      runAsGroup: 0
      runAsNonRoot: false
      runAsUser: 0
    volumes:
      - name: file
        persistentVolumeClaim:
          claimName: pvc-km1
```

注意：如果在podTemplate中配置了基于PVC的存储，为顺利运行请提前创建PVC（pvc-km1），并保证PV与PVC绑定成功后再运行PipelineRun，否则可能出现PVC创建成功而未与PV绑定成功，恰巧PipelineRun被执行的情况，此时任务所在的Pod会一直处于PodInitializing状态，只有重试才可能继续运行。

（6）taskRunSpec字段

通过taskRunSpec字段配置PipelineTaskRunSpec列表，包含指定PipelineTaskName、TaskServiceAccountName和TaskPodTemplate。该列表允许为每个PipelineTask定义属于自己的ServiceAccountName和podTemplate。这将覆盖Pipeline中的ServiceAccountName和podTemplate全局配置。

下面通过构建和推送（build-and-push）镜像的示例展示如何在PipelineRun中为每个

PipelineTask 定义属于自己的 ServiceAccountName 和 PodTemplate。

```
apiVersion: tekton.dev/v1beta1
kind: Task
metadata:
  name: build-and-push
spec:
  resources:
    inputs:
      - name: git-source
        type: git
    outputs:
      - name: builtImage
        type: image
  steps:
    - name: build-and-push
      image: gcr.io/kaniko-project/executor:debug-v0.24.0
      env:
        - name: "DOCKER_CONFIG"
          value: "/tekton/home/.docker/"
      command:
        - /kaniko/executor
      args:
        - --dockerfile=$(resources.inputs.git-source.path)/DockerFile
        - --destination=$(resources.outputs.builtImage.url)
        - --context=$(resources.inputs.git-source.path)
---
apiVersion: tekton.dev/v1beta1
kind: Pipeline
metadata:
  name: pipeline-build-and-push
spec:
  resources:
    - name: sapi-git
      type: git
    - name: sapi-image
      type: image
    - name: kapi-git
      type: git
    - name: kapi-image
      type: image
  tasks:
    - name: sapi
      taskRef:
        name: build-and-push
      resources:
        inputs:
          - name: git-source
            resource: sapi-git
        outputs:
```

```
          - name: builtImage
            resource: sapi-image
    - name: kapi
      taskRef:
        name: build-and-push
      resources:
        inputs:
          - name: git-source
            resource: kapi-git
        outputs:
          - name: builtImage
            resource: kapi-image
---
apiVersion: tekton.dev/v1beta1
kind: PipelineRun
metadata:
  name: pipelinerun-taskrunspec
spec:
  pipelineRef:
    name: pipeline-build-and-push
  serviceAccountName: docker-git          # Pipeline 指定全局 ServiceAccount
  PodTemplate:                            # Pipeline 指定全局 PodTemplate
    nodeSelector:
      kubernetes.io/hostname: "k8s-node-1"
  resources:
    - name: sapi-git
      resourceRef:
        name: dart-hello-git-resource
    - name: kapi-git
      resourceRef:
        name: dart-hello-git-resource
    - name: sapi-image
      resourceRef:
        name: dart-hello-image-resource
    - name: kapi-image
      resourceRef:
        name: dart-hello-image-resource
  taskRunSpecs:                           # 指定 PipelineTaskRunSpec 列表
  - pipelineTaskName: sapi                # 指定 Pipeline 中特定的 Task 名称
    taskServiceAccountName: docker-git-sa # PipelineTask 配置局部 ServiceAccount,
                                            覆盖全局 serviceAccount
    taskPodTemplate:                      # PipelineTask 配置局部 PodTemplate,
                                            覆盖全局 PodTemplate
      nodeSelector:
        kubernetes.io/hostname: "k8s-node-2"
  - pipelineTaskName: kapi
    taskServiceAccountName: build-and-push-sa
    taskPodTemplate:
      nodeSelector:
        kubernetes.io/hostname: "k8s-node-3"
```

（7）workspaces 字段

如果 Pipeline 指定了一个或多个工作区（Workspace），则必须将这些工作区映射到 PipelineRun 中相应的存储卷上。示例如下：

```
apiVersion: v1
kind: PersistentVolumeClaim
metadata:
  name: pvc-km1
spec:
  accessModes:
    - "ReadWriteOnce"
  resources:
    requests:
      storage: "2Gi"

---
apiVersion: tekton.dev/v1beta1
kind: Task
metadata:
  name: task-storage
spec:
  workspaces:
    - name: filedata
      mountPath: /filedata
    - name: appconfig
      mountPath: /config     # 指定挂载目录，默认挂载到 /workspace/appconfig
  steps:
    - name: storage
      image: bash:latest
      script: |
        #!/usr/bin/env bash
        echo $(workspaces.filedata.path)
        echo $(workspaces.appconfig.path)
        # 可以通过 Dashboard 或 PipelineRun 结果信息，查看其输出结果
---
apiVersion: tekton.dev/v1beta1
kind: Pipeline
metadata:
  name: pipeline-workspace
spec:
  workspaces:
    - name: km1
    - name: app-config
  tasks:
    - name: mount-workspace
      taskRef:
        name: task-storage
      workspaces:
        - name: filedata
```

```
        workspace: km1
      - name: appconfig
        workspace: app-config

---
apiVersion: tekton.dev/v1beta1
kind: PipelineRun
metadata:
  name: pipeline-run-workspace
spec:
  pipelineRef:
    name: pipeline-workspace
  workspaces:
    - name: km1                  # 必须与 Pipeline 对象中相应的 Workspace 名称一致
      persistentVolumeClaim:
        claimName: pvc-km1       # 把已经存在的 PVC 资源挂载到 km1 中
      subPath: mydata            # 把子目录中的数据直接挂载到 Pod 的相应目录下（如果子目录
                                   路径是 /pvc-km1/mydata/，挂载时只会把 mydata 字段中
                                   的数据挂载到 Pod 相应目录中，而不是 mydata 目录）
    - name: app-config
      configmap:
        name: app-config         # 引用 Kubernetes 集群中的 ConfigMap 资源（必须提前存在）
```

（8）LimitRange 参数

任务中的每个 Step 都将作为 Pod 中的一个容器运行（任务中包含几个 Step，就代表 Pod 中有几个 Step 容器），并且在 Pod 中一次只能运行一个 Step 容器。为了让任务在执行时消耗最少的资源，任务仅在每个 Step 容器运行时请求 CPU、内存、临时存储的最大值。最大值以外的请求值将被设置为 0。如果 PipelineRun 所在命名空间存在 LimitRange 参数，最大值以外的请求值将使用 LimitRange 最小值。

以下示例展示了在 default 命名空间为容器资源使用率设置 LimitRange 值。

```
apiVersion: v1
kind: LimitRange          # 在此命名空间设置 LimitRange 对象，以限制容器的资源使用率
metadata:
  name: limit-mem-cpu-per-container
  namespace: default
spec:
  limits:
  - max:
      cpu: "800m"
      memory: "1Gi"
    min:
      cpu: "100m"
      memory: "99Mi"
    default:
      cpu: "700m"
      memory: "900Mi"
```

```
      defaultRequest:
        cpu: "110m"
        memory: "111Mi"
      type: Container    # 指定类型为Container
---
apiVersion: tekton.dev/v1beta1
kind: Task
metadata:
  name: echo-hello-world
  namespace: default
spec:
  steps:
    - name: echo
      image: bash:latest
      command:
        - echo
      args:
        - "hello world"
---
apiVersion: tekton.dev/v1beta1
kind: Pipeline
metadata:
  name: pipeline-hello
  namespace: default
spec:
  tasks:
  - name: hello-world-1
    taskRef:
      name: echo-hello-world
  - name: hello-world-2
    taskRef:
      name: echo-hello-world
    runAfter:
      - hello-world-1
---
apiVersion: tekton.dev/v1beta1
kind: PipelineRun
metadata:
  name: pipeline-hello-run
  namespace: default
spec:
  pipelineRef:
    name: pipeline-hello
```

（9）timeout 字段

我们可在 PipelineRun 中定义 timeout 字段来设置超时时间。如果未在 PipelineRun 中指定此值，则会使用 config-defaults（ConfigMap）配置文件中 default-timeout-minutes 指定的时间，默认为 60 分钟。如果将超时时间设置为 0，PipelineRun 在遇到错误后会立即失败。

timeout字段的值是符合Go语言中ParseDuration格式的持续时间。例如，有效值为1h30m、1h、1m和60s。示例如下：

```
apiVersion: tekton.dev/v1beta1
kind: PipelineRun
metadata:
  name: pipeline-hello-run
spec:
  pipelineRef:
    name: pipeline-hello
  timeout: 0h10m0s          # 设置故障超时时间为10分钟
```

（10）status字段

当PipelineRun执行时，status字段将收集有关每个TaskRun以及PipelineRun整体执行情况的信息。此信息包括与TaskRun关联的PipelineTask的名称、TaskRun的完整状态以及与TaskRun相关的条件的详细信息。

以下示例展示了PipelineRun成功执行下的status字段内容。

```
status:
  completionTime: "2020-07-22T13:56:20Z"
  conditions:
  - lastTransitionTime: "2020-07-22T13:56:20Z"
    message: 'Tasks Completed: 1 (Failed: 0, Cancelled 0), Skipped: 0'
    reason: Succeeded
    status: "True"
    type: Succeeded
  pipelineSpec:
    tasks:
    - name: hello-world
      taskRef:
        kind: Task
        name: task-hello
  startTime: "2020-07-22T13:56:16Z"
  taskRuns:
    pipeline-hello-run-hello-world-m894r:
      pipelineTaskName: hello-world
      status:
        completionTime: "2020-07-22T13:56:20Z"
        conditions:
        - lastTransitionTime: "2020-07-22T13:56:20Z"
          message: All Steps have completed executing
          reason: Succeeded
          status: "True"
          type: Succeeded
        podName: pipeline-hello-run-hello-world-m894r-pod-mls6z
        startTime: "2020-07-22T13:56:15Z"
        steps:
        - container: step-echo
```

```
      imageID: docker-pullable://docker.io/bash@sha256:d6a5e2f1ce...
      name: echo
      terminated:
        containerID: docker://284f2b3b4ff3e1128e987a3a0f330873265...
        exitCode: 0
        finishedAt: "2020-07-22T13:56:19Z"
        reason: Completed
        startedAt: "2020-07-22T13:56:19Z"
    taskSpec:
      steps:
      - args:
        - hello world
        command:
        - echo
        image: bash:latest
        name: echo
        resources: {}
```

PipelineRun 运行状态如表 5-6 所示。

表 5-6 PipelineRun 运行状态

状态	原因	设置完成时间	描述
Unknown	Started	No	控制器刚刚接收到 PipelineRun
Unknown	Pending	No	PipelineRun 已被验证并开始执行其工作
Unknown	PipelineRunCancelled	No	用户请求取消 PipelineRun 运行，取消尚未完成
True	Succeeded	Yes	PipelineRun 已成功完成
True	Completed	Yes	PipelineRun 已成功完成，且跳过一个或多个任务
False	Failed	Yes	PipelineRun 运行失败，因为其中一个 TaskRun 运行失败
False	[Error message]	No	PipelineRun 遇到非永久性错误，但它仍在运行，并可能最终成功
False	[Error message]	Yes	PipelineRun 运行失败，出现永久错误（通常是验证问题）
False	PipelineRunCancelled	Yes	成功取消正在执行的 PipelineRun
False	PipelineRunTimeout	Yes	PipelineRun 运行超时

（11）取消正在执行的 PipelineRun

若要取消当前正在执行的 PipelineRun，请更新其定义并将其标记为已取消（PipelineRunCancelled）。执行此操作时，生成的 TaskRun 会自动标记为已取消，并且所有关联的 Pod 都将被删除。示例如下：

```
apiVersion: tekton.dev/v1beta1
kind: PipelineRun
metadata:
  name: pipeline-hello-run
```

```
spec:
  status: "PipelineRunCancelled"        # 添加标记，取消正在执行的 PipelineRun
  pipelineRef:
    name: pipeline-hello
```

5.3.5　条件资源

Tekton 支持在 Pipeline 中引用条件（Condition）资源对要被执行的任务进行条件检查。条件在对应任务执行前运行。条件检查成功后，任务才能继续运行。

通过执行条件资源的 Step 容器对用户提供的条件进行检查。条件检查返回的退出码为 0，代表任务成功通过条件检查，即任务可继续被执行。否则，配置了条件的任务以及此任务所关联依赖的其他任务将不会被执行。当条件检查运行失败后，TaskRun 中的 ConditionSucceeded 状态将被设置为 False，报错信息为 ConditionCheckFailed。

1. Condition 的配置字段

Condition 必要配置字段如下。

- apiVersion：指定 API 版本，例如 tekton.dev/v1alpha1。
- kind：指定资源对象类型，在这里为 Condition。
- metadata：为条件资源对象指定唯一标识。
- spec：为条件资源对象添加配置项。
- check：为条件资源对象指定需要运行的容器。

Condition 可选配置字段如下。

- description：为条件资源添加描述信息。
- resources：指定条件资源需要的 PipelineResources 资源。
- params：指定提供给条件资源的全局参数。

2. Condition 资源对象中的字段示例

（1）check 字段

我们可以通过在 check 字段下定义单个 Step 来完成条件检查。

需要注意的是，check 字段下只支持定义单个 Step，定义多个 Step 时，最后一个 Step 生效。

在 Step 中，支持 script、arg、command 等字段。当 Step 中的脚本执行结束后，返回的退出码为 0，表示条件检查成功；返回的退出码为非 0，表示条件检查失败。

下面是一个简单的 Condition 对象使用示例，展示了在 Pipeline 中如何定义 Condition 对象和引用已存在的 Condition 对象。

```
apiVersion: tekton.dev/v1alpha1              # 当前 Condition 的版本为 Alpha 版本
kind: Condition                              # 声明 Condition 资源对象
metadata:
  name: file-exists
```

```
spec:
  params:
    - name: path
    - name: image
      default: alpine
  resources:
    - name: workspace
      type: git
  check:
    name: checking                          # 定义 Step 的名称（可选）
    image: $(params.image)
    script: 'test -f $(resources.workspace.path)/$(params.path)'
                                            # 支持多种语言（shell/python/perl 等）
                                              编写条件检查脚本
  description: Check if the file exists.    # 添加描述信息（可选）
apiVersion: tekton.dev/v1beta1
kind: Pipeline
metadata:
  name: conditional-pipeline
spec:
  resources:
    - name: source-repo
      type: git
  params:
    - name: path
      default: README.md
  tasks:
    - name: then-check
      conditions:
        - conditionRef: file-exists         # 引用已存在的 Condition 对象
          params:                           # 向 Condition 对象中传递参数
            - name: path
              value: $(params.path)
          resources:                        # 向 Condition 对象中传递 Resource
            - name: workspace
              resource: source-repo
```

（2）parameters 字段

parameters 字段可以指定要在执行检查时提供给条件资源对象的全局参数。

1）参数名称只能包含字母、数字、字符、连字符（-）和下划线（_），必须以字母或下划线（_）开头。

2）每个参数都有一个 type 字段，用来描述此参数的数据类型，目前支持 array 和 string 类型，默认类型为 string。array 类型在某些场景下很有用，例如在检查推送分支名称是否与其他受保护的分支名称冲突等情况时非常有用。

（3）resources 字段

为了向条件资源对象中的 Step 提供所需的资源，我们可以通过 resources 字段指定相应的 PipelineResource。

在条件资源对象中定义 Resource 的语法与在任务对象中定义 Resource 的语法基本相同，都可以使用变量替换和 targetPath 字段等来实现。

5.3.6　变量替换

在定义 Task 与 Pipeline 时，一些字段支持通过变量替换的方式填充数据。在前面的章节，我们已经在一些示例中穿插讲述了变量替换的使用方法。本节将统一汇总在 Tekton Pipeline 中支持的可用变量和可接收替换的字段。

1. 可用变量

目前，提供可用变量的资源对象有 Task、Pipeline、PipelineResource。其中，Task 和 Pipeline 提供的可用变量只能在本地使用，而 PipelineResource 提供的可用变量需要在 Task 中引用。

（1）Pipeline 中可用的本地变量

在 Pipeline 资源对象中，我们可以通过引用本地可用变量进行配置，如表 5-7 所示。

表 5-7　Pipeline 资源对象中的本地可用变量

可用的本地变量	描述
params.<param name>	运行时的参数值
tasks.<taskName>.results.<resultName>	Task 执行结果的值。在 Pipeline 中，Task 之间共享执行结果是通过变量替换实现的。例如，Task-A 发出执行结果，Task-B 会将其作为参数（params）接收，此时 Task 的执行顺序为 Task-A 必须在 Task-B 前成功完成执行
context.pipelineRun.name	运行此 Pipeline 的 PipelineRun 名称
context.pipelineRun.namespace	运行此 Pipeline 的 PipelineRun 命名空间名称
context.pipelineRun.uid	运行此 Pipeline 的 PipelineRun 的 UID（1.16.0 以上版本支持）
context.pipeline.name	此 Pipeline 的名称

（2）任务中可用的本地变量

在 Task 中，我们可以通过引用本地可用变量进行配置，如表 5-8 所示。

表 5-8　Task 对象中的本地可用变量

可用的本地变量	描述
params.<param name>	运行时的参数值
resources.inputs.<resourceName>.path	输入资源目录的路径
resources.outputs.<resourceName>.path	输出资源目录的路径
results.<resultName>.path	Task 将其执行结果数据写入文件的路径
workspaces.<workspaceName>.path	工作区的路径
workspaces.<workspaceName>.claim	PVC 的名称

（续）

可用的本地变量	描述
workspaces.<workspaceName>.volume	Volume 的名称
credentials.path	creds-init 初始化容器时写入身份验证文件的路径。当前版本默认路径为 /tekton/creds，身份验证文件已隐藏文件的形式存在于该路径下。我们可通过引用 $(credentials.path) 使用该路径
context.taskRun.name	运行此 Task 的 TaskRun 名称
context.taskRun.namespace	运行此 Task 的 TaskRun 命名空间名称
context.taskRun.uid	运行此 Task 的 TaskRun 的 UID（1.16.0 以上版本支持）
context.task.name	此 Task 的名称

（3）Task 中可用的 PipelineResource 变量

PipelineResource 中提供了各种资源类型的可用变量，这些可用变量可以在任务中被引用。

我们可以通过 resources.inputs.<resourceName>.<variableName> 或 resources.outputs.<resourceName>.<variableName> 变量语法来引用。

Git 资源类型的可用变量如表 5-9 所示。

表 5-9 Git 资源类型的可用变量

可用变量	描述
name	获取当前 Task 中定义的资源名称
type	获取资源的类型
url	获取 Git 存储库的 URL
revision	获取 Git 版本分支名称
refspec	获取传递给 git-fetch 的 refspec 值
depth	获取克隆的深度（默认为 1，表示只克隆最近一次的事务）
sslVerify	获取当前 http.sslVerify 的值（当通过 HTTPS 进行 fetch 或 push 时是否需要验证 SSL 证书，默认为 true）
httpProxy	获取 HTTP 代理参数值
httpsProxy	获取 HTTPS 代理参数值
noProxy	获取没有使用代理的参数值

PullRequest 资源类型的可用变量如表 5-10 所示。

表 5-10 PullRequest 资源类型的可用变量

可用变量	描述
name	获取当前 Task 中定义的资源名称
type	获取资源的类型
url	获取 pull 请求的 URL
provider	获取 Provider 参数值，有效值为 GitHub 或 GitLab
insecure-skip-tls-verify	获取 insecure-skip-tls-verify 参数值（表示是否跳过 Git Server 的证书验证，有效值为 true 或 false，默认为 false）

Image 资源类型的可用变量如表 5-11 所示。

表 5-11　Image 资源类型的可用变量

可用变量	描述
name	获取当前 Task 中定义的资源名称
type	获取资源的类型
url	获取镜像的完整地址
digest	获取镜像摘要

GCS 存储资源类型的可用变量如表 5-12 所示。

表 5-12　GCS 存储资源类型的可用变量

可用变量	描述
name	获取当前 Task 中定义的资源名称
type	获取资源的类型
location	获取 Blob 存储区的位置

BuildGCS 存储资源类型的可用变量如表 5-13 所示。

表 5-13　BuildGCS 存储资源类型的可用变量

可用变量	描述
name	获取当前 Task 中定义的资源名称
type	获取资源的类型
location	获取 Blob 存储区的位置

Cluster 资源类型的可用变量如表 5-14 所示。

表 5-14　Cluster 资源类型的可用变量

可用变量	描述
name	获取当前 Task 中定义的资源名称
type	获取资源的类型
url	获取 Kubernetes 集群的 apiserver 地址
username	获取访问 Kubernetes 集群的用户名称
password	获取访问 Kubernetes 集群的用户密码
namespace	获取限定的命名空间名称（如果定义了，将只赋予此命名空间下操作的权限）
token	获取用于向 apiserver 进行身份验证的 Token 参数值
insecure	获取 insecure-skip-tls-verify 当前的参数值（表示是否验证服务器证书的有效性，有效值为 true 或 false）
cadata	获取 CA 根证书的 PEM 编码数据
clientKeyData	获取客户端 TLS 密钥文件的 PEM 编码数据
clientCertificateData	获取客户端 TLS 证书文件的 PEM 编码数据

CloudEvent 资源类型的可用变量如表 5-15 所示。

表 5-15 CloudEvent 资源类型的可用变量

可用变量	描述
name	获取当前 Task 中定义的资源名称
type	获取资源的类型
target-uri	获取远端事件存储服务的 URL（此事件存储遵循 CloudEvent 通用数据规范）

2. 支持变量替换的字段

目前，只有 Task 与 Pipeline 资源对象支持变量替换。我们可以在定义 Task 与 Pipeline 时通过变量替换语法来替换相关字段。

Task 资源对象中支持变量替换的字段如表 5-16 所示。

表 5-16 Task 资源对象中支持变量替换的字段

CRD	字段
Task	spec.steps[].name
Task	spec.steps[].image
Task	spec.steps[].env.value
Task	spec.steps[].env.valuefrom.secretkeyref.name
Task	spec.steps[].env.valuefrom.secretkeyref.key
Task	spec.steps[].env.valuefrom.configmapkeyref.name
Task	spec.steps[].env.valuefrom.configmapkeyref.key
Task	spec.steps[].volumemounts.name
Task	spec.steps[].volumemounts.mountpath
Task	spec.steps[].volumemounts.subpath
Task	spec.volumes[].name
Task	spec.volumes[].configmap.name
Task	spec.volumes[].configmap.items[].key
Task	spec.volumes[].configmap.items[].path
Task	spec.volumes[].secret.secretname
Task	spec.volumes[].secret.items[].key
Task	spec.volumes[].secret.items[].path
Task	spec.volumes[].persistentvolumeclaim.claimname
Task	spec.volumes[].projected.sources.configmap.name
Task	spec.volumes[].projected.sources.secret.name
Task	spec.volumes[].projected.sources.serviceaccounttoken.audience
Task	spec.volumes[].csi.nodepublishsecretref.name
Task	spec.volumes[].csi.volumeattributes.*
Task	spec.sidecars[].name

（续）

CRD	字段
Task	spec.sidecars[].image
Task	spec.sidecars[].env.value
Task	spec.sidecars[].env.valuefrom.secretkeyref.name
Task	spec.sidecars[].env.valuefrom.secretkeyref.key
Task	spec.sidecars[].env.valuefrom.configmapkeyref.name
Task	spec.sidecars[].env.valuefrom.configmapkeyref.key
Task	spec.sidecars[].volumemounts.name
Task	spec.sidecars[].volumemounts.mountpath
Task	spec.sidecars[].volumemounts.subpath

Pipeline 资源对象中支持变量替换的字段如表 5-17 所示。

表 5-17　Pipeline 中支持变量替换的字段

CRD	字段
Pipeline	spec.tasks[].params[].value
Pipeline	spec.tasks[].conditions[].params[].value
Pipeline	spec.results[].value

5.3.7　基于 Git 与 Docker Registry 的身份验证

在执行 TaskRun 和 PipelineRun 时，与 Git 和 Docker Registry 交互过程中需要进行身份验证，通过其关联的 ServiceAccount 获得相关的访问权限。由于 TaskRun 和 PipelineRun 中的身份验证概念和配置方法相同，本节将 TaskRun 和 PipelineRun 统称为 Run。

Tekton 在使用 Secret 时，会在它创建的每个 Pod 中先执行凭证初始化，再执行 Run 中的步骤。在凭证初始化期间，Tekton 会访问与 Run 关联的每个 Secret，并将其聚合到每个 Pod 的 /tekton/creds 目录中，然后将 /tekton/creds 目录中的文件复制或符号链接到用户 $HOME 目录中。例如，将 Git、Docker 的凭证文件从 /tekton/creds 目录复制到 $HOME 下。

1. Tekton 支持的 Secret 类型

Tekton 利用 Secret 中的对象类型来处理相关敏感信息，所以在配置 Secret 对象时，我们需要指定受支持的类型。Tekton 支持通过表 5-18 列出的 Kubernetes Secret 类型进行身份验证。

表 5-18　Tekton 身份验证所支持的 Secret 类型

类型	支持	描述
kubernetes.io/ssh-auth	Git	支持基于 SSH 密钥创建的身份验证
kubernetes.io/basic-auth	Git、Docker	支持基于 BasicAuth（用户名 + 密码）创建的身份验证

（续）

类型	支持	描述
kubernetes.io/dockercfg	Docker	支持基于 .dockercfg 文件创建的 Docker 凭证（旧版 Docker 默认使用 .dockercfg 文件）
kubernetes.io/dockerconfigjson	Docker	支持基于 .docker/config.json 文件创建的 Docker 凭证

2. Tekton 支持的 Secret 注释

在创建 Secret 对象时，我们应选择准确的 Secret 类型和注释。否则，Tekton 将忽略所有未正确配置注释的 Secret。Tekton 支持表 5-19 列出的注释。

表 5-19　Tekton 支持的注释

注释	描述
tekton.dev/git-*	指定 Git URL。每个注释指定一个 URL，支持在一个 Secret 对象中指定多个 Git URL。URL 必须以 tekton.dev/git- 开头，* 号部分通过数字或字母填充
tekton.dev/docker-*	指定 Docker Registry URL。每个注释指定一个 URL，支持在一个 Secret 对象中指定多个 Docker Registry URL。URL 必须以 tekton.dev/docker- 开头，* 号部分通过数字或字母填充

以下示例使用 basic-auth 类型的 Secret 访问位于 github.com 和 gitlab.com 的 Git 存储库以及位于 gcr.io 的容器镜像存储库。

```
apiVersion: v1
kind: Secret
metadata:
  annotations:
    tekton.dev/git-0: https://github.com
    tekton.dev/git-1: https://gitlab.com
    tekton.dev/docker-0: https://gcr.io
type: kubernetes.io/basic-auth
stringData:
  username: <cleartext username>
  password: <cleartext password>
```

以下是基于 ssh-auth 配置的示例，使用了 kubernetes.io/ssh-auth 类型的 Secret 访问 Git 仓库。

```
apiVersion: v1
kind: Secret
metadata:
  annotations:
    tekton.dev/git-0: github.com
type: kubernetes.io/ssh-auth
stringData:
  ssh-privatekey: <private-key>
```

3. 配置Git身份验证

（1）基于basic-auth配置Git身份验证

Runs中会定义需要运行的任务。在执行任务中的步骤之前，Tekton会在为每个任务初始化Pod时创建一个~/.gitconfig文件。此文件中含有Secret中指定的用户名和密码凭证。当执行步骤时，Tekton会使用~/.gitconfig文件中的用户名和密码访问存储库。

1）为Git创建基于basic-auth类型的Secret对象。

以下示例定义了一个Secret对象，该Secret中指定了Tekton用于访问Git存储库的用户名和密码凭证。

```
apiVersion: v1
kind: Secret
metadata:
  name: git-secret
  annotations:
    # 指定存储库，必须以tekton.dev/git-开头，* 号部分通过数字或字母填充
    tekton.dev/git-0: https://github.com
    tekton.dev/git-1: https://gitlab.com
# 当通过用户名和密码访问资源时，请使用basic-auth类型
type: kubernetes.io/basic-auth
stringData:
  username: <cleartext username>
  password: <cleartext password>
```

2）创建ServiceAccount并与Secret对象进行关联。

如果有需求，我们可以在ServiceAccount中关联多个Secret。需要注意的是，ServiceAccount需要与Run在同一个命名空间。

配置示例如下：

```
apiVersion: v1
kind: ServiceAccount
metadata:
  name: git-sa
secrets:
  - name: git-secret                # 指定已存在的Secret
```

3）将ServiceAccount与TaskRun和PipelineRun关联。

当Secret与ServiceAccount关联完成后，还需要在Run中指定需要使用的ServiceAccount。关于指定serviceAccount详细用法请参见TaskRun和PipelineRun的相关章节。

ServiceAccount与TaskRun关联示例如下。

```
apiVersion: tekton.dev/v1beta1
kind: TaskRun
metadata:
  name: build-push-task-run-2
```

```
spec:
  serviceAccountName: git-sa      # 指定已存在的 ServiceAccount
  taskRef:
    name: build-push
```

ServiceAccount 与 PipelineRun 关联示例如下。

```
apiVersion: tekton.dev/v1beta1
kind: PipelineRun
metadata:
  name: demo-pipeline
spec:
  serviceAccountName: git-sa      # 指定已存在的 ServiceAccount
  pipelineRef:
    name: demo-pipeline
```

（2）基于 ssh-auth 配置 Git 身份验证

Run 中会定义需要运行的任务。在执行任务中的步骤之前，Tekton 会在为每个 Task 初始化 Pod 时创建一个 ~/.ssh/config 文件，此文件中含有 Secret 中指定的 SSH 密钥。Tekton 会使用 ~/.ssh/config 文件中的密钥凭证访问存储库。

1）为 Git 创建基于 ssh-auth 类型的 Secret 对象。

以下示例定义了一个 Secret 对象，该 Secret 对象中指定了 Tekton 用于访问 Git 存储库的 SSH 密钥。

```
apiVersion: v1
kind: Secret
metadata:
  name: git-ssh-key
  annotations:
    # 指定基于 SSH 密钥访问 Git 存储库，必须以 tekton.dev/git- 开头，* 号部分通过数字或字母填充
    tekton.dev/git-0: gitlab.com
    # 也可以通过自定义的端口连接存储库
    tekton.dev/git-1: gitlab.com:10022
# 当通过密钥访问资源时，请使用 ssh-auth 类型
type: kubernetes.io/ssh-auth
data:
  # 指定私钥（必选项）
  # 指定私钥时需要转换为 base64 编码（命令：cat id_rsa | base64 -w 0）
  ssh-privatekey: <private-key>
  # 指定公钥（可选项）
  # 指定固定公钥可以提高安全性，可以通过 "ssh-keyscan gitlab.com | base64 -w 0" 命令获
    取远程存储库公钥。如果未配置，则盲目接受存储库返回的任何公钥
  known_hosts: <known-hosts>
```

如果你当前的 Git 环境中没有配置过基于 SSH 密钥的方式访问，可使用 ssh-keygen -t rsa -b 2048 -C "user_email@example.com" 命令生成密钥。

2）创建 ServiceAccount 并与 Secret 对象进行关联。

如果有需求，我们可以在 ServiceAccount 中关联多个 Secret。需要注意的是，ServiceAccount 需要与 Run 在同一个命名空间。

配置示例如下：

```
配置示例，如下：
apiVersion: v1
kind: ServiceAccount
metadata:
  name: git-sa
secrets:
  - name: git-ssh-key            # 指定已存在的 Secret
```

3）将 ServiceAccount 与 TaskRun 和 PipelineRun 关联。

当 Secret 与 ServiceAccount 关联完成后，还需要在 Runs 中去指定需要使用的 ServiceAccount，配置示例如下。关于指定 ServiceAccount 详细用法请参见 TaskRun 和 PipelineRun 的相关章节。

ServiceAccount 与 TaskRun 关联示例如下：

```
apiVersion: tekton.dev/v1beta1
kind: TaskRun
metadata:
  name: build-push-task-run-2
spec:
  serviceAccountName: git-sa     # 指定已存在的 ServiceAccount
  taskRef:
    name: build-push
```

ServiceAccount 与 PipelineRun 关联示例如下：

```
apiVersion: tekton.dev/v1beta1
kind: PipelineRun
metadata:
  name: demo-pipeline
spec:
  serviceAccountName: git-sa     # 指定已存在的 ServiceAccount
  pipelineRef:
    name: demo-pipelin
```

4. 配置 Docker 身份验证

（1）基于 basic-auth 配置 Docker 身份验证

Run 中会定义需要运行的任务。在执行任务中的步骤之前，Tekton 会为每个任务初始化 Pod 时创建一个 ~/.docker/config.json 文件。此文件中含有 Secret 中指定的用户名和密码凭证。当执行步骤时，Tekton 会使用 ~/.docker/config.json 文件中的用户名和密码凭证访问容器镜像仓库。

1）为 Docker 创建基于 basic-auth 类型的 Secret 对象。

以下示例定义了一个 Secret 对象，该 Secret 中指定了 Tekton 用于访问容器镜像仓库的用户名和密码凭证。

```
apiVersion: v1
kind: Secret
metadata:
  name: basic-user-pass
  annotations:
    # 指定 Docker Registry 地址，必须以 tekton.dev/docker- 开头，* 号部分通过数字或字母填充
    tekton.dev/docker-0: https://docker.io
    tekton.dev/docker-1: https://gcr.io
# 当通过用户名和密码访问资源时，请使用 basic-auth 类型
type: kubernetes.io/basic-auth
stringData:
  username: <cleartext username>
  password: <cleartext password>
```

2）创建 ServiceAccount 并与 Secret 对象进行关联。

如果有需求，我们可以在 ServiceAccount 中关联多个 Secret 对象。需要注意的是，ServiceAccount 需要与 Run 在同一个命名空间。

配置示例如下：

```
apiVersion: v1
kind: ServiceAccount
metadata:
  name: build-bot
secrets:
  - name: basic-user-pass              # 指定已存在的 Secret
```

3）将 ServiceAccount 与 TaskRun 和 PipelineRun 关联。

当 Secret 与 ServiceAccount 关联完成后，我们还需要在 Run 中指定需要使用的 ServiceAccount。关于指定 ServiceAccount 详细用法请参见 TaskRun 和 PipelineRun 的相关章节。

ServiceAccount 与 TaskRun 关联示例如下：

```
apiVersion: tekton.dev/v1beta1
kind: TaskRun
metadata:
  name: build-push-task-run-2
spec:
  serviceAccountName: build-bot      # 指定已存在的 ServiceAccount
  taskRef:
    name: build-push
```

ServiceAccount 与 PipelineRun 关联示例如下：

```
apiVersion: tekton.dev/v1beta1
kind: PipelineRun
metadata:
  name: demo-pipeline
spec:
  serviceAccountName: build-bot      # 指定已存在的 ServiceAccount
  pipelineRef:
    name: demo-pipeline
```

（2）基于 Docker 客户端配置文件配置 Docker 身份验证

下面介绍如何使用 dockercfg 和 dockerconfigjson 类型配置用于 Docker 身份验证的 Secret。由于这两种类型的配置方法相同，因此我们只列举 dockerconfigjson 类型的配置示例。

1）基于 Docker 客户端配置文件，创建 dockerconfigjson 类型的 Secret 对象。

以下示例使用 Docker 客户端配置文件定义一个 Secret，作为 Tekton 访问 Docker Registry 的凭证。

```
kubectl -n default create secret generic docker-auth \
 --from-file=.dockerconfigjson=${HOME}/.docker/config.json \
 --type=kubernetes.io/dockerconfigjson
```

2）创建 ServiceAccount 并与 Secret 对象进行关联。

如果有需求，我们可以在 ServiceAccount 中关联多个 Secret。需要注意的是，ServiceAccount 需要与 Run 在同一个命名空间。

配置示例如下：

```
apiVersion: v1
kind: ServiceAccount
metadata:
  name: build-bot
secrets:
  - name: docker-auth                # 指定已存在的 Secret
```

3）将 ServiceAccount 与 TaskRun 和 PipelineRun 关联。

当 Secret 与 ServiceAccount 关联完成后，还需要在 Run 中指定需要使用的 ServiceAccount。关于指定 ServiceAccount 详细用法请参见 TaskRun 和 PipelineRun 的相关章节。

ServiceAccount 与 TaskRun 关联示例如下：

```
apiVersion: tekton.dev/v1beta1
kind: TaskRun
metadata:
  name: build-push-task-run-2
spec:
  serviceAccountName: build-bot      # 指定已存在的 ServiceAccount
  taskRef:
    name: build-push
```

ServiceAccount 与 PipelineRun 关联示例如下：

```
apiVersion: tekton.dev/v1beta1
kind: PipelineRun
metadata:
  name: demo-pipeline
spec:
  serviceAccountName: build-bot              # 指定已存在的 ServiceAccount
  pipelineRef:
    name: demo-pipeline
```

5. 为 Tekton 定义默认的 ServiceAccount

Run 在运行时，如果没有指定 ServiceAccount，则默认使用 Kubernetes 群集中的 default 账户。此配置定义在 tekton-pipelines 命名空间的 ConfigMap 中，我们可以在 config-defaults 文件中更新 default-service-account 参数为 Run 运行定义的默认账户。

在 Kubernetes 群集中，我们可通过以下命令定义默认的 ServiceAccount：

```
# kubectl -n tekton-pipelines edit cm config-defaults
apiVersion: v1
data:
  default-service-account: docker-git-sa     # 为 Run 运行定义默认值 ServiceAccount
kind: ConfigMap
metadata:
  name: config-defaults
  namespace: tekton-pipelines
```

5.3.8 基于 Kubectl 向 Kubernetes 集群持续部署

Tekton 支持向多个 Kubernetes 集群做持续部署，并且分为向本地 Kubernetes 集群和外部 Kubernetes 集群做持续部署。我们将 Tekton 所在的集群称为本地 Kubernetes 集群，反之称为外部 Kubernetes 集群。当我们在任务的步骤中使用 kubectl 命令访问本地 Kubernetes 集群时，需要拥有一个 ServiceAccount 资源，并且需要为该 ServiceAccount 资源定义访问控制权限。如果需要请求外部 Kubernetes 集群，请使用 PipelineResource 对象中的 Cluster 资源类型实现，本节将不再赘述。

Tekton 向本地 Kubernetes 集群做持续部署时，通常会在任务的步骤中使用 kubectl 命令访问本地 Kubernetes 集群。通过 kubectl 命令获取本地 Kubernetes 集群的相关资源，我们需要为 ServiceAccountName 设置访问控制权限。

1）配置 ClusterRole，使用 Tekton 向 Knative 中部署应用时，需要定义 Knative API 访问控制：

```
# vim tekton-sa-role.yaml
apiVersion: rbac.authorization.k8s.io/v1
kind: ClusterRole
```

```
metadata:
  name: tekton-sa-role
rules:
- apiGroups:
  - serving.knative.dev     # 指定Knative API组中的serving.knative.dev
  - apps                    # 指定Kubernetes API组中的apps
  resources:
  - services                # 定义可以使用serving.knative.dev组下的哪些资源
  - deployments             # 定义可以使用apps组下的哪些资源
  verbs:
  - '*'
```

2）配置ClusterRoleBinding，对ClusterRole与ServiceAccount进行绑定：

```
# vim tekton-sa-binding.yaml
apiVersion: rbac.authorization.k8s.io/v1
kind: ClusterRoleBinding
metadata:
  name: tekton-sa-binding
roleRef:
  apiGroup: rbac.authorization.k8s.io
  kind: ClusterRole
  name: tekton-sa-role     # 指定ClusterRoleName
subjects:
- kind: ServiceAccount
  name: docker-git-sa      # 指定ServiceAccountName
  namespace: default
```

3）创建ServiceAccount：

```
# kubectl -n default create serviceaccount docker-git-sa
```

4）应用ClusterRole与ClusterRoleBinding配置文件：

```
# kubectl apply -f tekton-sa-role.yaml -f tekton-sa-binding.yaml
```

至此，使用Kubectl命令在任务运行时对需要获取的本地Kubernetes集群相关资源的访问控制权限设置完成。

使用kubectl向本地Kubernetes集群部署时可参考以下配置示例：

```
apiVersion: tekton.dev/v1beta1
kind: Task
metadata:
  name: deployment-task
spec:
  resources:
    inputs:
      - name: git-source
        type: git
```

```
  steps:
    - name: run-kubectl
      image: lachlanevenson/k8s-kubectl:v1.17.12
      command: ['kubectl']
      args:
        - "apply'"
        - "-f"
        - "$(resources.inputs.git-source.path)/app.yaml'"
```

5.4 Trigger

开发人员将代码提交给GitLab，然后GitLab将推送事件给EventListener，接着Trigger基于TriggerBinding的配置从数据体中提取信息，装载在参数中作为TriggerTemplate的入参，最后EventController创建PipelineRun。

5.4.1 TriggerTemplate

TriggerTemplate是可以模板化资源的资源，拥有可以在资源模板中任何位置替换的参数。

```
apiVersion: triggers.tekton.dev/v1alpha1
kind: TriggerTemplate
metadata:
  name: pipeline-template
spec:
  params:
  - name: gitrevision
    description: The git revision
    default: master
  - name: gitrepositoryurl
    description: The git repository url
  - name: message
    description: The message to print
    default: This is the default message
  - name: contenttype
    description: The Content-Type of the event
  resourcetemplates:
  - apiVersion: tekton.dev/v1beta1
    kind: PipelineRun
    metadata:
      generateName: simple-pipeline-run-
    spec:
      pipelineRef:
        name: simple-pipeline
      params:
      - name: message
        value: $(tt.params.message)
      - name: contenttype
```

```
      value: $(tt.params.contenttype)
    resources:
    - name: git-source
      resourceSpec:
        type: git
        params:
        - name: revision
          value: $(tt.params.gitrevision)
        - name: url
          value: $(tt.params.gitrepositoryurl)
```

TriggerTemplate当前支持Pipeline、PipelineRun、Task、TaskRun、Clustertask这些Pipeline资源。

与Pipeline类似，TriggerTemplate只是充当应创建资源的范本。如果省略了命名空间，它将解析为EventListener的命名空间。

$（uid）变量可以在TriggerTemplate的所有资源模板中隐式使用，像Kubernetes generateName元数据字段生成的后缀一样，将一个随机字符串值分配给$（uid）。一个实例只有在TriggerTemplate中有内部引用才是有意义的资源。

以下是添加到TriggerTemplate资源模板的附加标签。

- 帮助进行垃圾收集：tekton.dev/eventlistener：<EventListenerName>。
- 跟踪由同一事件创建的资源：tekton.dev/triggers-eventid：<EventID>。

为了支持任意资源类型，资源模板在内部解析为byte blob。我们仅在事件处理时（而不是在创建TriggerTemplate时）对这些资源进行验证。到目前为止，我们只能在TriggerTemplate中定义Tekton资源。

1. Parameter

TriggerTemplate可以声明由TriggerBinding和EventListener提供的参数。参数必须具有名称、可选的描述和默认值。

我们可以使用以下变量替换语法在TriggerTemplate中引用参数，其中<name>是参数的名称。

```
$(tt.params.<name>)
```

tt.params可以在TriggerTemplate的resourceTemplates部分中引用。tt.params的目的是使TriggerTemplate可重用。

如果TriggerBinding中params数组中的相应条目丢失或无法满足（在条目的值来自HTTP头信息或body的情况下）需求，则TriggerTemplate中params数组的每个条目的默认值将被使用。

2. 最佳实践

从Tekton Pipelines 0.8.0版本开始，用户可以嵌入资源规范。最佳实践是将每个资源规范嵌入使用该资源规范的 PipelineRun 或 TaskRun 中。嵌入资源规范可避免在创建和使用资源时产生竞争。

5.4.2 TriggerBinding

顾名思义，TriggerBinding 用来绑定事件 / 触发器。TriggerBinding 可以捕获事件中的字段并将其存储为参数。TriggerBinding 从 TriggerTemplate 中分离开来的目的是鼓励它们之间的重用。

```
apiVersion: triggers.tekton.dev/v1alpha1
kind: TriggerBinding
metadata:
  name: pipeline-binding
spec:
  params:
  - name: gitrevision
    value: $(body.head_commit.id)
  - name: gitrepositoryurl
    value: $(body.repository.url)
  - name: contenttype
    value: $(header.Content-Type)
```

TriggerBinding 在 EventListener 内连接到 TriggerTemplate，EventListener 用于 Pod 实例化，可以监听相应的事件。

1. 参数

TriggerBinding 可以提供传递给 TriggerTemplate 的参数。每个参数都有一个 name 和 value。

2. 事件变量的填写

TriggerBinding 可以使用 JSONPath 表达式 $() 访问 HTTP JSON body 和头信息。头信息中的 key 大小写是不敏感的。

以下是有效表达式：

```
$(body.key1)
$(.body.key)
```

以下是无效的表达式：

```
.body.key1          # 无效表达式 - 没有包裹在 $() 中
$({body)            # 无效表达式 - 缺少尾花括号
```

如果 $() 被嵌入在另一个 $() 中，我们将使用最里层的 $() 的内容作为 JSONPath 表达式。

```
$($(body.b)) -> $(body.b)
$($($(body.b))) -> $(body.b)
```

访问包含点字符的JSON key时，我们需要对点字符进行转义。例如：

```
# body 中包含一个叫作 tekton.dev 的字段。例如 {"body": {"tekton.dev": "triggers"}}
$(body.tekton\.dev) -> "triggers"
```

如果事件的头信息和body中的JSONPath表达式不能解析，则尝试利用关联的TriggerTemplate中的默认值（如果有），示例如下：

```
'$(body)' 整个 body 将被替换

$(body) -> "{"key1": "value1", "key2": {"key3": "value3"}, "key4": ["value4",
  "value5", "value6"]}"

$(body.key1) -> "value1"

$(body.key2) -> "{"key3": "value3"}"

$(body.key2.key3) -> "value3"

$(body.key4[0]) -> "value4"

$(body.key4[0:2]) -> "{"value4", "value5"}"

# $(header) 将会被事件中的 header 所替换

$(header) -> "{"One":["one"], "Two":["one","two","three"]}"

$(header.One) -> "one"

$(header.one) -> "one"

$(header.Two) -> "one two three"

$(header.Two[1]) -> "two"
```

3. 多绑定

在EventListener中，你可以指定多个绑定作为触发器的一部分。这使得你可以创建可重用的绑定，这些绑定可以与各种触发器混合并匹配。例如，触发器带有一个提取事件信息的绑定和一个提供部署环境信息的绑定。

```
apiVersion: triggers.tekton.dev/v1alpha1
kind: TriggerBinding
metadata:
  name: event-binding
```

```
spec:
  params:
    - name: gitrevision
      value: $(body.head_commit.id)
    - name: gitrepositoryurl
      value: $(body.repository.url)
---
apiVersion: triggers.tekton.dev/v1alpha1
kind: TriggerBinding
metadata:
  name: prod-env
spec:
  params:
    - name: environment
      value: prod
---
apiVersion: triggers.tekton.dev/v1alpha1
kind: TriggerBinding
metadata:
  name: staging-env
spec:
  params:
    - name: environment
      value: staging
---
apiVersion: triggers.tekton.dev/v1alpha1
kind: EventListener
metadata:
  name: listener
spec:
  triggers:
    - name: prod-trigger
      bindings:
        - ref: event-binding
        - ref: prod-env
      template:
        name: pipeline-template
    - name: staging-trigger
      bindings:
        - ref: event-binding
        - ref: staging-env
      template:
        name: pipeline-template
```

为了方便，binding-eval 工具允许评估给定 HTTP 请求的 TriggerBinding，以确定触发器执行期间生成的参数。

可以通过以下命令安装 binding-eval 工具：

```
$ go get -u github.com/tektoncd/triggers/cmd/binding-eval
```

以下示例展示了通过binding-eval评估TriggerBinding执行结果。我们可以看到，通过binding-eval工具查看参数值填充后的结果。

```
$ cat testdata/triggerbinding.yaml
apiVersion: tekton.dev/v1alpha1
kind: TriggerBinding
metadata:
  name: pipeline-binding
spec:
  params:
  - name: foo
    value: $(body.test)
  - name: bar
    value: $(header.X-Header)

$ cat testdata/http.txt
POST /foo HTTP/1.1
Content-Length: 16
Content-Type: application/json
X-Header: tacocat

{"test": "body"}

$ binding-eval -b testdata/triggerbinding.yaml -r testdata/http.txt
[
  {
    "name": "foo",
    "value": "body"
  },
  {
    "name": "bar",
    "value": "tacocat"
  }
]
```

5.4.3　EventListener

EventListener是Kubernetes的自定义资源，允许用户以声明的方式处理带有JSON数据体的基于HTTP的传入事件。EventListener暴露了传入事件指向的可寻址的接收器。用户可以声明TriggerBinding，以便从事件中提取字段，并将其应用于TriggerTemplate以创建Tekton资源。此外，EventListener允许使用事件拦截器进行轻量级的事件处理。

EventListener的必要字段规范如下。

- apiVersion：指定API version，例如triggers.tekton.dev/v1alpha1。
- kind：指定EventListener资源对象。
- metadata：指定用于唯一标识EventListener资源对象的数据，例如name。
- spec：指定EventListener资源对象的配置信息。

- triggers：指定一个要运行的 Trigger 列表。
- serviceAccountName：指定 EventListener 用于创建资源的 ServiceAccount。

EventListener 可选字段规范如下。

- serviceType：指定接收器 Pod 对外暴露的服务类型。
- replicas：指定 EventListener Pod 副本数量。
- podTemplate：为 EventListener Pod 指定 PodTemplate。
- resources：为 EventListener Pod 指定 Kubernetes 资源。

接下来将详细介绍 EventListener 部分字段的定义规范。

（1）serviceType 字段

serviceType 是可选字段。EventListener 接收器通过 Kubernetes Service 对外暴露。默认情况下，serviceType 为 ClusterIP，这意味着在同一 Kubernetes 集群中运行的任何 Pod 都可以通过其集群 DNS 访问服务。其有效值为 ClusterIP、NodePort 和 LoadBalancer。serviceType 有关详细信息请查看 Kubernetes 服务类型文档。

（2）triggers 字段

triggers 字段是必要字段。每个 EventListener 可以包含一个或多个 Triggers。Trigger 包括以下字段。

- name：（可选字段）一个有效的 Kubernetes 名称。
- interceptors：（可选字段）拦截器列表。
- bindings：（可选字段）要使用的绑定列表，可以引用现有的 TriggerBinding 资源或嵌入的 name/value 对。
- template：（可选字段）TriggerTemplate 的名称。
- triggerRef：（可选字段）引用的 Trigger。

triggers 字段必须有 template 或 triggerRef。以下是 triggers 字段使用 template 的示例。

```
triggers:
  - name: trigger-1
    interceptors:
      - github:
          eventTypes: ["pull_request"]
    bindings:
      - ref: pipeline-binding # Reference to a TriggerBinding object
      - name: message # Embedded Binding
        value: Hello from the Triggers EventListener!
    template:
      name: pipeline-template
```

以下是 triggers 字段使用 triggerRef 的示例。

```
triggers:
    - triggerRef: trigger
```

EventListener 中的 Trigger 能够可选地指定拦截器，以修改 Trigger 的行为或数据体。

事件拦截器可以采取几种不同的形式实现。

1）Webhook 拦截器。

Webhook 拦截器允许用户配置包含业务逻辑的外部 Kubernetes 对象。当前，拦截器是在 Webhook 字段下指定的，该字段包含对 Kubernetes 服务的 ObjectReference。如果指定了 Webhook 拦截器，EventListener 接收器将通过 HTTP 将传入事件转发到拦截器引用的服务。该服务应处理事件并做出响应。响应状态码确定了处理是否成功，响应状态码 200 表示拦截成功并且处理应继续进行，其他任何状态码将停止触发处理。返回的请求（body 和 header）被 EventListener 用作新的事件有效负载，并在 TriggerBinding 上传递。Webhook 拦截器具有一个可选的标头键值对字段，在发送前将与事件标头合并。

Eventlistener-Request-URL 标头键值对中定义了传入的请求的 URL，并将其传递给 Webhook 拦截器。

当指定了多个拦截器时，请求将按顺序通过每个拦截器管道进行处理。例如第一个拦截器响应的 header/body 将作为请求发送到第二个拦截器。如果需要，拦截器负责保留标头 / 正文数据。最后一个拦截器响应的 header/body 用于资源的绑定和模板化。

成为事件拦截器的 Kubernetes 对象应该符合以下要求。

- 一个常规的、基于 80 端口的 Kubernetes 服务。
- 接受基于 HTTP 的 JSON 数据体。
- 接受带有 JSON 数据体的 HTTP POST 请求。
- 如果 EventListener 将要继续处理事件，则返回 HTTP 200 OK 状态。
- 返回一个 JSON 格式的 body。EventListener 将它作为事件数据体进行进一步处理。如果拦截器不需要修改 body，则可以简单地返回它接收到的 body。

以下是一个简单的 Webhook 拦截器配置范例。

```
apiVersion: triggers.tekton.dev/v1alpha1
kind: EventListener
metadata:
  name: listener-interceptor
spec:
  serviceAccountName: tekton-triggers-example-sa
  triggers:
    - name: foo-trig
      interceptors:
        - webhook:
            header:
              - name: Foo-Trig-Header1
                value: string-value
              - name: Foo-Trig-Header2
                value:
                  - array-val1
```

```
            - array-val2
        objectRef:
          kind: Service
          name: gh-validate
          apiVersion: v1
          namespace: default
    bindings:
      - ref: pipeline-binding
    template:
      ref: pipeline-template
```

2）GitHub 拦截器。

GitHub 拦截器包含用于验证和过滤来自 GitHub 的 Webhook 的逻辑。支持的功能包括使用 GitHub 文档中概述的逻辑验证来自 GitHub 实际的 Webhook，并过滤传入事件。

如果要将 GitHub 拦截器用作验证器，需要创建一个 Secret 字符串，然后将 GitHub Webhook 配置为使用该 Secret，并创建一个包含此值的 Kubernetes Secret，将其作为对 GitHub 拦截器的引用。如果要将 GitHub 拦截器用作过滤器，需要将接受的事件类型添加到 eventType 字段。其有效值可以在 GitHub 文档中找到。

传入请求的 header/body 将保留在 GitHub 拦截器的响应中。

以下是一个简单的 GitHub 拦截器配置范例。

```
---
apiVersion: triggers.tekton.dev/v1alpha1
kind: EventListener
metadata:
  name: github-listener-interceptor
spec:
  triggers:
    - name: github-listener
      interceptors:
        - github:
            secretRef:
              secretName: github-secret
              secretKey: secretToken
            eventTypes:
              - pull_request
        - cel:
            filter: "body.action in ['opened', 'synchronize', 'reopened']"
      bindings:
        - ref: github-pr-binding
      template:
        ref: github-template
  resources:
    kubernetesResource:
      spec:
        template:
```

```
          spec:
            serviceAccountName: tekton-triggers-github-sa
---
apiVersion: triggers.tekton.dev/v1alpha1
kind: TriggerBinding
metadata:
  name: github-pr-binding
spec:
  params:
    - name: gitrevision
      value: $(body.pull_request.head.sha)
    - name: gitrepositoryurl
      value: $(body.repository.clone_url)

---
apiVersion: triggers.tekton.dev/v1alpha1
kind: TriggerTemplate
metadata:
  name: github-template
spec:
  params:
    - name: gitrevision
    - name: gitrepositoryurl
  resourcetemplates:
    - apiVersion: tekton.dev/v1alpha1
      kind: TaskRun
      metadata:
        generateName: github-run-
      spec:
        taskSpec:
          inputs:
            resources:
              - name: source
                type: git
          steps:
            - image: ubuntu
              script: |
                #! /bin/bash
                ls -al $(inputs.resources.source.path)
        inputs:
          resources:
            - name: source
              resourceSpec:
                type: git
                params:
                  - name: revision
                    value: $(tt.params.gitrevision)
                  - name: url
                    value: $(tt.params.gitrepositoryurl)
```

3）GitLab 拦截器。

GitLab 拦截器包含用于验证和过滤来自 GitLab 请求的逻辑。支持的功能包括使用 GitLab 文档中概述的逻辑来验证 Webhook 是否确实来自 GitLab，并根据事件类型过滤传入的事件。事件类型可以在 GitLab 文档中找到。

如果要将此拦截器用作验证器，需创建一个 Secret 字符串，然后将 GitLab Webhook 配置为使用该 Secret 值，并创建一个包含此值的 Kubernetes Secret 对象，将其作为对 GitLab Interceptor 的引用。如果要将 GitLab 拦截器用作过滤器，请将要接受的事件类型添加到 eventTypes 字段。

传入请求的 header/body 将保留在 GitLab 拦截器的响应中。

以下是一个简单的 GitLab Interceptor 配置范例。

```
apiVersion: triggers.tekton.dev/v1alpha1
kind: EventListener
metadata:
  name: gitlab-listener-interceptor
spec:
  serviceAccountName: tekton-triggers-example-sa
  triggers:
    - name: foo-trig
      interceptors:
        - gitlab:
            secretRef:
              secretName: foo
              secretKey: bar
            eventTypes:
              - Push Hook
      bindings:
        - ref: pipeline-binding
      template:
        ref: pipeline-template
```

4）Bitbucket 拦截器。

Bitbucket 拦截器支持源自 Bitbucket 服务器的钩子，提供服务器钩子的签名验证和事件过滤。该拦截器目前不支持 Bitbucket Cloud，因为它没有 Secret 验证。你可以使用 CEL 拦截器匹配传入的请求。

如果要将 Bitbucket 拦截器用作验证器，请创建一个 Secret 字符串，然后将 Bitbucket Webhook 配置为使用该 Secret 值，并创建一个包含此值的 Kubernetes Secret 对象，将其作为对 Bitbucket 拦截器的引用。如果要将此拦截器用作过滤器，请将要接收的事件类型添加到 eventTypes 字段。其有效值可以在 Bitbucket 文档中找到。

传入请求的 body/header 将保留在 Bitbucket 拦截器的响应中。

以下是一个简单的 Bitbucket 拦截器配置范例。

```yaml
---
apiVersion: triggers.tekton.dev/v1alpha1
kind: EventListener
metadata:
  name: bitbucket-listener
spec:
  serviceAccountName: tekton-triggers-bitbucket-sa
  triggers:
    - name: bitbucket-triggers
      interceptors:
        - bitbucket:
            secretRef:
              secretName: bitbucket-secret
              secretKey: secretToken
            eventTypes:
              - repo:refs_changed
      bindings:
        - ref: bitbucket-binding
      template:
        ref: bitbucket-template
```

5）CEL 拦截器。

CEL 拦截器可用于过滤或修改传入事件，它使用 CEL 表达式。请参阅 cel-spec 语言定义，以获取表达式语法。

以下示例展示了 cel-trig-with-matche 触发器过滤没有匹配 pull_request 的 X-GitHub-Event 标头的事件，还修改了传入的请求，向 JSON body 中添加一个额外的 Key，并从钩子主体中截断字符串。

```yaml
apiVersion: triggers.tekton.dev/v1alpha1
kind: EventListener
metadata:
  name: cel-listener-interceptor
spec:
  serviceAccountName: tekton-triggers-example-sa
  triggers:
    - name: cel-trig-with-matches
      interceptors:
        - cel:
            filter: "header.match('X-GitHub-Event', 'pull_request')"
            overlays:
            - key: extensions.truncated_sha
              expression: "body.pull_request.head.sha.truncate(7)"
      bindings:
      - ref: pipeline-binding
      template:
        ref: pipeline-template
    - name: cel-trig-with-canonical
      interceptors:
```

```
    - cel:
        filter: "header.canonical('X-GitHub-Event') == 'push'"
  bindings:
  - ref: pipeline-binding
  template:
    ref: pipeline-template
```

5.4.4 将EventListener暴露给外部

默认情况下，集群内可以访问诸如EventListener接收器之类的ClusterIP服务。为了使外部服务与集群进行通信，我们可以使用Ingress对外暴露服务。

我们可以通过以下命令获取Eventlistener对外暴露的Kubernetes服务名称：

```
#kubectl get el <EVENTLISTENR_NAME> -o=jsonpath='{.status.configuration.
  generatedName}{"\n"}'
```

Ingress参考配置如下：

```
apiVersion: extensions/v1beta1
kind: Ingress
metadata:
  name: ingress-resource
  annotations:
    kubernetes.io/ingress.class: nginx
    nginx.ingress.kubernetes.io/ssl-redirect: "false"
spec:
  rules:
    - http:
        paths:
          - path: /
            backend:
              serviceName: EVENT_LISTENER_SERVICE_NAME # 替换成你的EventListener
                                                        服务名称
              servicePort: 8080
```

5.4.5 ClusterTriggerBinding

ClusterTriggerBinding与TriggerBinding相似，后者用于从事件负载中提取字段。唯一的不同之处是ClusterTriggerBinding是集群范围的，鼓励在集群范围内的可重用性。你可以在任何命名空间的任何EventListener中引用ClusterTriggerBinding。配置范例如下：

```
apiVersion: triggers.tekton.dev/v1alpha1
kind: ClusterTriggerBinding
metadata:
  name: pipeline-clusterbinding
spec:
  params:
    - name: gitrevision
```

```
        value: $(body.head_commit.id)
      - name: gitrepositoryurl
        value: $(body.repository.url)
      - name: contenttype
        value: $(header.Content-Type)
```

你可以在一个触发器中制定多个 ClusterTriggerBinding，也可以在多个触发器中使用同一个 ClusterTriggerBinding。

如果使用 ClusterTriggerBinding，则应添加对应的 Binding 类型，默认类型是 TriggerBinding。配置范例如下：

```
apiVersion: triggers.tekton.dev/v1alpha1
kind: EventListener
metadata:
  name: listener-clustertriggerbinding
spec:
  serviceAccountName: tekton-triggers-example-sa
  triggers:
    - name: foo-trig
      bindings:
        - ref: pipeline-clusterbinding
          kind: ClusterTriggerBinding
        - ref: message-clusterbinding
          kind: ClusterTriggerBinding
      template:
        name: pipeline-template
```

5.4.6　CEL 表达式扩展

CEL 表达式配置为暴露请求的部分，一些自定义函数使得匹配更容易。除了下面列出的自定义函数扩展以外，你还可以制作符合 cel-spec 语言定义的任何有效的 CEL 表达式。

（1）字符串函数

cel-go 开源项目提供了 CEL 规范处理字符串的扩展。示例如下：

```
'refs/heads/master'.split('/') // result = list ['refs', 'heads', 'master']
'my place'.replace('my ',' ') // result = string 'place'
'this that another'.replace('th ',' ', 2) // result = 'is at another'
```

（2）CEL 表达式中的数字类型说明

需要注意的是，在 CEL 表达式中处理数字值，JSON 格式数字将被解码为 double 类型值。示例如下：

```
{
  "count": 2,
  "measure": 1.7
}
```

可以看见，两个数字都被解析为 CEL 的 double 类型（Go 语言的 float64 类型）值。这意味着如果要进行整数运算，则需要使用显式转换函数。

你可以显式地转换数字，也可以通过加另一个双精度值来实现。示例如下：

```
interceptors:
  - cel:
      overlays:
        - key: count_plus_1
          expression: "body.count + 1.0"
        - key: count_plus_2
          expression: "int(body.count) + 2"
        - key: measure_times_3
          expression: "body.measure * 3.0"
```

相应地序列化回 JSON 如下：

```
{
  "count_plus_1": 2,
  "count_plus_2": 3,
  "measure_times_3": 5.1
}
```

（3）转换中的错误消息

以下示例将使用 JSON 示例生成一个错误。

```
interceptors:
  - cel:
      overlays:
        - key: bad_measure_times_3
          expression: "body.measure * 3"
```

bad_measure_times_3 将失败，因为没有自动转换，所以将报告错误信息 failed to evaluate overlay expression 'body.measure * 3': no such overload。

5.5 Dashborad 简介

Tekton Dashboard 是 Tekton Pipeline 和 Tekton Trigger 的通用 Web 界面。在 Dashboard 中，所有资源对象统称为 Tekton 资源，例如 Pipeline、PipelinesRun、PipelinesResource、Task、TaskRun、Condition 和 Trigger 等。我们可以通过 Dashboard 实现 Tekton 资源的创建、执行和检查等工作。

5.5.1 Dashboard 主要支持功能

随着 Tekton Dashboard 版本不断更新，其支持的功能也更加丰富，主要功能实现如下。

- ❑ 按标签过滤资源。

- ❑ 创建并执行 PipelineRun、TaskRun 和 PipelineResource 资源对象。
- ❑ 查看各资源对象详细配置信息。
- ❑ 实时输出 PipelineRun 和 TaskRun 执行时的日志内容。
- ❑ 对 Kubernetes 集群上的 Secret 资源对象进行创建和删除，并支持将 Secret 绑定到已有的 ServiceAccount 对象上。
- ❑ 允许直接从 Git 存储库导入资源对象。

5.5.2 Dashboard 常用功能示例

Tekton Dashboard 最常用的功能是创建并执行 TaskRun 和 PipelineRun，而在执行 TaskRun 和 PipelineRun 时会与 Git、Docker Registry 进行身份验证。此时，我们还需要为身份验证创建所需的相关凭证。本节将描述如何创建 PipelineRun 和身份验证所需的凭证。

1. 通过 Tekton Dashboard 创建各资源对象运行时所需的凭证

在 Tekton 中与 Git 和 Docker Registry 交互时需要进行身份验证，我们可以通过配置 yaml 文件去创建 Secret，也可以在 Tekton Dashboard 中进行创建。如图 5-5 所示，在页面中点击 Kubernetes resources 下的 Secrets，填写相关选项后再点击 Create 进行创建。

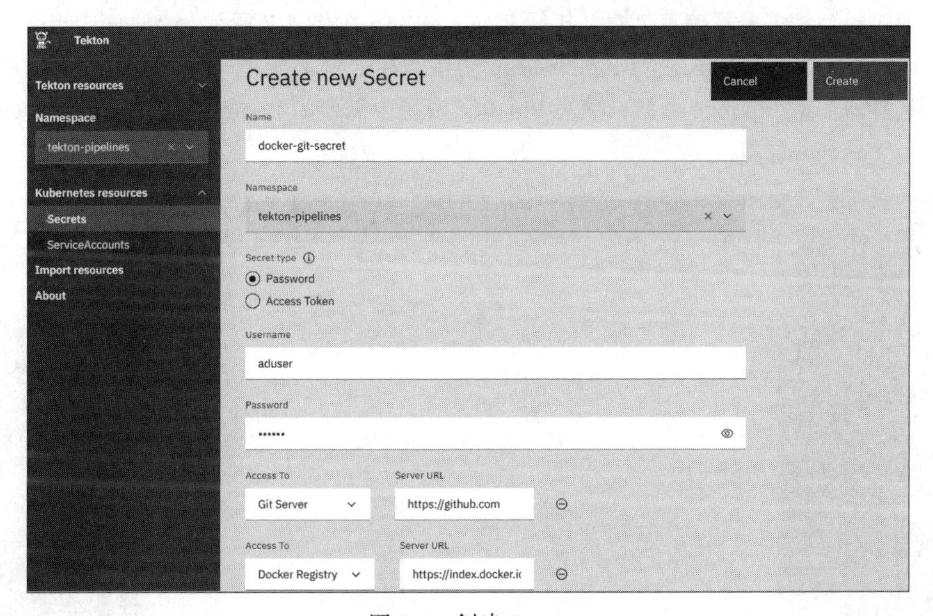

图 5-5 创建 Secret

在完成 Secret 的创建后，系统自动跳转到 ServiceAccount 绑定 Secret 的页面（ServiceAccount 需要提前存在），然后勾选所需的 ServiceAccount，最后点击 Patch 进行添加。当添加完成后，我们在执行 PipelineRun 和 TaskRun 时可选择相关的 ServiceAccount 进行身份验证，如图 5-6 所示。

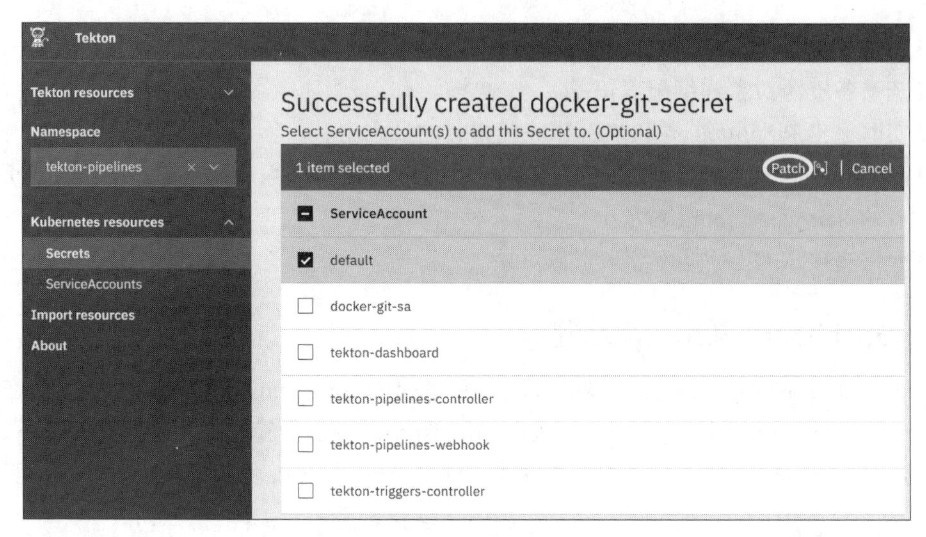

图 5-6 ServiceAccount 关联 Secret

2. 通过 Tekton Dashboard 创建 PipelineRun

在通过 Tekton Dashboard 创建 PipelineRun 资源时，集群中必须已经存在 Pipeline 资源。我们可通过填写相关配置信息创建并执行 PipelineRun。如图 5-7 所示，在页面中点击 Tekton resources 下的 PipelineRuns 进行 PipelineRun 创建。在配置页面中，我们可以在特定的命名空间下选择所需的 Pipeline 资源，填写 Pipeline 资源中需要的 Param、PipelineResource 和相关的 ServiceAccount 等。

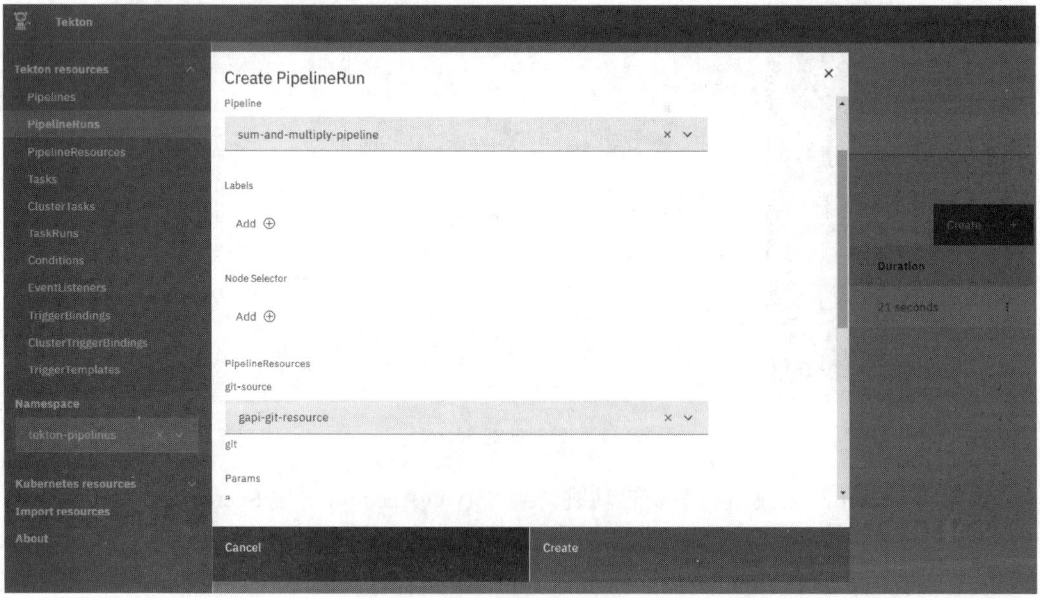

图 5-7 创建 PipelineRun

在Pipeline执行的过程中，我们可以实时看到每个任务执行时输出的日志信息，如图5-8所示。

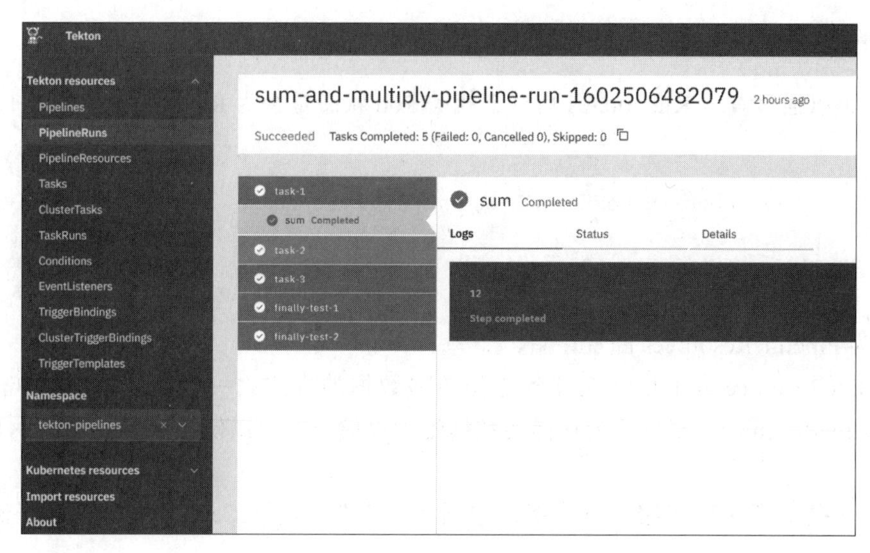

图5-8　查看Pipeline执行过程与日志

5.6　安装Tekton Pipeline及相关组件

前面我们阐述了Tekton Pipeline、Trigger和Dashboard的运作方式与配置语法。本节将介绍这三个组件的安装过程。

Tekton下各组件安装前提条件是需要有一个1.16.0或更高版本的Kubernetes集群，然后再选定Tekton各组件的版本，如表5-20所示。

表5-20　版本选择

服务与组件	版本
Kubernetes	1.17.6
Tekton Pipeline	0.16.3
Tekton Trigger	0.8.1
Tekton Dashboard	0.10.0

5.6.1　Tekton Pipeline安装

在Kubernetes集群中安装Tekton Pipeline非常方便，具体安装过程可参见以下内容。

1）安装Tekton的核心组件Pipeline。

运行以下命令安装Tekton Pipeline：

```
# kubectl apply -f \
https://storage.googleapis.com/tekton-releases/pipeline/previous/v0.16.3/
  release.yaml
```

2）验证 Pipeline 组件运行状态。

我们可以通过查看 Kubernetes 集群上相关 Pod 状态是否为 Running 来判断组件启动是否成功。

```
# kubectl get pods -n tekton-pipelines
NAME                                         READY   STATUS    RESTARTS   AGE
tekton-pipelines-controller-767f-l2bv6       1/1     Running   0          5m
tekton-pipelines-webhook-5685-wmlsd          1/1     Running   0          5m
```

3）为 PipelineResources 配置存储。

PipelineResource 是 Tekton 在任务之间传递数据的方式之一。如果我们在 Pipeline 中使用 PipelineResource，则需要为存储的数据配置存储位置，以便在 Pipeline 中为任务共享数据。

Tekton 提供了两种存储解决方案，包括持久存储（例如 Ceph、NFS）、云存储（例如 S3、GCS）。

下面将使用持久存储方案来配置存储。在使用持久存储方案前，你需要确保 Kubernetes 集群中配置了 StorageClass。其中，Tekton Pipeline 已经提供了 ConfigMap（config-artifact-pvc），默认空间为 5GiB。我们可根据使用量自行配置。需要注意的是，Tekton 的性能可能会因选择的存储类型不同而有所差别。ConfigMap（config-artifact-pvc）中支持的配置字段如下：

- size：指定存储卷的大小，默认为 5GiB。
- storageClassName：指定存储卷的存储类名称，在不指定时，使用默认名称 StorageClass。

配置持久存储示例如下：

```
# cat <<EOF | kubectl apply -f -
apiVersion: v1
kind: ConfigMap
metadata:
  name: config-artifact-pvc
  namespace: tekton-pipelines
  labels:
    app.kubernetes.io/instance: default
    app.kubernetes.io/part-of: tekton-pipelines
data:
  size: 10Gi                              # 指定 PVC 卷大小
  storageClassName: ceph-block            # 指定 StorageClass
EOF
```

5.6.2　Tekton Dashborad 安装

下面将为 Tekton 安装 Dashborad UI，具体安装过程可参见以下内容。

1）为 Tekton 安装 Dashborad UI。

运行以下命令安装 Dashborad UI：

```
# kubectl apply -f \
https://storage.googleapis.com/tekton-releases/dashboard/previous/v0.10.0/
  tekton-dashboard-release.yaml
```

2）验证 Dashborad 组件运行状态。

我们可以通过查看 Kubernetes 集群上相关 Pod 状态是否为 Running 来判断组件启动是否成功：

```
# kubectl get pods -n tekton-pipelines
NAME                                   READY   STATUS      RESTARTS    AGE
tekton-dashboard-5c5dcbbdbc-nbshk      1/1     Running     0           5m
```

3）访问 Tekton Dashboard。

通过为 Tekton Dashboard 设置端口转发来访问 Dashborad。如果你的 Kubernetes 集群中安装了 Ingress，也可以为 Tekton Dashboard 配置 Ingress 入口。运行以下命令设置端口转发：

```
# kubectl --namespace tekton-pipelines \
port-forward svc/tekton-dashboard 9097:9097 --address=<Kubernetes 节点 IP>
```

执行完以上命令后，我们可在浏览器中通过 http://<Kubernetes 节点 IP>:9097 地址访问 Tekton Dashboard。

5.6.3　Tekton Trigger 安装

下面将安装 Tekton Trigger 组件，具体安装过程可参见以下内容。

1）为 Tekton 安装 Trigger。

运行以下命令安装 Trigger：

```
# kubectl apply -f  \
https://github.com/tektoncd/triggers/releases/download/v0.8.1/release.yaml
```

2）验证 Trigger 组件运行状态。

我们可以通过查看 Kubernetes 集群上相关 Pod 状态是否为 Running 来判断组件启动是否成功。运行以下命令查看 Pod 运行状态：

```
# kubectl get pods -n tekton-pipelines
NAME                                        READY   STATUS      RESTARTS    AGE
tekton-triggers-controller-b4c699fdc-f8bq4  1/1     Running     0           5m
```

```
tekton-triggers-webhook-8759d6b48-xf75b      1/1     Running   0          5m
```

5.7 应用 CI/CD 配置示例

本节以两个示例展示将 Java 与 PHP 编写的代码构建部署在 Knative 上。为了便于理解，我们在下面的 Pipeline 配置中使用了镜像标签自动生成、代码构建和镜像推送、应用镜像部署三个任务。你也可以根据各自持续集成和交付的需求添加诸如代码质量检查、自动化测试等任务，不断完善持续集成和交付系统。

5.7.1 Java 语言配置示例

我们一般通过 Maven 工具构建 Java 代码。为了提高构建效率，我们需要为 Maven 本地仓库配置持久存储，否则会导致每次运行 Maven 都需要远程下载依赖包。

在 Tekton 的最佳实践中，鼓励对 Task 的重用，这样可以减少维护功能重复的 Task。下面示例中的镜像标签自动生成与应用镜像部署任务可以在其他 Pipeline 中重用。

基于 Java 代码的 CI/CD 配置示例如下：

```
# 为 Maven 本地仓库配置持久存储，容量大小根据 Maven 本地存储库大小而定
apiVersion: v1
kind: PersistentVolumeClaim
metadata:
  name: maven-repo-local
spec:
  accessModes:
    - "ReadWriteOnce"
  resources:
    requests:
      storage: "20Gi"

---
# 配置 Git 仓库地址和分支
apiVersion: tekton.dev/v1alpha1
kind: PipelineResource
metadata:
  name: git-resource-helloworld-java-spring
spec:
  type: git
  params:
    - name: url
      value: https://github.com/knativebook/helloworld-java-spring.git
    - name: revision
      value: master

---
# 配置镜像地址（镜像标签不用配置，创建时自动生成）
```

```
apiVersion: tekton.dev/v1alpha1
kind: PipelineResource
metadata:
  name: image-resource-helloworld-java-spring
spec:
  type: image
  params:
    - name: url
      value: docker.io/{username}/helloworld-java-spring

---
# 此Task为镜像自动生成标签(重用Task)
apiVersion: tekton.dev/v1beta1
kind: Task
metadata:
  name: generate-image-tag
spec:
  resources:
    outputs:
      - name: builtImage
        type: image
  results:
    - name: timestamp
      description: Current timestamp
  steps:
    - name: get-timestamp
      image: bash:latest
      script: |
        #!/usr/bin/env bash
        ts='date "+%Y%m%d-%H%M%S"'
        echo "Current Timestamp: ${ts}"
        echo "Image URL: $(resources.outputs.builtImage.url):${ts}"
        echo $(resources.outputs.builtImage.url):${ts} | tr -d "\n" | tee
          $(results.timestamp.path)
      volumeMounts:
        - name: localtime
          mountPath: /etc/localtime
  volumes:
    - name: localtime
      hostPath:
        path: /usr/share/zoneinfo/Asia/Shanghai

---
# 此Task创建代码，然后将代码推送到Docker Registry
apiVersion: tekton.dev/v1beta1
kind: Task
metadata:
  name: mavn-build-and-push
spec:
  params:
```

```
    - name: imageUrl
      type: string
  resources:
    inputs:
      - name: git-source
        type: git
  steps:
    - name: maven-compile
      image: maven:3.6.1-jdk-8-alpine-private
      workingDir: "$(resources.inputs.git-source.path)"
      command: ['/usr/bin/mvn']
      args:
        - 'clean'
        - 'install'
        - '-D maven.test.skip=true'
      volumeMounts:
        - name: maven-repository
          mountPath: /root/.m2
    - name: build-and-push
      image: gcr.io/kaniko-project/executor:debug-v0.24.0
      env:
        - name: "DOCKER_CONFIG"
          value: "/tekton/home/.docker/"
      command:
        - /kaniko/executor
      args:
        - --dockerfile=$(resources.inputs.git-source.path)/Dockerfile
        - --destination=$(params.imageUrl)
        - --context=$(resources.inputs.git-source.path)
        - --log-timestamp
      volumeMounts:
        - name: localtime
          mountPath: /etc/localtime
  volumes:
    - name: localtime
      hostPath:
        path: /usr/share/zoneinfo/Asia/Shanghai
    - name: maven-repository
      persistentVolumeClaim:
        claimName: maven-repo-local

---
# 此 Task 通过 kubectl 命令向本地 Kubernetes 集群部署应用（重用 Task）
apiVersion: tekton.dev/v1beta1
kind: Task
metadata:
  name: deployment
spec:
  params:
    - name: imageUrl
```

```
      type: string
    - name: appName
      type: string
  steps:
    - name: create-ksvc
      image: bash:latest
      command:
        - /bin/sh
      args:
        - -c
        - |
          cat <<EOF > /workspace/knative-ksvc.yaml
            apiVersion: serving.knative.dev/v1
            kind: Service
            metadata:
              name: $(params.appName)
              namespace: default
              labels:
                application: $(params.appName)
                tier: application
            spec:
              template:
                metadata:
                  annotations:
                    autoscaling.knative.dev/class: kpa.autoscaling.knative.dev
                    autoscaling.knative.dev/metric: concurrency
                    autoscaling.knative.dev/minScale: "1"
                  labels:
                    application: $(params.appName)
                    tier: application
                spec:
                  containers:
                  - image: $(params.imageUrl)
                    imagePullPolicy: IfNotPresent
                    env:
                      - name: TARGET
                        value: "Tekton Sample"
                    ports:
                      - containerPort: 80
          EOF
    - name: run-kubectl
      image: lachlanevenson/k8s-kubectl:v1.17.12
      command: ['kubectl']
      args:
        - "apply"
        - "-f"
        - "/workspace/knative-ksvc.yaml"

---
# 此 Pipeline 用于串联各 Task
```

```yaml
apiVersion: tekton.dev/v1beta1
kind: Pipeline
metadata:
  name: helloworld-java-spring-pipeline
spec:
  resources:
    - name: git-source-p
      type: git
    - name: builtImage-p
      type: image
  params:
    - name: application
      type: string
  tasks:
    - name: generate-image-url
      taskRef:
        name: generate-image-tag
      resources:
        outputs:
          - name: builtImage
            resource: builtImage-p
    - name: mavnbuild-and-push
      taskRef:
        name: mavn-build-and-push
      runAfter:
        - generate-image-url
      resources:
        inputs:
          - name: git-source
            resource: git-source-p
      params:
        - name: imageUrl
          value: "$(tasks.generate-image-url.results.timestamp)"
    - name: deployment
      taskRef:
        name: deployment
      runAfter:
        - mavnbuild-and-push
      params:
        - name: appName
          value: $(params.application)
        - name: imageUrl
          value: "$(tasks.generate-image-url.results.timestamp)"

---
# 此PipelineRun为Pipeline传递相应资源参数并触发Pipeline运行
# PipelineRun可以手工创建或通过Dashborad UI创建
apiVersion: tekton.dev/v1beta1
kind: PipelineRun
metadata:
```

```
  name: helloworld-java-spring-pipeline-run
spec:
  pipelineRef:
    name: helloworld-java-spring-pipeline
  params:
  - name: application
    value: helloworld-java-spring
  resources:
  - name: git-source-p
    resourceRef:
      name: git-resource-helloworld-java-spring
  - name: builtImage-p
    resourceRef:
      name: image-resource-helloworld-java-spring
  serviceAccountName: docker-git-sa
  timeout: 0h10m0s
```

5.7.2　PHP语言配置示例

不同于Java，PHP代码构建更为方便。在以下示例中，镜像标签自动生成、应用镜像部署任务可以在各Pipeline中重用。

基于PHP代码的CI/CD配置示例如下：

```
# 配置Git仓库地址和分支
apiVersion: tekton.dev/v1alpha1
kind: PipelineResource
metadata:
  name: git-resource-helloworld-php
spec:
  type: git
  params:
    - name: url
      value: https://github.com/knativebook/helloworld-php.git
    - name: revision
      value: master

---
# 配置镜像地址（镜像标签不用配置，构建时自动生成）
apiVersion: tekton.dev/v1alpha1
kind: PipelineResource
metadata:
  name: image-resource-helloworld-php
spec:
  type: image
  params:
    - name: url
      value: docker.io/{username}/helloworld-php

---
```

```
# 此 Task 为镜像自动生成标签(重用 Task)
apiVersion: tekton.dev/v1beta1
kind: Task
metadata:
  name: generate-image-tag
spec:
  resources:
    outputs:
      - name: builtImage
        type: image
  results:
    - name: timestamp
      description: Current timestamp
  steps:
    - name: get-timestamp
      image: bash:latest
      script: |
        #!/usr/bin/env bash
        ts=date "+%Y%m%d-%H%M%S"
        echo "Current Timestamp: ${ts}"
        echo "Image URL: $(resources.outputs.builtImage.url):${ts}"
        echo $(resources.outputs.builtImage.url):${ts} | tr -d "\n" | tee
          $(results.timestamp.path)
      volumeMounts:
        - name: localtime
          mountPath: /etc/localtime
  volumes:
    - name: localtime
      hostPath:
        path: /usr/share/zoneinfo/Asia/Shanghai

---
# 此 Task 构建代码,然后将代码推送到 Docker Registry
apiVersion: tekton.dev/v1beta1
kind: Task
metadata:
  name: build-and-push
spec:
  params:
    - name: imageUrl
      type: string
  resources:
    inputs:
      - name: git-source
        type: git
  steps:
    - name: build-and-push
      image: gcr.io/kaniko-project/executor:debug-v0.24.0
      env:
        - name: "DOCKER_CONFIG"
```

```
          value: "/tekton/home/.docker/"
        command:
          - /kaniko/executor
        args:
          - --dockerfile=$(resources.inputs.git-source.path)/Dockerfile
          - --destination=$(params.imageUrl)
          - --context=$(resources.inputs.git-source.path)
          - --log-timestamp
        volumeMounts:
          - name: localtime
            mountPath: /etc/localtime
  volumes:
    - name: localtime
      hostPath:
        path: /usr/share/zoneinfo/Asia/Shanghai

---
# 此 Task 通过 kubectl 命令向本地 Kubernetes 集群部署应用（重用 Task）
apiVersion: tekton.dev/v1beta1
kind: Task
metadata:
  name: deployment
spec:
  params:
    - name: imageUrl
      type: string
    - name: appName
      type: string
  steps:
    - name: create-ksvc
      image: bash:latest
      command:
        - /bin/sh
      args:
        - -c
        - |
          cat <<EOF > /workspace/knative-ksvc.yaml
            apiVersion: serving.knative.dev/v1
            kind: Service
            metadata:
              name: $(params.appName)
              namespace: default
              labels:
                application: $(params.appName)
                tier: application
            spec:
              template:
                metadata:
                  annotations:
                    autoscaling.knative.dev/class: kpa.autoscaling.knative.dev
```

```
                autoscaling.knative.dev/metric: concurrency
                autoscaling.knative.dev/minScale: "1"
              labels:
                application: $(params.appName)
                tier: application
            spec:
              containers:
              - image: $(params.imageUrl)
                env:
                  - name: TARGET
                    value: "Tekton Sample"
                ports:
                  - containerPort: 80
        EOF
    - name: run-kubectl
      image: lachlanevenson/k8s-kubectl:v1.17.12
      command: ['kubectl']
      args:
        - 'apply'
        - '-f'
        - '/workspace/knative-ksvc.yaml'

---
# 此Pipeline用于串联各Task
apiVersion: tekton.dev/v1beta1
kind: Pipeline
metadata:
  name: helloworld-php-pipeline
spec:
  resources:
    - name: git-source-p
      type: git
    - name: builtImage-p
      type: image
  params:
    - name: application
      type: string
  tasks:
    - name: generate-image-url
      taskRef:
        name: generate-image-tag
      resources:
        outputs:
          - name: builtImage
            resource: builtImage-p
    - name: build-and-push
      taskRef:
        name: build-and-push
      runAfter:
        - generate-image-url
```

```
      resources:
        inputs:
          - name: git-source
            resource: git-source-p
      params:
        - name: imageUrl
          value: "$(tasks.generate-image-url.results.timestamp)"
    - name: deployment
      taskRef:
        name: deployment
      runAfter:
        - build-and-push
      params:
        - name: appName
          value: $(params.application)
        - name: imageUrl
          value: "$(tasks.generate-image-url.results.timestamp)"

---
# 此PipelineRun为Pipeline传递相应资源参数并触发Pipeline运行
# PipelineRun可以手工创建或通过Dashborad UI创建
apiVersion: tekton.dev/v1beta1
kind: PipelineRun
metadata:
  name: helloworld-php-pipeline-run
spec:
  params:
  - name: application
    value: helloworld-php
  pipelineRef:
    name: helloworld-php-pipeline
  resources:
  - name: git-source-p
    resourceRef:
      name: git-resource-helloworld-php
  - name: builtImage-p
    resourceRef:
      name: image-resource-helloworld-php
  serviceAccountName: docker-git-sa
  timeout: 0h1m0s
```

5.8 本章小结

Tekton作为Kubernetes平台原生CI/CD解决方案，完美地与Knative平台集成，解决了Knative的自动化构建和部署问题。本章首先介绍了关于Tekton持续集成与交付的相关知识，然后详细描述了关于Tekton Pipeline、Trigger、Dashborad等组件的安装与配置，最后分别提供了Java和PHP在构建部署时的入门配置示例，便于读者快速掌握Tekton的使用。

实 战 篇

从本篇开始，我们正式进入了实战阶段，将通过不同的范例来体验 Knative 在服务管理和事件驱动管理方面的强大能力。

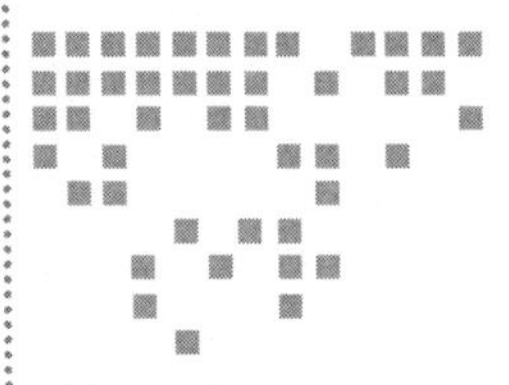

Chapter 6 第6章

基于 Knative 的云原生应用的设计实现

本章将通过多个示例来讲解如何基于 Knative 开发管理云原生应用，包括云原生应用的设计原则、服务管理以及事件驱动应用的开发与配置。

6.1 云原生应用的设计原则

云原生应用通常以服务的形式进行交付。云原生 12 要素为构建云原生应用提供了如下方法论。

- 使用标准化流程自动配置，让初级开发者花费最少的学习成本。
- 与操作系统之间尽可能划清界限，在不同执行环境中提供最大的可移植性。
- 适合部署在现代云计算平台，从而在服务器和系统管理方面节省资源。
- 将开发环境和生产环境的差异降至最低，并使用持续交付实施敏捷开发。
- 可以在工具、架构和开发流程不发生明显变化的前提下实现扩展。

这套理论适用于任意语言和后端服务（数据库、消息队列、缓存等）开发的应用程序。

云原生应用的 12 要素如下。

1）一份基准代码（Codebase），多份部署（Deploy）。

12 要素应用通常会使用版本控制系统加以管理，如 Git、Mercurial、Subversion。用来跟踪代码所有修订版本的数据库被称作代码库。

在类似 SVN 这样的集中式版本控制系统中，基准代码是指控制系统中的代码库；而在类似 Git 这样的分布式版本控制系统中，基准代码则是指最上游的代码库。

如图 6-1 所示，基准代码和应用部署之间总是保持对应关系。

- 一旦有多个基准代码，应用则作为分布式系统。分布式系统中的每一个组件都是一个应用，每一个应用可以分别使用 12 要素进行开发。
- 多个应用共享一份基准代码是有悖于 12 要素的。解决方案是将共享的代码拆分为独立的类库，然后使用依赖管理策略去加载它们。

尽管每个应用只对应一份基准代码，但可以同时存在多份部署。每份部署相当于运行了一个应用实例，通常会有一个生产环境、一个或多个预发布环境。此外，每个开发人员都会在本地环境运行一个应用实例，这些都相当于一份部署。

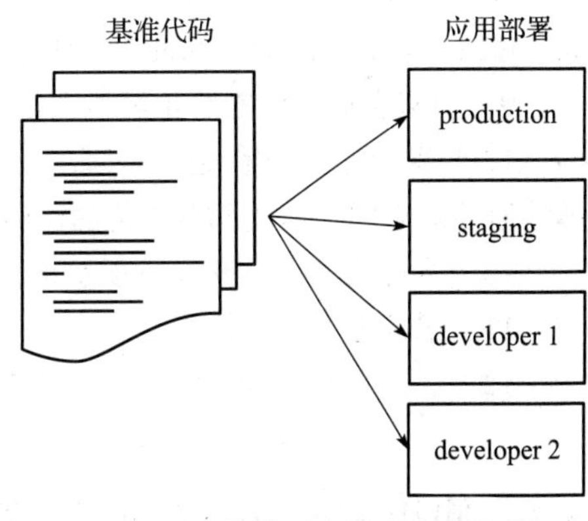

图 6-1 一份代码库对应多份部署

所有部署的基准代码相同，但每份部署可以使用不同的版本。比如，开发人员可能有一些提交还没有同步至预发布环境，预发布环境也有一些提交没有同步至生产环境，但它们都共享一份基准代码，我们就认为它们是相同应用的不同部署。

2）显式声明依赖关系。

12 要素规则下的应用程序不会隐式依赖系统级的类库。它一定是通过依赖清单，确切地声明所有依赖项。此外，在运行过程中通过依赖隔离工具来确保程序不会调用系统中存在但清单中未声明的依赖项。这一做法会统一应用到生产和开发环境。

3）在环境中存储配置。

12 要素推荐将应用的配置存储于环境变量中。环境变量可以非常方便地在不同的部署间做修改，却不动一行代码。

4）把后端服务（Backing Service）当作附加资源。

12 要素应用不会区别对待本地或第三方服务。对应用程序而言，二者都是附加资源，通过一个 URL 或是其他存储在配置中的服务定位 / 服务证书来获取数据。

5）严格分离构建和运行。

12 要素应用严格区分构建、发布、运行这三个步骤。举例来说，直接修改处于运行状态的代码是非常不可取的做法，因为这些修改很难再同步到构建步骤。

6）以一个或多个无状态进程运行应用。

12 要素应用的进程必须无状态且无共享。任何需要持久化的数据都要存储在后端服务内，比如数据库。

7）通过端口绑定（Port Binding）来提供服务。

12 要素应用完全自我加载，而不依赖于任何网络服务器就可以创建一个面向网络的服务。互联网应用通过端口绑定来提供服务，并监听发送至该端口的请求。

8）通过进程模型进行扩展。

在 12 要素应用中，进程是一等公民。12 要素应用的进程主要借鉴于 Unix 守护进程模型。开发人员可以运用这个模型去设计应用架构，将不同的工作分配给不同的进程类型。例如，HTTP 请求可以交给 Web 进程来处理，而常驻的后台工作则交由 Worker 进程处理。

9）快速启动和优雅终止可最大化健壮性。

12 要素应用的进程是易处理的，意思是说它们可以瞬间开启或停止。这有利于快速、弹性地伸缩应用，迅速部署变化的代码或配置，并稳健地部署应用。

10）尽可能地保持开发、预发布、线上环境相同。

11）把日志当作事件流。

12）后台管理任务当作一次性进程运行。

6.2 使用 Knative 的服务管理组件管理应用

在部署第一个 Knative Service 之前，我们先了解一下它的部署模型和对应的 Kubernetes 资源。

如图 6-2 所示，在部署 Knative Serving Service 的过程中，Knative Serving 控制器将创建 Configuration、Revision 和 Route 三个资源对象。

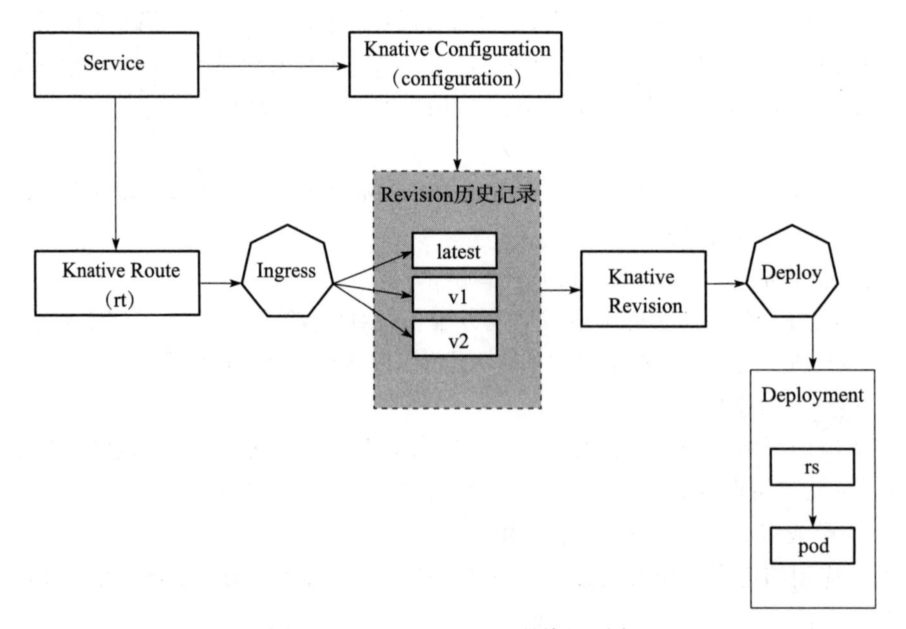

图 6-2 Knative Serving 的资源对象

配置（Configuration）：Knative Configuration 维护了部署的目标状态，提供了一个干净

的代码和配置分离、遵循 12 要素开发原则的机制。基于目标状态，Knative Configuration 控制器为应用创建了一个新的 Kubernetes 部署应用。并且 Configuration 的变更会体现在一个新的 Kubernetes 部署应用中。

修订版（Revision）：Knative Configuration 遵循 12 要素开发原则，每次应用的变更将会创建一个新的 Knative Revision。Revision 类似于版本控制中的标签。Revision 一旦创建，是不可改变的。每个 Revision 都有一个对应的 Kubernetes Deployment。它允许将应用程序回滚到任何正确的最新配置。

路由（Route）：Knative Route 是访问 Knative Service 的 URL。

6.2.1　部署一个 Knative Service

接下来，我们以 Go 语言编写的程序代码为例，创建一个简单的 Web 服务。该服务接收到 HTTP GET 请求时，会根据环境变量 Target 传递的内容向 Response 输出 Hello $STATGET! 内容。

1）创建一个文件名为 helloworld.go 的文件。程序源码如下：

```
package main

import (
  "fmt"
  "log"
  "net/http"
  "os"
)

func handler(w http.ResponseWriter, r *http.Request) {
  log.Print("helloworld: received a request")
  target := os.Getenv("TARGET")
  if target == "" {
    target = "World"
  }
  fmt.Fprintf(w, "Hello %s!\n", target)
}

func main() {
  log.Print("helloworld: starting server...")

  http.HandleFunc("/", handler)

  port := os.Getenv("PORT")
  if port == "" {
    port = "8080"
  }

  log.Printf("helloworld: listening on port %s", port)
```

```
  log.Fatal(http.ListenAndServe(fmt.Sprintf(":%s", port), nil))
}
```

2）使用 Dockerfile 构建源码并生成容器：

```
# Use the official Golang image to create a build artifact.
# This is based on Debian and sets the GOPATH to /go.
# https://hub.docker.com/_/golang
FROM golang:1.13 as builder

# Create and change to the app directory.
WORKDIR /app

# Retrieve application dependencies using go modules.
# Allows container builds to reuse downloaded dependencies.
COPY go.* ./
RUN go mod download

# Copy local code to the container image.
COPY . ./

# Build the binary.
# -mod=readonly ensures immutable go.mod and go.sum in container builds.
RUN CGO_ENABLED=0 GOOS=linux go build -mod=readonly -v -o server

# Use the official Alpine image for a lean production container.
# https://hub.docker.com/_/alpine
# https://docs.docker.com/develop/develop-images/multistage-build/#use-multi-
  stage-builds
FROM alpine:3
RUN apk add --no-cache ca-certificates

# Copy the binary to the production image from the builder stage.
COPY --from=builder /app/server /server

# Run the web service on container startup.
CMD ["/server"]

# 在本地主机构建容器。{username} 替换为自己在 dockerhub 的用户名
docker build -t {username}/helloworld-go .

# 将容器 Push 到 Docker 容器镜像仓库。{username} 替换为你自己在 dockerhub 的用户名
docker push {username}/helloworld-go
```

3）部署 Knative Service。

Knative Service 和其他 Kubernetes 资源类似，可以通过一个 yaml 文件进行定义和部署。接下来，我们使用上一步构建的容器来部署 Knative Service 服务。service.yaml 配置文件如下：

```
apiVersion: serving.knative.dev/v1
kind: Service
metadata:
  name: helloworld-go  # Service 名称
  namespace: default
spec:
  template:
    metadata:
      name: helloworld-go-v1 # Knative Revision 名称，如果未设置系统将会自动生成
    spec:
      containers:
      - image: {username}/helloworld-go
        env:
        - name: TARGET
          value: "Go Sample v1"
        livenessProbe:
          httpGet:
            path: /
        readinessProbe:
          httpGet:
            path: /
```

运行以下命令部署 helloworld-go Knative Service：

```
# kubectl apply -f service.yaml
```

在该 yaml 配置文件中，Knative Service 的 kind 值是 Service。为了避免与 Kubernetes 内置的 Service 混淆，apiVersion 的值需要设置为 serving.knative.dev/v1。

配置文件中的 spec 区块与 Kubernetes PodSpec 的定义几乎一样，只是删除了以下属性：

- InitContainers
- RestartPolicy
- TerminationGracePeriodSeconds
- ActiveDeadlineSeconds
- DNSPolicy
- NodeSelector
- AutomountServiceAccountToken
- NodeName
- HostNetwork
- HostPID
- HostIPC
- ShareProcessNamespace
- SecurityContext
- Hostname
- Subdomain
- Affinity
- SchedulerName
- Tolerations
- HostAliases

- PriorityClassName
- Priority
- DNSConfig
- ReadinessGates
- RuntimeClassName

spec.template.metadata.name 定义了 Knative Revision 的名称，这个名称是可选的。如果其被省略，系统会自动生成。

Knative Service 的 liveness 探针与标准 Kubernetes 探针有微小区别。Knative Service 探针定义中没有 port 属性定义。Knative Serving 控制器在 Service 部署阶段能够自动确定 port 值。readiness 探针也遵循同样的规则。

4）检查部署结果并验证服务：

```
# kubectl get ksvc helloworld-go
NAME          URL                       LATESTCREATED      LATESTREADY        READY  REASON
helloworld-go http://helloworld-go.     helloworld-go-v1   helloworld-go-v1   True
              default.example.com
```

通过 curl 命令访问 helloworld-go 服务：

```
## 获取集群任一节点的 IP 地址和 nodePort 端口
# IP_ADDRESS="$(kubectl get nodes -o 'jsonpath={.items[0].status.addresses[0].
  address}'):$(kubectl get svc istio-ingressgateway --namespace istio-system --
  output 'jsonpath={.spec.ports[?(@.port==80)].nodePort}')"

# curl -H "Host:helloworld-go.default.example.com" http://$IP_ADDRESS
Hello Go Sample v1!
```

上述脚本为了获取访问 helloworld-go 服务的 IP 地址以及端口号，选取了集群任一节点的 IP 地址、istio-ingressgateway 服务的 nodePort 端口号。使用带有 Service URL 的主机名的头信息（例如 Host:helloworld-go.default.example.com）即可访问 helloworld-go 服务。

当 CURL 访问到服务后，Knative Serving 则自动创建一个 Pod 副本来提供服务。当一段时间没有访问服务，Pod 副本将会被销毁。我们可以通过 watch kubectl get pods 来监控 Pod 的生命周期。

6.2.2 更新 Knative Service Configuration

在部署完一个 Knative Service 后，我们会因为应用版本的升级、配置的变更等需要更新现有服务的 Configuration。Knative 服务还提供了一种机制实现回滚变更。

12 要素应用设计原则规定，应用程序与配置的变更应被视为一个新的修订版。修订版是不可变更的应用和配置的状态集合。它可以让你回滚到任何一个有效的修订版状态。

应用的更新包括容器镜像的更新、健康检查探针的调整、环境变量的变更。这些变更会导致 Knative 生成新的修订版。每一个新修订版将创建一个新的 Kubernetes Deployment

对象。

接下来，我们通过一个更新服务配置的示例来演示配置的变更。

```
apiVersion: serving.knative.dev/v1
kind: Service
metadata:
  name: helloworld-go   # Service 名称
  namespace: default
spec:
  template:
    metadata:
      name: helloworld-go-v2 # Knative Revision 名称
    spec:
      containers:
      - image: cnlab/helloworld-go
        env:
        - name: TARGET
          value: "Go Sample v2"
        livenessProbe:
          httpGet:
            path: /
        readinessProbe:
          httpGet:
            path: /
```

配置文件（service.yaml）的变更如下。

1）更新修订版的名称（.spec.template.metadata.name）为 helloworld-go-v2，区别于上一个修订版名称 helloworld-go-v1。

2）更新环境变量 TARFET（.spec.template.spec.containers[0].env[0].value）的值为 Go Sample v2。

将配置更新到 Knative：

```
# kubectl apply -f service.yaml
```

检查部署结果：

```
# kubectl get ksvc helloworld-go
NAME            URL                  LATESTCREATED      LATESTREADY        READY  REASON
helloworld-go   http://helloworld-go. helloworld-go-v2  helloworld-go-v2   True
                default.example.com
```

通过 curl 命令访问 helloworld-go 服务：

```
## 获取集群任一节点的 IP 地址和 nodePort 端口
# IP_ADDRESS="$(kubectl get nodes -o 'jsonpath={.items[0].status.addresses[0].
  address}'):$(kubectl get svc istio-ingressgateway --namespace istio-system
  --output 'jsonpath={.spec.ports[?(@.port==80)].nodePort}')"
```

```
# curl -H "Host:helloworld-go.default.example.com" http://$IP_ADDRESS
Hello Go Sample v2!
```

查看部署后生成的 Kubernetes Deployment：

```
# kubectl get deployments
NAME                          READY   UP-TO-DATE   AVAILABLE   AGE
helloworld-go-v1-deployment   0/0     0            0           2m52s
helloworld-go-v2-deployment   1/1     1            1           2m19s
```

查看部署后生成的 Kubernetes Pod：

```
# kubectl get pods
NAME                                           READY   STATUS    RESTARTS   AGE
helloworld-go-v2-deployment-589c5f7ff9-czpj2   3/3     Running   0          12s
```

helloworld-go 对应的部署如果在扩缩容时间窗口期（默认 60s）内没有请求，Knative 将自动将对应的部署缩容为零。

查看部署后生成的 Revision：

```
# kubectl get revision
NAME               CONFIG NAME     K8S SERVICE NAME   GENERATION   READY   REASON
helloworld-go-v1   helloworld-go   helloworld-go-v1   1            True
helloworld-go-v2   helloworld-go   helloworld-go-v2   2            True
```

我们可以看到 helloworld-go 的配置有两个修订版，分别是 helloworld-go-v1 和 helloworld-go-v2。配置的变更产生了新的修订版，然而并没有产生新的路由、服务和配置对象。我们可以通过下面的命令来验证这些资源对象的状态。

- 获取服务的路由信息的命令：kubectl get routes。
- 获取 Knative 服务的状态信息的命令：kubectl get ksvc。
- 获取 Knative 服务的配置信息的命令：kubectl get configurations。

Knative 默认路由策略是将所有流量转发给最新的修订版。

6.2.3 流量分发到不同版本

在典型的微服务部署中，实现流量在不同版本中分发是实现金丝雀或蓝绿部署方式的基础。Knative 提供了这种流量分发方式的支持。

在 Knative Service 的 yaml 文件配置中，traffic 区块描述了如何在多个版本之间进行流量分发。配置范例如下：

```
apiVersion: serving.knative.dev/v1
kind: Service
metadata:
  name: helloworld-go  # Service 名称
```

```
  namespace: default
spec:
  template:
    metadata:
      name: helloworld-go-v2 # Knative Revision 名称
    spec:
      containers:
      - image: cnlab/helloworld-go
        env:
        - name: TARGET
          value: "Go Sample v2"
        livenessProbe:
          httpGet:
            path: /
        readinessProbe:
          httpGet:
            path: /
  traffic:
  - tag: v1
    revisionName: helloworld-go-v1  # Revision 的名称
    percent: 50  # 流量切分的百分比的数字值
  - tag: v2
    revisionName: helloworld-go-v2  # Revision 的名称
    percent: 50  # 流量切分的百分比的数字值
```

traffic 区块中可以有一个或多个条目。每个条目中带有如下属性。

- tag：流量分配的标识符。此标记将在路由中充当前缀，以便将流量分发到特定修订版。
- revisionName：参与流量分配的 Knative 服务修订版本的名称。
- percent：对应修订版被分配的流量百分比。这个值在 0 ~ 100 之间。在上述例子中，Knative 分配给修订版 helloworld-go-v1 和 helloworld-go-v2 各 50% 的流量。

Knative Serving 会为每个 Tag 创建独特的 URL。我们可以通过下面的命令查看：

```
# kubectl get ksvc helloworld-go -o jsonpath='{.status.traffic[*].url}'
http://v1-helloworld-go.default.example.com
http://v2-helloworld-go.default.example.com
```

通过访问 URL 可以直接访问到对应的修订版。

6.2.4　蓝绿部署与灰度发布

一般情况下，升级服务端应用需要先停掉老版本服务，再启动新版服务。但是这种简单的发布方式存在两个问题，一方面在新版本升级过程中，服务是暂时中断的；另一方面，如果新版本升级失败，回滚起来非常麻烦，容易造成更长时间的服务不可用。

1. 蓝绿部署

所谓蓝绿部署，是指同时运行两个版本的应用，即部署的时候，并不停掉老版本，而是直接部署一套新版本，等新版本运行起来后，再将流量切换到新版本上，如图 6-3 所示。但是蓝绿部署要求服务端在升级过程中同时运行两套程序，对硬件资源的要求是日常所需的 2 倍。

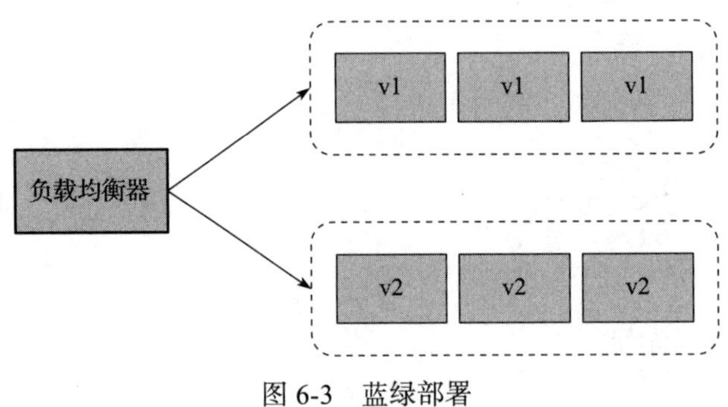

图 6-3　蓝绿部署

Knative 提供了一个简单的切换流量的方法，可将流量快速从 Revison1 切换到 Revision 2。如果 Revision2 发生错误，服务可以快速回滚变更到 Revison1。

接下来，我们将通过 helloworld-go 这个 Knative 服务来应用蓝绿色部署模式。我们在 6.2.3 节已经部署了拥有两个修订版的 helloworld-go 服务，名称分别为 helloworld-go-v1 和 helloworld-go-v2。通过部署 helloworld-go-v2，我们可以看到 Knative 自动将 100% 的流量路由到 helloworld-go-v2。现在，假设出于某些原因，我们需要将 helloworld-go-v2 回滚到 helloworld-go-v1。

以下示例中 Knative Service 与先前部署的 helloworld-go 相同，只是添加了 traffic 部分以指示将 100% 的流量路由到 helloworld-go-v1。

```
apiVersion: serving.knative.dev/v1
kind: Service
metadata:
  name: helloworld-go   # Service 名称
  namespace: default
spec:
  template:
    metadata:
      name: helloworld-go-v2 # Knative Revision 名称
    spec:
      containers:
      - image: cnlab/helloworld-go
        env:
        - name: TARGET
          value: "Go Sample v2"
        livenessProbe:
          httpGet:
            path: /
        readinessProbe:
```

```
          httpGet:
            path: /
  traffic:
  - tag: v1
    revisionName: helloworld-go-v1      # Revision 的名称
    percent: 100                        # 流量切分的百分比值
  - tag: v2
    revisionName: helloworld-go-v2      # Revision 的名称
    percent: 0                          # 流量切分的百分比值
  - tag: latest                         # 默认最新的 Revision
    latestRevision: true
    percent: 0                          # 关闭默认流量分配
```

2. 灰度发布

灰度发布也叫金丝雀发布。如图 6-4 所示，在灰度发布开始后，先启动一个新版本应用，但是并不直接将流量切过来，而是测试人员对新版本进行线上测试。启动的这个新版本应用，就是我们的金丝雀。如果测试没有问题，我们可以将少量的流量导入新版本，然后再对新版本做运行状态观察，收集各种运行时数据。如果此时对新旧版本做数据对比，就是所谓的 A/B 测试。

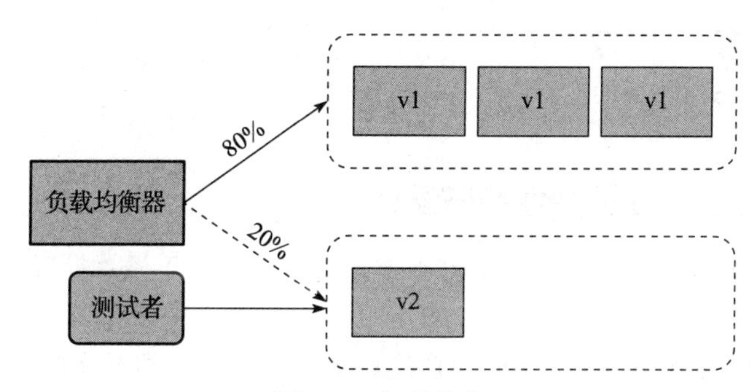

图 6-4　灰度发布

当确认新版本运行良好后，再逐步将更多的流量导入新版本。在此期间，我们还可以不断地调整新旧两个版本运行的服务器副本数量，使得新版本能够承受更大的流量压力，直到将 100% 的流量切换到新版本上，最后关闭剩下的老版本服务，完成灰度发布。

如果我们在灰度发布过程中（灰度期）发现新版本有问题，应该立即将流量切回老版本，这样就会将负面影响控制在最小范围内。

以下示例通过不断变更 helloworld-go-v1 和 helloworld-go-v2 的流量比例来实现 helloworld-go 服务新版本的灰度发布。

```
apiVersion: serving.knative.dev/v1
kind: Service
metadata:
  name: helloworld-go                   # Service 名称
```

```
    namespace: default
  spec:
    template:
      metadata:
        name: helloworld-go-v2          # Knative Revision名称
      spec:
        containers:
        - image: cnlab/helloworld-go
          env:
          - name: TARGET
            value: "Go Sample v2"
          livenessProbe:
            httpGet:
              path: /
          readinessProbe:
            httpGet:
              path: /
    traffic:
    - tag: v1
      revisionName: helloworld-go-v1    # Revision的名称
      percent: 80                       # 流量切分的百分比值
    - tag: v2
      revisionName: helloworld-go-v2    # Revision的名称
      percent: 20                       # 流量切分的百分比值
    - tag: latest                       # 默认最新的Revision
      latestRevision: true
      percent: 0                        # 关闭默认流量分配
```

6.2.5 Knative Service的弹性伸缩配置

无服务器计算不仅能够终止未使用的服务，还可以按需扩展计算规模。Knative Serving支持这种弹性伸缩能力。

为了让Knative的Autoscaler更好地调度服务，我们需要根据实际情况在服务中添加相应的扩缩容配置项。下面以helloworld-go.yaml范例来演示扩缩容相关配置。

```
apiVersion: serving.knative.dev/v1
kind: Service
metadata:
  name: helloworld-go   # Service名称
  namespace: default
spec:
  template:
    metadata:
      annotations:
        autoscaling.knative.dev/class: "kpa.autoscaling.knative.dev"
# Autoscaler的实现方式，可选值有"kpa.autoscaling.knative.dev"或
  "hpa.autoscaling.knative.dev"
        autoscaling.knative.dev/metric: "concurrency"  # 设置度量指标为Concurrency
                                                         (默认值)，还可以根据业务情
                                                         况选择RPS或CPU
```

```
      autoscaling.knative.dev/target: "10"  # 设置单个Pod最大并发数为10，默认值为100
      autoscaling.knative.dev/minScale: "1"    # minScale表示最小保留实例数为1
      autoscaling.knative.dev/maxScale: "100" # maxScale表示最大扩容实例数为3
  spec:
    containerConcurrency: 10                  # 并发请求数的硬性限制
    containers:
    - image: cnlab/helloworld-go
```

在上述配置中，revision中配置了修订版的弹性伸缩策略。各个属性代表的意义如下。

- autoscaling.knative.dev/class：表示Autoscaler的实现方式，这个属性的可选值有kpa.autoscaling.knative.dev或hpa.autoscaling.knative.dev。KPA支持缩容到零，HPA支持基于CPU的扩展机制。
- autoscaling.knative.dev/metric：度量指标默认为并发数，该属性还可以根据业务情况选择每秒请求数或CPU使用率。
- autoscaling.knative.dev/target：自动缩放的目标值是Autoscaler维护应用的每个副本度量指标的目标值。
- autoscaling.knative.dev/minScale：表示每个修订版副本需要保留的最小数量。在任何时间点，副本不会少于这个数量。通过该设置，我们可以有效地减少服务的冷启动时间。
- autoscaling.knative.dev/maxScale：表示每个修订版副本所能达到的最大数量。在任何时间点，副本都不会超过指定的最大值，从而避免资源被过度使用。
- containerConcurrency：限制容器在给定时间允许的并发请求的数量的硬性限制。只有当应用程序需要强制的并发约束时，才会使用到该属性。

部署helloworld-go服务并配置到Knative集群：

```
# kubectl apply -f helloworld-go.yaml
```

验证部署结果：

```
#IP_ADDRESS="$(kubectl get nodes -o 'jsonpath={.items[0].status.addresses[0].
  address}'):$(kubectl get svc istio-ingressgateway --namespace istio-system --
  output 'jsonpath={.spec.ports[?(@.port==80)].nodePort}')"
# curl -H "Host:helloworld-go.default.example.com" $IP_ADDRESS
Hello World!
```

压力测试：

```
# hey -c 50 -z 30s -host "helloworld-go.default.knative.k8s.arch.dapp.com"
  "http://$IP_ADDRESS"
```

通过hey工具发起50个并发请求，持续30秒对hellowrold-go服务进行压测。

查看压测期间Pod的副本数量：

```
# kubectl get pod  -l serving.knative.dev/service=helloworld-go
NAME                                              READY   STATUS    RESTARTS   AGE
helloworld-go-7t7sg-deployment-6bfbdb84fd-515gc   3/3     Running   0          42s
helloworld-go-7t7sg-deployment-6bfbdb84fd-99cdr   3/3     Running   0          42s
helloworld-go-7t7sg-deployment-6bfbdb84fd-ls4ks   3/3     Running   0          44s
helloworld-go-7t7sg-deployment-6bfbdb84fd-n4s4k   3/3     Running   0          44s
helloworld-go-7t7sg-deployment-6bfbdb84fd-q9kr8   3/3     Running   0          40s
helloworld-go-7t7sg-deployment-6bfbdb84fd-r77tt   3/3     Running   0          22m
```

通过上面的命令，我们可以看到集群中产生了 6 个 Pod 副本。那么问题来了，我们发起的并发请求数是 50 个，服务自动缩放的目标值是 10，按照“副本数 = 并发数 / 目标值”算法，Pod 副本数应该是 5 个才对呀。这是由于 Knative Serving 还有一个控制参数叫目标使用率，一旦并发数达到预设目标的 70%（默认值），Autoscaler 就会继续扩容。引入目标使用率的主要目的是在扩容时减小由 Pod 启动时间带来的延迟，使负载到达前就将 Pod 实例启动起来。

6.3 使用事件驱动组件解耦服务依赖

Knative Eventing 是 Knative 无服务器架构的通用事件驱动组件，为应用服务的开发提供了强大的事件驱动基础设施。本章通过多个范例对 Knative Eventing 所提供的能力做详细的介绍。

6.3.1 部署一个 Knative 事件驱动应用

接下来，我们将通过以下 9 个步骤完成一个完整的 Knative 事件驱动应用的部署与验证。

1）下载官方示例代码：

```
$ git clone -b "release-0.16" https://github.com/knative/docs knative-docs
```

2）创建镜像，{username} 需要替换为自己的 Docker Hub 的用户名：

```
$ cd knative-docs/docs/eventing/samples/helloworld/helloworld-go
$ docker build -t {username}/helloworld-go.
$ docker push {username}/helloworld-go
```

3）创建应用配置。以下是配置示例文件 sample-app.yaml 中的内容：

```
$ vim sample-app.yaml
# 命名空间启用 Eventing Injection
apiVersion: v1
kind: Namespace
metadata:
  name: knative-samples
  labels:
       knative-eventing-injection: enabled
```

```
---
# 部署Helloworld-go应用
apiVersion: apps/v1
kind: Deployment
metadata:
  name: helloworld-go
  namespace: knative-samples
spec:
  replicas: 1
  selector:
    matchLabels: &labels
      app: helloworld-go
  template:
    metadata:
      labels: *labels
    spec:
      containers:
        - name: helloworld-go
          image: docker.io/{username}/helloworld-go

---
# 创建Service，Trigger可以通过Service来确定subscriber
  kind: Service
  apiVersion: v1
  metadata:
    name: helloworld-go
    namespace: knative-samples
  spec:
    selector:
      app: helloworld-go
    ports:
    - protocol: TCP
      port: 80
      targetPort: 8080
---
# 创建Trigger
apiVersion: eventing.knative.dev/v1
kind: Trigger
metadata:
  name: helloworld-go
  namespace: knative-samples
spec:
  broker: default
  filter:
    attributes:
      type: dev.knative.samples.helloworld
      source: dev.knative.samples/helloworldsource
  subscriber:
    ref:
      apiVersion: v1
```

```
    kind: Service
    name: helloworld-go
```

注意：Trigger 中的订阅者可以是 Kubernetes 的 Service，也可以是 Knative 的 Service，这取决于 apiVersion 定义的值。这体现了 Knative 的松散组合、不绑定的设计原则。在这个例子中，我们使用的是 Kubernetes 的 Service。

4）部署应用程序：

```
$ kubectl apply -f sample-app.yaml
```

5）验证 knative-eventing-injection 标签是否正常启用：

```
$ kubectl get ns knative-samples --show-labels
NAME              STATUS   AGE   LABELS
knative-samples   Active   12m   knative-eventing-injection=enabled
```

注意：当某命名空间中开启 knative-eventing-injection=enabled 标签后，Knative Eventing Controller 会自动在此命名空间创建代理（Broker）。

6）验证资源运行状态：

```
$ kubectl -n knative-samples get deploy helloworld-go
$ kubectl -n knative-samples get svc helloworld-go
$ kubectl -n knative-samples get trigger helloworld-go
```

7）获取 Broker URL：

```
$ kubectl --namespace knative-samples get broker default
NAME      READY   REASON   URL                                                  AGE
default   True             http://broker-ingress.knative-eventing.svc.          2d
                                  cluster.local/knative-samples/default
```

8）按照 CloudEvent 规范发送 HTTP 请求到 Broker。

我们可以按照 CloudEvent 规范创建一个 HTTP 请求发送给 Broker，再通过 Trigger 传递给已订阅的应用，然后验证此 Web 应用程序（helloworld-go）对事件的接收与响应。

```
# 创建一个带有 curl 命令的 Pod
$ kubectl -n knative-samples run curl --image=radial/busyboxplus:curl -it --
  generator=run-pod/v1

# 通过 curl 命令向 Broker 发起请求
[ root@curl:/ ]$ curl -v "broker-ingress.knative-eventing.svc.cluster.local/
  knative-samples/default" \
-X POST \
-H "Ce-Id: 536808d3-88be-4077-9d7a-a3f162705f79" \
-H "Ce-specversion: 1.0" \
-H "Ce-Type: dev.knative.samples.helloworld" \
```

```
-H "Ce-Source: dev.knative.samples/helloworldsource" \
-H "Content-Type: application/json" \
-d '{"msg":"Hello World from the curl pod."}'
```

9）验证 helloworld-go 应用的事件接收情况。

查看 helloworld-go 应用的日志信息来验证事件是否已经接收。

```
$ kubectl --namespace knative-samples logs -l app=helloworld-go --tail=50

2020/08/16 11:42:22 Event received. Context: Context Attributes,
  specversion: 1.0
  type: dev.knative.samples.helloworld
  source: dev.knative.samples/helloworldsource
  id: 536808d3-88be-4077-9d7a-a3f162705f79
  time: 2020-08-16T11:42:22.813410631Z
  datacontenttype: application/json
Extensions,
  knativearrivaltime: 2020-08-16T11:42:22.813310554Z
  knativehistory: default-kne-trigger-kn-channel.knative-samples.svc.cluster.local
  traceparent: 00-59756cc2d11f022c86ff67cd9e33f61f-50f538cf949e0c44-00

2020/08/16 11:42:22 Hello World Message from received event "Hello World from
  the curl pod."
2020/08/16 11:42:22 Responded with event Validation: valid
Context Attributes,
  specversion: 1.0                                # CloudEvent 规范的版本
  type: dev.knative.samples.hifromknative         # 事件类型
  source: knative/eventing/samples/hello-world    # 事件源
  id: 5e42b46b-9629-4b73-8fc6-e01ec06b8d83        # 事件 ID
Data,                                             # 事件的内容
  {"msg":"Hi from helloworld-go app!"}
```

6.3.2　使用通道与订阅方式传递事件

如果你想要有多个事件接收器，每个接收器带有各自的服务来响应事件，可以采用通道与订阅方式来实现。使用通道与订阅的方式可以实现将事件的生产者和消费者解耦。

通道是一个事件转发和持久层，每个通道是一个独立的 Kubernetes 定制资源。通道的后端可能是通过 Apache Kafka 或 InMemoryChannel 实现的。订阅是将服务注册监听到特定通道的方法。

接下来，我们通过范例来演示使用通道与订阅的方式处理事件。

1）创建一个通道：

```
apiVersion: messaging.knative.dev/v1
kind: Channel
metadata:
    name: eventing-channel
```

将上面的配置文本保存成 channel.yaml 文件，然后执行以下命令。

```
kubectl apply -f channel.yaml
```

2）创建一个事件源，将事件发送到通道：

```
apiVersion: sources.knative.dev/v1alpha2
kind: PingSource
metadata:
  name: channel-ping-source
spec:
  schedule: "*/2 * * * *"
  jsonData: '{"message": "Hello world!"}'
  sink:
    ref:
      apiVersion: messaging.knative.dev/v1
      kind: Channel
      name: eventing-channel
```

将上面的配置文本保存成 ping-source.yaml 文件，然后执行以下命令：

```
kubectl apply -f ping-source.yaml
```

3）创建接收事件的服务：

```
apiVersion: serving.knative.dev/v1
kind: Service
metadata:
  name: event-display
spec:
  template:
    spec:
      containers:
        - image: gcr.io/knative-releases/knative.dev/eventing-contrib/cmd/
          event_display
```

将上面的配置文本保存成 service.yaml 文件，然后执行以下命令：

```
kubectl apply -f service.yaml
```

4）创建服务的订阅，即将服务订阅到制定的通道：

```
apiVersion: messaging.knative.dev/v1
kind: Subscription
metadata:
    name: eventing-subscription
spec:
  channel:
    apiVersion: messaging.knative.dev/v1
```

```
      kind: Channel
      name: eventing-channel
    subscriber:
      ref:
        apiVersion: serving.knative.dev/v1
        kind: Service
        name: event-display
```

将上面的配置文本保存成 subscription.yaml 文件，然后执行以下命令：

```
kubectl apply -f subscription.yaml
```

6.3.3　与 Apache Kafka 集成

Kafka 是由 Apache 软件基金会开发的一个开源流处理平台，利用 Scala 和 Java 编写。Kafka 是一种高吞吐量的分布式发布订阅消息系统，在互联网领域的应用非常广泛。接下来，我们演示如何将 Kafka 与 Knative 进行集成。

1）安装 Apache Kafka：

```
# curl -L "https://knative.dev/v0.16-docs/eventing/samples/kafka/kafka_setup.
  sh" | sh -
```

2）创建事件显示服务 (event-display.yaml)：

```
apiVersion: serving.knative.dev/v1
kind: Service
metadata:
  name: event-display
  namespace: default
spec:
  template:
    spec:
      containers:
        - # This corresponds to
          # https://github.com/knative/eventing-contrib/tree/master/cmd/event_
            display/main.go
          image: gcr.io/knative-releases/knative.dev/eventing-contrib/cmd/
            event_display
```

执行以下命令部署 event-display 服务：

```
# kubectl apply --filename event-display.yaml
```

3）创建 Kafka Topic（strimzi-topic.yaml）：

```
apiVersion: kafka.strimzi.io/v1beta1
kind: KafkaTopic
metadata:
```

```
  name: knative-demo-topic
  namespace: kafka
  labels:
    strimzi.io/cluster: my-cluster
spec:
  partitions: 3
  replicas: 1
  config:
    retention.ms: 7200000
    segment.bytes: 1073741824
```

执行以下命令部署 KafkaTopic：

```
# kubectl apply -f strimzi-topic.yaml
```

4）创建 Kafka Source 到服务：

```
apiVersion: sources.knative.dev/v1beta1
kind: KafkaSource
metadata:
  name: kafka-source
spec:
  consumerGroup: knative-group
  bootstrapServers:
  - my-cluster-kafka-bootstrap.kafka:9092 # 注意 kafka 的命名空间
  topics:
  - knative-demo-topic
  sink:
    ref:
      apiVersion: serving.knative.dev/v1
      kind: Service
      name: event-display
```

你可以根据实际情况修改 bootstrapServers、topics 字段值。

部署事件源：

```
# kubectl apply -f event-source.yaml
```

生产一个消息 {"msg": "This is a test!"} 发送到 Kafka topic，命令如下：

```
# kubectl -n kafka run kafka-producer -ti --image=strimzi/kafka:0.14.0-
  kafka-2.3.0 --rm=true --restart=Never -- bin/kafka-console-producer.sh --
  broker-list my-cluster-kafka-bootstrap:9092 --topic knative-demo-topic
If you don't see a command prompt, try pressing enter.
>{"msg": "This is a test!"}
```

检查 event-display 容器的日志输出：

```
# kubectl logs --selector='serving.knative.dev/service=event-display' -c user-
```

```
  container

☁□ cloudevents.Event
Validation: valid
Context Attributes,
  specversion: 1.0
  type: dev.knative.kafka.event
  source: /apis/v1/namespaces/default/kafkasources/kafka-source#my-topic
  subject: partition:0#564
  id: partition:0/offset:564
  time: 2020-02-10T18:10:23.861866615Z
  datacontenttype: application/json
Extensions,
  key:
Data,
    {
      "msg": "This is a test!"
    }
```

5）创建 KafkaChannel 和 Broker。

创建 KafkaChannel 示例：

```
cat <<-EOF | kubectl apply -f -
---
apiVersion: messaging.knative.dev/v1alpha1
kind: KafkaChannel
metadata:
  name: my-kafka-channel
spec:
  numPartitions: 3
  replicationFactor: 1
EOF
```

指定默认的 Channel 配置：

```
cat <<-EOF | kubectl apply -f -
---
apiVersion: v1
kind: ConfigMap
metadata:
  name: default-ch-webhook
  namespace: knative-eventing
data:
  # Configuration for defaulting channels that do not specify CRD implementations.
  default-ch-config: |
    clusterDefault:
      apiVersion: messaging.knative.dev/v1alpha1
      kind: KafkaChannel
      spec:
```

```
        numPartitions: 3
        replicationFactor: 1
EOF
```

6.3.4 ContainerSource 事件源

ContainerSource 事件源是应用开发中最常用的一种事件通信方式。通常，ContainerSource 事件源代表特定业务含义的事件。使用 ContainerSource 创建新的事件源时，我们需要创建一个容器镜像，然后使用容器镜像的 URI 和特定参数值进行创建。该容器镜像将在特定业务场景下生成事件并将消息发送到接收器的 URI。这也是在 Knative 中支持自定义事件源的简便方法。以下示例展示了如何将 ContainerSource 配置为函数的事件源，并概述创建 ContainerSource 自定义事件源的准则。

创建 heartbeats 容器镜像

假设你的运行环境中已经安装有 ko 部署工具和 golang 开发工具。本节范例使用 Knative 的 eventing-contrib 项目中 heartbeats 事件源。heartbeats 容器每 1 秒将发送一个 CloudEvent 事件。

1）克隆项目源代码：

```
# mkdir -p ${GOPATH}/src/knative.dev
# cd ${GOPATH}/src/knative.dev
# git clone -b "release-0.15" https://github.com/knative/eventing-contrib.git
```

2）构建 heartbeats 容器镜像并发布到容器镜像仓库：

```
# export KO_DOCKER_REPO="docker.io/cnlab" ## 容器镜像仓库的地址可以修改成自己的仓库地址
# ko publish knative.dev/eventing-contrib/cmd/heartbeats
```

3）创建 Knative Service event-display。

为了验证 ContainerSource 是否正常运行，我们将创建一个事件显示 event-display 服务。该服务将收到的消息转存到日志中。event-display 服务的配置文件 service.yaml 示例如下：

```
apiVersion: serving.knative.dev/v1
kind: Service
metadata:
  name: event-display
spec:
  template:
    spec:
      containers:
        - image: gcr.io/knative-releases/knative.dev/eventing-contrib/cmd/
          event_display
```

使用以下命令创建 event-display 服务：

```
kubectl apply -f service.yaml
```

4）使用heartbeats容器镜像创建ContainerSource：

为了将heartbeats容器作为事件源运行，你必须创建具有特定参数和环境设置的ContainerSource。这里要将.spec.template.spec.containers[0].image设置为第1步生成的镜像URL。

```
apiVersion: sources.knative.dev/v1alpha2
kind: ContainerSource
metadata:
  name: test-heartbeats
spec:
  template:
    spec:
      containers:
        - image: cnlab/heartbeats-007104604b758f52b70a5535e662802b # 事件源容器
          name: heartbeats
          args:
            - --period=1
          env:
            - name: POD_NAME
              value: "mypod"
            - name: POD_NAMESPACE
              value: "event-test"
  sink:
    ref:
      apiVersion: serving.knative.dev/v1
      kind: Service
      name: event-display
```

5）验证结果：

通过查看event-display服务的日志，验证消息已发送到Knative事件系统。

```
kubectl logs -l serving.knative.dev/service=event-display -c user-container --
  since=10m
```

以下是相应的日志行，显示heartbeatsg事件源发送给event-display函数事件消息的请求头和消息体内容：

```
☁️□ cloudevents.Event
Validation: valid
Context Attributes,
  specversion: 1.0
  type: dev.knative.eventing.samples.heartbeat
  source: https://knative.dev/eventing-contrib/cmd/heartbeats/#event-test/mypod
  id: 2b72d7bf-c38f-4a98-a433-608fbcdd2596
  time: 2019-10-18T15:23:20.809775386Z
```

```
  contenttype: application/json
Extensions,
  beats: true
  heart: yes
  the: 42
Data,
  {
    "id": 2,
    "label": ""
  }
```

6.3.5 PingSource 事件源

PingSource 事件源的前身是 CronJobSource，用于定时发出给定的事件消息。下面示例演示了如何将 PingSource 配置为函数的事件源。它将每 2 分钟发送一次 {"message": "Hello world!"} 作为数据负载的 CloudEvent 事件给 event-display 服务。

1）创建 Knative 服务：

```
apiVersion: serving.knative.dev/v1
kind: Service
metadata:
  name: event-display
spec:
  template:
    spec:
      containers:
        - image: gcr.io/knative-releases/knative.dev/eventing-contrib/cmd/
          event_display

kubectl apply -f service.yaml
```

2）创建 PingSource 事件源：

```
apiVersion: sources.knative.dev/v1alpha2
kind: PingSource
metadata:
  name: ping-source
spec:
  schedule: "*/2 * * * *"
  jsonData: '{"message": "Hello world!"}'
  sink:
    ref:
      apiVersion: serving.knative.dev/v1
      kind: Service
      name: event-display

kubectl apply -f ping-source.yaml
```

3）验证结果：

通过查看 event-display Pod 日志，验证消息已发送到 Knative 事件系统。

```
kubectl logs -l serving.knative.dev/service=event-display -c user-container --
  since=10m
☁️  cloudevents.Event
Validation: valid
Context Attributes,
  specversion: 1.0
  type: dev.knative.sources.ping
  source: /apis/v1/namespaces/default/pingsources/test-ping-source
  id: d8e761eb-30c7-49a3-a421-cd5895239f2d
  time: 2019-12-04T14:24:00.000702251Z
  datacontenttype: application/json
Data,
  {
    "message": "Hello world!"
  }
```

6.3.6 Parallel

接下来，我们通过一个实例介绍 Parallel。通过 PingSource 事件源产生事件，并将其发送给 odd-even-parallel。Parallel 将事件发送给每个 filter。even-filter 和 odd-filter 服务会根据当前事件的创建时间计算表达式是否为真。如果表达式为真，则对应的订阅者处理事件，否则不返回事件。无论通过哪个分支处理事件，最终的事件会发送给 event-display 服务进行事件显示。

具体操作步骤如下。

1）创建用于 Parallel 的 Knative Service：

```
apiVersion: serving.knative.dev/v1
kind: Service
metadata:
  name: even-filter
spec:
  template:
    spec:
      containers:
      - image: villardl/filter-nodejs:0.1
        env:
        - name: FILTER
          value: |
            Math.round(Date.parse(event.time) / 60000) % 2 === 0
---
apiVersion: serving.knative.dev/v1
kind: Service
metadata:
  name: odd-filter
spec:
  template:
```

```
    spec:
      containers:
      - image: villardl/filter-nodejs:0.1
        env:
        - name: FILTER
          value: |
            Math.round(Date.parse(event.time) / 60000) % 2 !== 0
---
apiVersion: serving.knative.dev/v1
kind: Service
metadata:
  name: even-transformer
spec:
  template:
    spec:
      containers:
      - image: villardl/transformer-nodejs:0.1
        env:
        - name: TRANSFORMER
          value: |
            ({"message": "we are even!"})

---
apiVersion: serving.knative.dev/v1
kind: Service
metadata:
  name: odd-transformer
spec:
  template:
    spec:
      containers:
      - image: villardl/transformer-nodejs:0.1
        env:
        - name: TRANSFORMER
          value: |
            ({"message": "this is odd!"})

kubectl create -f ./filters.yaml -f ./transformers.yaml
```

2）创建用于显示事件的服务：

```
apiVersion: serving.knative.dev/v1
kind: Service
metadata:
  name: event-display
spec:
  template:
    spec:
      containers:
        - image: gcr.io/knative-releases/knative.dev/eventing-contrib/cmd/
```

```
          event_display

kubectl -n default create -f ./event-display.yaml
```

3）创建Parallel：

```
apiVersion: flows.knative.dev/v1beta1
kind: Parallel
metadata:
  name: odd-even-parallel
spec:
  channelTemplate:
    apiVersion: messaging.knative.dev/v1
    kind: InMemoryChannel
  branches:
    - filter:
        ref:
          apiVersion: serving.knative.dev/v1
          kind: Service
          name: even-filter
      subscriber:
        ref:
          apiVersion: serving.knative.dev/v1
          kind: Service
          name: even-transformer
    - filter:
        ref:
          apiVersion: serving.knative.dev/v1
          kind: Service
          name: odd-filter
      subscriber:
        ref:
          apiVersion: serving.knative.dev/v1
          kind: Service
          name: odd-transformer
  reply:
    ref:
      apiVersion: serving.knative.dev/v1
      kind: Service
      name: event-display

kubectl create -f ./parallel.yaml
```

4）创建PingSource，它将每分钟发送一个{"message": "Even or odd?"}的CloudEvent消息数据，命令如下：

```
apiVersion: sources.knative.dev/v1alpha2
kind: PingSource
metadata:
```

```
    name: ping-source
spec:
  schedule: "*/1 * * * *"
  jsonData: '{"message": "Even or odd?"}'
  sink:
    ref:
      apiVersion: flows.knative.dev/v1alpha2
      kind: Parallel
      name: odd-even-parallel

kubectl create -f ./ping-source.yaml
```

5）通过检查 event-display 的 Pod 日志来查看最终输出信息，命令如下：

```
kubectl logs -l serving.knative.dev/service=event-display --tail=30 -c user-
  container

☁️  cloudevents.Event
Validation: valid
Context Attributes,
  specversion: 1.0
  type: dev.knative.sources.ping
  source: /apis/v1/namespaces/default/pingsources/ping-source
  id: 015a4cf4-8a43-44a9-8702-3d4171d27ba5
  time: 2020-03-03T21:24:00.0007254Z
  datacontenttype: application/json; charset=utf-8
Extensions,
  knativehistory: odd-even-parallel-kn-parallel-kn-channel.default.svc.
    cluster.local; odd-even-parallel-kn-parallel-0-kn-channel.default.svc.
    cluster.local
  traceparent: 00-41a139bf073f3cfcba7bb7ce7f1488fc-68a891ace985221a-00
Data,
  {
    "message": "we are even!"
  }
☁️  cloudevents.Event
Validation: valid
Context Attributes,
  specversion: 1.0
  type: dev.knative.sources.ping
  source: /apis/v1/namespaces/default/pingsources/ping-source
  id: 52e6b097-f914-4b5a-8539-165650e85bcd
  time: 2020-03-03T21:23:00.0004662Z
  datacontenttype: application/json; charset=utf-8
Extensions,
  knativehistory: odd-even-parallel-kn-parallel-kn-channel.default.svc.cluster.
    local; odd-even-parallel-kn-parallel-1-kn-channel.default.svc.cluster.local
  traceparent: 00-58d371410d7daf2033be226860b4ee5d-05d686ee90c3226f-00
Data,
  {
```

```
    "message": "this is odd!"
  }
```

注意：由于我们将 PingSource 设置为每分钟发出一次，因此事件可能需要一些时间才能显示在日志中。

6.3.7 Sequence

接下来，我们将介绍事件的传递逻辑。首先 PingSource 事件源将事件发送到 Sequence，然后事件被 Sequence 中指定在每个 Step 中的服务依次处理，最后通过 EventDisplay 服务将 Sequence 的输出显示出来，如图 6-5 所示。

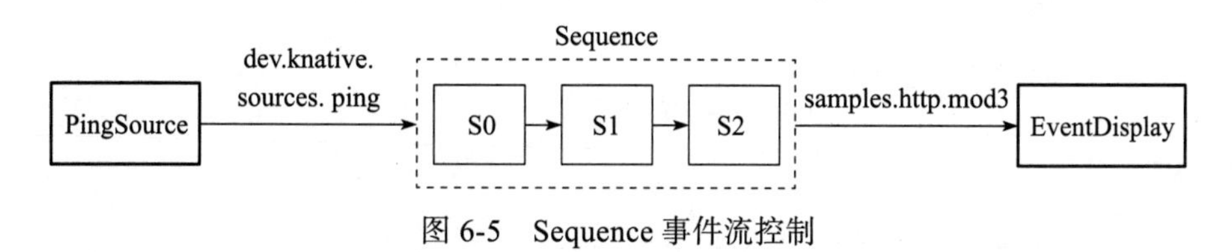

图 6-5　Sequence 事件流控制

我们可通过以下步骤来实现该配置逻辑。

1）创建 Knative Service：

```
apiVersion: serving.knative.dev/v1
kind: Service
metadata:
  name: first
spec:
  template:
    spec:
      containers:
        - image: gcr.io/knative-releases/knative.dev/eventing-contrib/cmd/
          appender
          env:
            - name: MESSAGE
              value: " - Handled by 0"

---
apiVersion: serving.knative.dev/v1
kind: Service
metadata:
  name: second
spec:
  template:
    spec:
      containers:
        - image: gcr.io/knative-releases/knative.dev/eventing-contrib/cmd/
          appender
```

```
          env:
            - name: MESSAGE
              value: " - Handled by 1"
---
apiVersion: serving.knative.dev/v1
kind: Service
metadata:
  name: third
spec:
  template:
    spec:
      containers:
        - image: gcr.io/knative-releases/knative.dev/eventing-contrib/cmd/
          appender
          env:
            - name: MESSAGE
              value: " - Handled by 2"
---

kubectl -n default create -f ./steps.yaml
```

2）创建 Sequence：

```
apiVersion: flows.knative.dev/v1beta1
kind: Sequence
metadata:
  name: sequence
spec:
  channelTemplate:
    apiVersion: messaging.knative.dev/v1
    kind: InMemoryChannel
  steps:
    - ref:
        apiVersion: serving.knative.dev/v1
        kind: Service
        name: first
    - ref:
        apiVersion: serving.knative.dev/v1
        kind: Service
        name: second
    - ref:
        apiVersion: serving.knative.dev/v1
        kind: Service
        name: third
  reply:
    ref:
      kind: Service
      apiVersion: serving.knative.dev/v1
      name: event-display
```

注意：sequence.yaml 文件包含用于创建 Sequence 的规范。如果使用其他类型的通道，则需要更改 spec.channelTemplate 以指向所需的通道。

执行以下命令创建 Sequence，如果想要更改 default 命名空间，需要保证其他资源都在同一命名空间。

```
kubectl -n default create -f ./sequence.yaml
```

3）创建用于显示事件的服务：

```
apiVersion: serving.knative.dev/v1
kind: Service
metadata:
  name: event-display
spec:
  template:
    spec:
      containers:
        - image: gcr.io/knative-releases/knative.dev/eventing-contrib/cmd/
          event_display
```

执行以下命令创建 event-display 服务，如果想要更改 default 命名空间，需要保证其他资源都在同一命名空间。

```
kubectl -n default create -f ./event-display.yaml
```

4）创建 PingSource 事件源，它将每 2 分钟发送一次 {"message": "Hello world!"} 作为数据负载的 CloudEvent 事件，命令如下：

```
apiVersion: sources.knative.dev/v1alpha2
kind: PingSource
metadata:
  name: ping-source
spec:
  schedule: "*/2 * * * *"
  jsonData: '{"message": "Hello world!"}'
  sink:
    ref:
      apiVersion: flows.knative.dev/v1beta1
      kind: Sequence
      name: sequence
```

```
kubectl -n default create -f ./ping-source.yaml
```

5）通过检查 event-display Pod 的日志来查看最终输出内容。

```
kubectl -n default get pods
```

稍等片刻后查看 event-display Pod 的日志，具体内容如下：

```
kubectl -n default logs -l serving.knative.dev/service=event-display -c user-
  container --tail=-1
♣□ cloudevents.Event
Validation: valid
Context Attributes,
  specversion: 1.0
  type: samples.http.mode3
  source: /apis/v1/namespaces/default/pingsources/ping-source
  id: e8fa7906-ab62-4e61-9c13-a9406e2130a9
  time: 2020-03-02T20:52:00.0004957Z
  datacontenttype: application/json
Extensions,
  knativehistory: sequence-kn-sequence-0-kn-channel.default.svc.cluster.local;
    sequence-kn-sequence-1-kn-channel.default.svc.cluster.local; sequence-kn-
    sequence-2-kn-channel.default.svc.cluster.local
  traceparent: 00-6e2947379387f35ddc933b9190af16ad-de3db0bc4e442394-00
Data,
  {
    "id": 0,
    "message": "Hello world! - Handled by 0 - Handled by 1 - Handled by 2"
  }
```

我们可以看到，初始 PingSource 消息 ("Hello World!") 已被序列中的每个 Step 附加了新的内容。

6.3.8 SinkBinding

SinkBinding 负责将可寻址（Addressable）的 Kubernetes 资源连接起来接收事件。这些 Kubernetes 资源有嵌入的 PodSpec（如 spec.template.spec）并且会生产事件。

以下示例创建了一个 SinkBinding，实现将匹配标签的 Job 发出的事件直接传递给事件显示（event-display）服务。SinkBinding 会给所有选择器匹配 app: heartbeat-cron 标签的 Job 注入 $K_SINK 和 $K_CE_OVERRIDES 环境变量。具体命令如下：

```
apiVersion: sources.knative.dev/v1alpha1
kind: SinkBinding
metadata:
  name: bind-heartbeat
spec:
  subject:
    apiVersion: batch/v1
    kind: Job
    selector:
      matchLabels:
        app: heartbeat-cron

  sink:
    ref:
```

```
      apiVersion: serving.knative.dev/v1
      kind: Service
      name: event-display  # 事件显示服务
  ceOverrides:
    extensions:
      sink: bound
```

创建定时发送事件的 Job，事件将会被发送到 $K_SINK，具体命令如下：

```
apiVersion: batch/v1
kind: Job
metadata:
  name: heartbeat-cron
  labels:
    app: heartbeat-cron
spec:
  template:
    spec:
      restartPolicy: Never
      containers:
      - name: single-heartbeat
        image: cnlab/heartbeats-007104604b758f52b70a5535e662802b
        args:
          - --period=1
        env:
          - name: ONE_SHOT
            value: "true"
          - name: POD_NAME
            valueFrom:
              fieldRef:
                fieldPath: metadata.name
          - name: POD_NAMESPACE
            valueFrom:
              fieldRef:
                fieldPath: metadata.namespace
```

6.3.9　GitHub 事件源

GitHub 是一个面向开源及私有软件项目的托管平台，支持以 API 方式与其他系统集成。GitHub 事件源专门为了连接 GitHub 事件与 Knative 服务。

为了让 GitHub 访问到你的 Knative 集群，你需要具备以下前提条件。

- Knative Serving 在公网可以访问，也就是说你需要有一个公网 IP 地址。
- Knative Serving 的域名配置在公网可用，GitHub 可通过它调用到服务。

接下来，我们通过两个步骤来来实现将 GitHub 中的指定事件通知到 Knative Service。

1）创建 GitHub Token。

我们可以在 GitHub 上创建个人访问令牌。GitHub 事件源可使用该令牌向 GitHub API

注册 Webhook。我们还要确定一个令牌，以便使用该令牌（secretToken）对来自 GitHub 的 Webhook 请求进行身份验证。

如图 6-6 所示，我们可以将令牌命名为任何方便识别的名称。GitHub 事件源需要 repo：public_repo 和 admin：repo_hook 访问权限，以实现触发来自公共代码库的事件并为这些代码库创建 Webhook。令牌生成后，我们要立即复制并保存此令牌。GitHub 后续会隐藏该令牌。你如果忘记了生成的令牌名，GitHub 将会要求再次生成它。

Token description

GitHubSource Sample

What's this token for?

Select scopes

Scopes define the access for personal tokens. Read more about OAuth scopes.

☐ **repo**	Full control of private repositories
☐ repo:status	Access commit status
☐ repo_deployment	Access deployment status
☑ public_repo	Access public repositories
☐ repo:invite	Access repository invitations
☐ **admin:org**	Full control of orgs and teams
☐ write:org	Read and write org and team membership
☐ read:org	Read org and team membership
☐ **admin:public_key**	Full control of user public keys
☐ write:public_key	Write user public keys
☐ read:public_key	Read user public keys
☑ **admin:repo_hook**	Full control of repository hooks
☑ write:repo_hook	Write repository hooks
☑ read:repo_hook	Read repository hooks

图 6-6　创建个人访问令牌

使用上述步骤生成的 GitHub 的个人访问令牌更新以下配置文件（githubsecret.yaml）中 accessToken 字段的值。secretToken 字段的值可以通过本地命令 head -c 8 /dev/urandom | base64 自动生成。

```
apiVersion: v1
kind: Secret
metadata:
  name: githubsecret
type: Opaque
stringData:
  accessToken: personal_access_token_value
  secretToken: yNnGr43heq8=
```

将 githubsecret 部署到 Kubernetes，命令如下：

```
kubectl --namespace default apply -f githubsecret.yaml
```

2）创建 GitHub 事件源。

为了接收 GitHub 事件，我们必须为特定的命名空间创建一个具体的事件源。在创建 GitHub 事件源之前，你需要使用自己的 GitHub 账户及对应的公共代码库替换下面配置中 ownerAndRepository 字段的值。

```
apiVersion: sources.knative.dev/v1alpha1
kind: GitHubSource
metadata:
  name: githubsourcesample
spec:
  eventTypes:
    - pull_request
  ownerAndRepository: <YOUR USER>/<YOUR REPO>
  accessToken:
    secretKeyRef:
      name: githubsecret
      key: accessToken
  secretToken:
    secretKeyRef:
      name: githubsecret
      key: secretToken
  sink:
    ref:
      apiVersion: serving.knative.dev/v1
      kind: Service
      name: event-display
```

将事件源部署到 Kubernetes，命令如下：

```
kubectl --namespace default apply -f github-source.yaml
```

3）验证结果。

通过查看 GitHub 存储库中“设置”选项卡下的 Webhook 列表来验证 GitHub Webhook 已创建。我们应该列出一个 Webhook，该 Webhook 指向 Knative 集群，并在其左侧用对号标记，如图 6-7 所示。

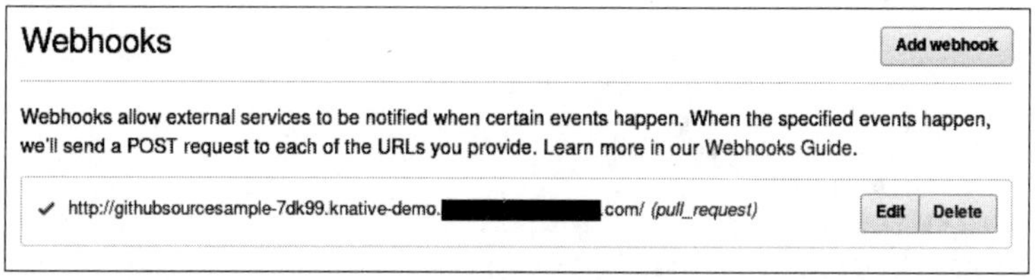

Webhooks   Add webhook

Webhooks allow external services to be notified when certain events happen. When the specified events happen, we'll send a POST request to each of the URLs you provide. Learn more in our Webhooks Guide.

✔ http://githubsourcesample-7dk99.knative-demo.████.com/ (pull_request)   Edit Delete

图 6-7 GitHub Webhook

6.4 本章小结

通过部署Knative Service的实例我们可以看到，Knative Service与Kubernetes的容器应用并没有本质区别。Kubernetes平台的无状态应用大部分可以很容易迁移到Knative平台。Knative的服务管理能力要比Kubernetes更加完善和易用。Knative的事件驱动组件抽象了一个通用事件驱动基础设施，实现了与Kubernetes工作负载的完美整合，为Kubernetes平台提供了一个标准的事件驱动解决方案。

扩 展 篇

通过实战篇的多个实例，我们已经初步掌握了Knative应用的开发和使用。接下来，我们会对Knative的扩展配置，包括日志中心和监控报警平台的搭建，进行深入讲解。

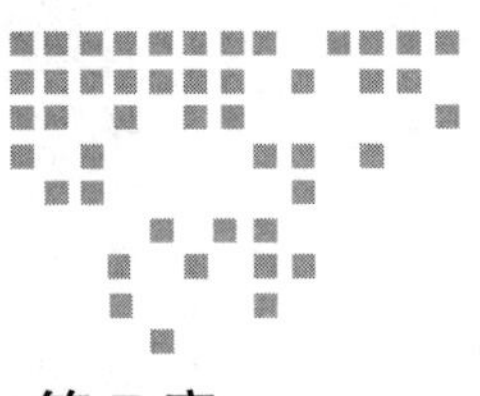

Chapter 7 第7章

Serving组件的扩展配置

本章主要着眼于Knative Serving组件的各类扩展配置，以实现对Serverless应用编排的精细控制。对Knative Serving组件进行路由管理、网络与安全、运维相关的定制配置，可以满足各种场景的需求。

7.1 自动扩缩容的配置

Serverless的主要特性之一就是应用可以按需扩缩容。这需要观察流入的负载并根据相应的指标动态调整应用规模。Knative Serving带有Autoscaler组件。它默认使用基于请求的自动扩缩容（Knative Pod Autoscaler，KPA）功能来实现自动伸缩策略，也可以使用Kubernetes的Pod水平自动伸缩（Horizontal Pod Autoscaler，HPA）功能或其他第三方Autoscaler。KPA适合大多数使用场景，它可以对工作负载做更精细的控制。本节将介绍如何调整Autoscaler来适应工作负载的需要。

7.1.1 全局或修订版范围设置

全局设置在Knative Serving所在命名空间的ConfigMap config-autoscaler中。如果你是使用yaml手工安装，命名空间默认为knative-serving。

修订版范围是通过注解（Annotation）在修订版中进行配置的。通过Service或Configuration创建修订版，就意味着Annotation必须设置在相应的修订版模板中。所有修订版范围的Annotation键都是以autoscaling.knative.dev/为前缀的。修订版范围的设置会覆盖全局设置。如果没有版本范围设置，就会使用全局设置。

需要注意的是，修订版范围设置是在修订版模板中的 annotations 中完成的。设置在最高一级 metadata 的 annotations 中的扩缩容设置在修订版自动扩缩容过程中没有任何效果。

修订版范围配置示例如下：

```
apiVersion: serving.knative.dev/v1
kind: Service
metadata:
  name: helloworld-go
  namespace: default
spec:
  template:
    metadata:
      annotations:
        autoscaling.knative.dev/target: "70"
    spec:
      containers:
        - image: cnlab/helloworld-go
```

全局范围配置示例如下：

```
apiVersion: v1
kind: ConfigMap
metadata:
  name: config-autoscaler
  namespace: knative-serving
data:
  container-concurrency-target-default: "100"
```

7.1.2　Class

Autoscaler 支持多种可能的实现方式，在这里叫作 Class，Knative Serving 支持 KPA 和 HPA 方式。HPA 需要在安装时开启，并不是 Knative Serving 核心的组成部分。KPA 是为无服务器工作负载量身定制的，是默认开启的。它对性能做了专门的优化，支持缩容到零，这是 HPA 所不具备的。HPA 支持基于 CPU 的扩展机制，这是 KPA 所不支持的。

- 全局关键字：pod-autoscaler-class。
- 修订版范围注解关键字：autoscaling.knative.dev/class。
- 可选值：kpa.autoscaling.knative.dev 或 hpa.autoscaling.knative.dev。
- 默认值：kpa.autoscaling.knative.dev。

修订版范围配置示例如下：

```
apiVersion: serving.knative.dev/v1
kind: Service
metadata:
  name: helloworld-go
  namespace: default
```

```
spec:
  template:
    metadata:
      annotations:
        autoscaling.knative.dev/class: "kpa.autoscaling.knative.dev"
    spec:
      containers:
        - image: cnlab/helloworld-go
```

全局范围配置示例如下：

```
apiVersion: v1
kind: ConfigMap
metadata:
  name: config-autoscaler
  namespace: knative-serving
data:
  pod-autoscaler-class: "kpa.autoscaling.knative.dev"
```

7.1.3 度量指标

度量指标配置定义了 Autoscaler 观察的指标类型。KPA 支持并发数（Concurrency）和每秒请求数（RPS）两种指标。HPA 仅支持 CPU 使用率指标。

- 全局关键字：n/a。
- 修订版范围注释关键字：autoscaling.knative.dev/metric。
- 可选值：Concurrency、RPS 或 CPU。
- 默认值：concurrency。

修订版范围配置示例如下：

```
apiVersion: serving.knative.dev/v1
kind: Service
metadata:
  name: helloworld-go
  namespace: default
spec:
  template:
    metadata:
      annotations:
        autoscaling.knative.dev/metric: "rps"
    spec:
      containers:
        - image: cnlab/helloworld-go
```

7.1.4 目标值

自动缩放的目标值是 Autoscaler 维护应用的每个副本度量指标的目标值。如果我们指定并发目标是 10，Autoscaler 将会试图保证每个副本平均一次接收 10 个请求。Autoscaler 会评估指定指标是否达到目标设定数值。

1. Concurrency Target/Limit

当度量指标设置成 Concurrency 时，Autoscaler 将观察到的并发数据与目标值进行比较，试图在每个副本上维持一个稳定的并发请求数量。

并发目标值的配置有点特别，它有软性和硬性两种并发限制。硬性限制是一个强制上限，如果并发数达到了边界，更多的请求将被放到缓存区等待，直到有足够的容量被释放时，这些请求才会被执行。软性限制只是给 Autoscaler 的目标，在突发情况下该值是可以被超出的。

注意：如果你的应用有明确的要求，建议仅使用硬性限制。低的硬限制值会对应用的吞吐量和延迟造成影响。如果软 / 硬性限制同时被指定，Autoscaler 将采用其中较小的值。

（1）软性限制

软性限制在 config-autoscaler ConfigMap 中有全局设置项，也可以在修订版中指定。它在服务中的配置形式是采用注解形式，通过定义 autoscaling.knative.dev/target 的值来实现。它的默认值是 100。

- 全局关键字：container-concurrency-target-default。
- 修订版范围注解关键字：autoscaling.knative.dev/target。
- 可能的值：任何整数型的值。
- 默认值：100。

修订版范围配置示例如下：

```
apiVersion: serving.knative.dev/v1
kind: Service
metadata:
  name: helloworld-go
  namespace: default
spec:
  template:
    metadata:
      annotations:
        autoscaling.knative.dev/target: "200"
    spec:
      containers:
        - image: cnlab/helloworld-go
```

全局范围配置示例如下：

```
apiVersion: v1
kind: ConfigMap
metadata:
  name: config-autoscaler
```

```
  namespace: knative-serving
data:
  container-concurrency-target-default: "200"
```

（2）硬性限制

硬性限制在 config-defaults ConfigMap 中有全局设置项，也可以在每个修订版中指定。它的设置形式不是采用注解形式，而是采用 containerConcurrency 字段来实现。它的默认值是 0，表示不限并发请求数。如果设置为大于 0 的值，则表示有被允许的、准确的并发请求数。

- 全局关键字：container-concurrency。
- 修订版内定义关键字：containerConcurrency。
- 可能的值：任何整数型的值。
- 默认值：0，代表并发请求数没有限制。

修订版范围配置示例如下：

```
apiVersion: serving.knative.dev/v1
kind: Service
metadata:
  name: helloworld-go
  namespace: default
spec:
  template:
    spec:
      containerConcurrency: 50
      containers:
        - image: cnlab/helloworld-go
```

全局范围配置示例如下：

```
apiVersion: v1
kind: ConfigMap
metadata:
  name: config-defaults
  namespace: knative-serving
data:
  container-concurrency: "50"
```

2. 目标使用率

除了软、硬性限制，并发数还可以通过目标使用率（Target Utilization）进行调整。目标使用率指定了一个目标的百分比与 Autoscaler 实际目标的差异。在效果上，它指定了副本的访问热度。

- 全局关键字：container-concurrency-target-percentage。
- 修订版注解关键字：autoscaling.knative.dev/targetUtilizationPercentage。

- 可能的值：任何浮点型数值。
- 默认值：70。

注意：目标使用率仅作为缩放的建议，不作为硬性限制强制采用。例如，如果 containerConcurrency 设置为 10，目标使用率设置为 70，则当全部副本的平均并发请求数达到 7 时，Autoscaler 将会创建一个新的副本。需要注意的是，第 7 到 10 个请求仍将发送给现有副本，一旦到达 containerConcurrency 的限制，Autoscaler 将启动预期数量的新副本。

另外，如果 Activator 在路由路径中，将全面加载符合容器并发请求数值的副本数量，不会考虑目标使用率。

修订版范围配置示例如下：

```
apiVersion: serving.knative.dev/v1
kind: Service
metadata:
  name: helloworld-go
  namespace: default
spec:
  template:
    metadata:
      annotations:
        autoscaling.knative.dev/targetUtilizationPercentage: "80"
    spec:
      containers:
        - image: cnlab/helloworld-go
```

全局范围配置示例如下：

```
apiVersion: v1
kind: ConfigMap
metadata:
  name: config-autoscaler
  namespace: knative-serving
data:
  container-concurrency-target-percentage: "80"
```

3. RPS 目标

每个副本的 RPS 目标值配置如下。

- 全局关键字：requests-per-second-target-default。
- 修订版注解关键字：autoscaling.knative.dev/target。
- 可能的值：任何整数型的值。
- 默认值：200。

修订版范围配置示例如下：

```
apiVersion: serving.knative.dev/v1
```

```
kind: Service
metadata:
  name: helloworld-go
  namespace: default
spec:
  template:
    metadata:
      annotations:
        autoscaling.knative.dev/metric: "rps"
        autoscaling.knative.dev/target: "150"
    spec:
      containers:
        - image: cnlab/helloworld-go
```

全局范围配置示例如下：

```
apiVersion: v1
kind: ConfigMap
metadata:
  name: config-autoscaler
  namespace: knative-serving
data:
  requests-per-second-target-default: "150"
```

7.1.5 缩放边界

为了实现副本缩放的上限和下限控制，我们可以指定缩放范围。

1. 边界下限

边界下限表示修订版副本需要保留的最小数量。Knative 会保持在任何时间点副本数不少于边界下限。

- 全局关键字：n/a。
- 修订版注解关键字：autoscaling.knative.dev/minScale。
- 可能的值：任何整数型的值。
- 默认值：0（scale-to-zero 开启的同时 KPA class 被使用）、1（其他场景）。

修订版范围配置示例如下：

```
apiVersion: serving.knative.dev/v1
kind: Service
metadata:
  name: helloworld-go
  namespace: default
spec:
  template:
    metadata:
      annotations:
        autoscaling.knative.dev/minScale: "3"
```

```
    spec:
      containers:
        - image: gcr.io/knative-samples/helloworld-go
```

2. 边界上限

边界上限表示修订版副本所能达到的最大数量。Knative 会保持在任何时间点副本数都不会超过边界上限。

- 全局关键字：n/a。
- 修订版注解关键字：autoscaling.knative.dev/maxScale。
- 可能的值：任何整数型的值。
- 默认值：0（代表没有限制）。

修订版范围配置示例如下：

```
apiVersion: serving.knative.dev/v1
kind: Service
metadata:
  name: helloworld-go
  namespace: default
spec:
  template:
    metadata:
      annotations:
        autoscaling.knative.dev/maxScale: "3"
    spec:
      containers:
        - image: gcr.io/knative-samples/helloworld-go
```

7.1.6 KPA 特性设置

KPA 提供了多种配置选项，适用于各种场景。全局范围配置作为默认设置对所有服务有效。修订版范围是以注解的形式在修订版模板中进行配置。

1. 缩容到零

scale-to-zero 的值控制 Knative 修订版缩容到零或保留 1 个副本。

缩容到零的配置如下。

- 全局关键字：enable-scale-to-zero。
- 修订版注解关键字：n/a。
- 可能的值：任何布尔类型的值。
- 默认值：true。

注意：如果 enable-scale-to-zero 设置为 false，Autoscaler 将参考边界下限值的设置。

全局范围配置示例如下：

```
apiVersion: v1
```

```
kind: ConfigMap
metadata:
  name: config-autoscaler
  namespace: knative-serving
data:
  enable-scale-to-zero: "false"
```

2. 缩容到零的宽限周期

缩容到零的宽限周期是指系统在删除最后一个副本之前等待的时间上限。缩容到零的宽限周期配置如下。

- 全局关键字：scale-to-zero-grace-period。
- 修订版注解关键字：n/a。
- 可能的值：时长（时长不小于 6s）。
- 默认值：30s。

全局范围配置示例如下：

```
apiVersion: v1
kind: ConfigMap
metadata:
  name: config-autoscaler
  namespace: knative-serving
data:
  scale-to-zero-grace-period: "40s"
```

3. 缩容到零时最后一个 Pod 的保留期

scale-to-zero-pod-retention-period 定义了当 Autoscaler 决定要缩容到零时，最后一个 Pod 保留的最小时长。该设置主要针对那些启动代价高、流量突发性高的场景。其配置如下。

- 全局关键字：scale-to-zero-pod-retention-period。
- 修订版注解关键字：autoscaling.knative.dev/scaleToZeroPodRetentionPeriod。
- 可能的值：非负时间字符串。
- 默认值：0s。

修订版范围配置示例如下：

```
apiVersion: serving.knative.dev/v1
kind: Service
metadata:
  name: helloworld-go
  namespace: default
spec:
  template:
    metadata:
      annotations:
        autoscaling.knative.dev/scaleToZeroPodRetentionPeriod: "42s"
```

```
    spec:
      containers:
        - image: gcr.io/knative-samples/helloworld-go
```

全局范围配置示例如下：

```
apiVersion: operator.knative.dev/v1alpha1
kind: KnativeServing
metadata:
  name: knative-serving
spec:
  config:
    autoscaler:
      scale-to-zero-pod-retention-period: "42s"
```

4. 稳定模式和恐慌模式

KPA 的行为是以时间窗口的聚合指标数据为基础，这些窗口期定义了 Autoscaler 考量的历史数据值，用于在指定时间内平滑数据。窗口期越短，Autoscaler 的反应速度就越快，但容易造成过度反应。

KPA 的实现中有两种模式：稳定模式和恐慌模式。稳定模式用于常规操作，而恐慌模式适用于特殊场景，如当突发流量产生时，恐慌模式用于快速扩展修订版的副本数量。恐慌模式下，窗口期一般更短，可以快速响应负载的变化。在恐慌模式下，为了避免过多的抖动，修订版的副本数不会缩减。

（1）稳定模式

- 全局关键字：stable-window。
- 修订版注解关键字：autoscaling.knative.dev/window。
- 可能的值：大于等于 6s，小于等于 1h。
- 默认值：60s。

注意：在缩容期间，整个稳定窗口期，如果修订版没有任何流量，最后一个副本会被删除。只有没有发生任何导致系统进入恐慌模式的事件时，Autoscaler 才会脱离恐慌模式进入稳定模式。

修订版范围配置示例如下：

```
apiVersion: serving.knative.dev/v1
kind: Service
metadata:
  name: helloworld-go
  namespace: default
spec:
  template:
    metadata:
      annotations:
```

```
        autoscaling.knative.dev/window: "40s"
    spec:
      containers:
        - image: gcr.io/knative-samples/helloworld-go
```

全局范围配置示例如下：

```
apiVersion: v1
kind: ConfigMap
metadata:
  name: config-autoscaler
  namespace: knative-serving
data:
  stable-window: "40s"
```

（2）恐慌模式

恐慌窗口期被定义为其占稳定窗口期的百分比。例如，恐慌窗口期设置为 10.0，意味着恐慌模式的窗口期时长是稳定窗口期时长的 10%。

- 全局关键字：panic-window-percentage。
- 修订版注解关键字：autoscaling.knative.dev/panicWindowPercentage。
- 可能的值：浮点型数值，大于等于 1.0，小于等于 100.0。
- 默认值：10.0。

修订版范围配置示例如下：

```
apiVersion: serving.knative.dev/v1
kind: Service
metadata:
  name: helloworld-go
  namespace: default
spec:
  template:
    metadata:
      annotations:
        autoscaling.knative.dev/panicWindowPercentage: "20.0"
    spec:
      containers:
        - image: gcr.io/knative-samples/helloworld-go
```

全局范围配置示例如下：

```
apiVersion: v1
kind: ConfigMap
metadata:
  name: config-autoscaler
  namespace: knative-serving
data:
```

```
  panic-window-percentage: "20.0"
```

恐慌模式的阈值定义了 Autoscaler 何时从稳定模式进入恐慌模式。恐慌模式的最小阈值为 100，默认值为 200，意味着当流量达到当前副本能够处理的两倍时进入恐慌模式。

- 全局关键字：panic-threshold-percentage。
- 修订版注解关键字：autoscaling.knative.dev/panicThresholdPercentage。
- 可能的值：浮点型数值，大于等于 110.0，小于等于 1000.0。
- 默认值：200.0。

修订版范围配置示例如下：

```
apiVersion: serving.knative.dev/v1
kind: Service
metadata:
  name: helloworld-go
  namespace: default
spec:
  template:
    metadata:
      annotations:
        autoscaling.knative.dev/panicThresholdPercentage: "150.0"
    spec:
      containers:
        - image: gcr.io/knative-samples/helloworld-go
```

全局范围配置示例如下：

```
apiVersion: v1
kind: ConfigMap
metadata:
  name: config-autoscaler
  namespace: knative-serving
data:
  panic-threshold-percentage: "150.0"
```

5. 缩放速率

缩放速率设置用于控制一个评估周期内缩放修订版副本的数量。无论副本是增加还是减少，都要允许至少 1 个副本数量的变化。无论缩放速率如何设置，Autoscaler 总是可以扩缩容至少一个副本。

（1）最大扩容速率

最大扩容速率是期望扩容 Pod 数与当前可用 Pod 数的比值，是每次扩容允许的最大速率。当前周期最大扩容数的计算方法：最大扩容数 = 最大扩容速率 × 当前可用 Pod 数量。

- 全局关键字：max-scale-up-rate。
- 修订版注解关键字：n/a。

❑ 可能的值：任何浮点类型数值。

❑ 默认值：1000.0。

全局范围配置（ConfigMap）如下：

```
apiVersion: v1
kind: ConfigMap
metadata:
  name: config-autoscaler
  namespace: knative-serving
data:
  max-scale-up-rate: "500.0"
```

（2）最大缩容速率

最大缩容速率是当前可用 Pod 数和期望 Pod 数之间的比值，是每次缩容允许的最大速率。当前周期内最大缩容数的计算方法：最大缩容数 = 最大缩容速率 × 当前可用 Pod 数量。

❑ 全局关键字：max-scale-down-rate。

❑ 修订版注解关键字：n/a。

❑ 可能的值：任何浮点类型数值。

❑ 默认值：2.0。

全局范围配置示例如下：

```
apiVersion: v1
kind: ConfigMap
metadata:
  name: config-autoscaler
  namespace: knative-serving
data:
  max-scale-down-rate: "4.0"
```

7.2 路由管理

Knative 通过控制入口网关的流量分配来实现服务的路由管理。Knative 为每个服务生成唯一的域名，入口网关会根据域名转发请求到对应的服务。本节将详细介绍如何定制 Knative 服务的主域名、配置 DNS 的泛域名解析，以实现集群外部直接路由到服务，并控制服务的可见范围。

7.2.1 定制 Knative 服务的主域名

Knative 默认为每个 Service 生成一个域名，Istio Gateway 会根据域名判断请求应该转发给哪个服务。Knative 默认使用的主域名是 example.com，由于该域名不能用作线上服务，我们需要修改默认主域名，添加自定义域名或根据路径关联到不同的服务。

以下示例中，首先部署一个 Knative 服务，将配置保存到 service.yaml 文件中，然后执行 kubectl apply -f service.yaml，这样就可以把 helloworld 服务部署到 default 命名空间。

```
apiVersion: serving.knative.dev/v1
kind: Service
metadata:
  name: helloworld
spec:
  template:
    metadata:
      labels:
        app: helloworld
      annotations:
        autoscaling.knative.dev/target: "10"
    spec:
      containers:
        - image: registry.cnlab.dangdang.com/knative-sample/helloworld-go
          env:
            - name: TARGET
              value: "World"
```

通过以下命令查看 Knative 服务自动生成的域名配置：

```
 # kubectl -n default get ksvc
NAME        URL              LATESTCREATED    LATESTREADY    READY    REASON
helloworld  http://helloworld.default.example.com  helloworld-xsabn
  helloworld-xsabn   True
```

使用 curl 命令指定 Host 来访问 Knative 服务时，首先需要获取可以访问到入口网关 Istio Gateway 的 IP 地址和端口号。

如果 istio-ingressgateway 的 Kubernetes 服务类型为 LoadBalancer，我们可以通过如下方式获得入口网关的 IP 地址和端口号。（通常，各大公有云厂商都会提供 Kubernetes 的托管服务与 LoadBalancer 服务之间的集成。）

```
# export GATEWAY_IP='kubectl get svc istio-ingressgateway --namespace istio-
  system --output jsonpath="{.status.loadBalancer.ingress[*]['ip']}"'

## 获取 istio-ingressgateway k8s 服务的 NodePort 端口号
# export GATEWAY_PORT='kubectl get svc istio-ingressgateway --namespace istio-
  system --output jsonpath="{.spec.ports[1].nodePort}"'
```

如果 istio-ingressgateway 的 Kubernetes 服务类型为 NodePort（通常在本地部署环境中使用），NodePort 端口在集群节点范围内有效，则 Kubernetes 集群任一节点 IP 都可以。

```
# export GATEWAY_IP='kubectl get nodes  --output jsonpath="{.items[0].status.
  addresses[0].address}"'
```

```
## 获取istio-ingressgateway Kubernetes服务的NodePort端口号
# export GATEWAY_PORT='kubectl get svc istio-ingressgateway --namespace istio-
  system --output jsonpath="{.spec.ports[1].nodePort}"'
```

访问 knative helloworld 服务。

```
# curl http://${GATEWAY_IP}:${GATEWAY_PORT} --header "Host:helloworld.default.
  example.com"
Hello World!
```

如果需要对外提供服务，我们需要使用自己的公网域名对外暴露服务。假设我们想要使用的主域名是 knative.dangdang.cn，就需要修改 knative-serving 命名空间的 config-domain ConfigMap 配置来实现。下面我们在 config-domain 中添加 knative.dangdang.cn 域名进行说明。

```
apiVersion: v1
data:
  _example: |
    ################################
    #                              #
    #    EXAMPLE CONFIGURATION     #
    #                              #
    ################################

    # This block is not actually functional configuration,
    # but serves to illustrate the available configuration
    # options and document them in a way that is accessible
    # to users that 'kubectl edit' this config map.
    #
    # These sample configuration options may be copied out of
    # this example block and unindented to be in the data block
    # to actually change the configuration.

    # Default value for domain.
    # Although it will match all routes, it is the least-specific rule so it
    # will only be used if no other domain matches.
    example.com: |

    # These are example settings of domain.
    # example.org will be used for routes having app=nonprofit.
    example.org: |
      selector:
        app: nonprofit

    # Routes having domain suffix of 'svc.cluster.local' will not be exposed
    # through Ingress. You can define your own label selector to assign that
    # domain suffix to your Route here, or you can set the label
    #    "serving.knative.dev/visibility=cluster-local"
    # to achieve the same effect.  This shows how to make routes having
```

```
    # the label app=secret only exposed to the local cluster.
    svc.cluster.local: |
      selector:
        app: secret
  knative.dangdang.cn: ""
kind: ConfigMap
metadata:
  creationTimestamp: "2020-06-03T08:51:40Z"
  labels:
    serving.knative.dev/release: v0.15.0
  name: config-domain
  namespace: knative-serving
  resourceVersion: "65723826"
  selfLink: /api/v1/namespaces/knative-serving/configmaps/config-domain
  uid: 02ec18af-75fc-4cb2-ba67-5386157c5560
```

我们可以通过命令 kubectl edit cm config-domain --namespace knative-serving 修改配置，修改完成后保存退出。再看一下 Knative 服务的域名，显示修改的域名已生效。

```
# kubectl -n default get ksvc
NAME        URL              LATESTCREATED    LATESTREADY    READY    REASON
helloworld  http://helloworld.default.knative.dangdang.cn  helloworld-xsabn
  helloworld-xsabn   True
```

7.2.2　DNS 泛域名解析配置

如果我们定制了服务的主域名，希望在集群外部直接使用该域名访问 Knative 服务，还需要对集群外部使用的 DNS 进行配置。

Knative 服务默认生成的域名规则是 {servicename}.{namespace}.{default-domain}。不同的命名空间会生成不用的子域名，每个 Knative 服务会生成集群范围内唯一的子域名。为了让所有服务都能够在集群外部被访问到，我们需要做一个泛域名解析，把 *.knative.dangdang.cn 解析到 Istio Gateway 服务对应的外部 IP 地址上，一般是通过在 DNS 中添加一个 A 记录 *.knative.dangdang.cn，并将其对应的 IP 地址设置为可以访问到 Istio Gateway 服务的 IP 地址。在公有云中，该地址通常是 LoadBalancer 的地址。本地部署的 Kubernetes 集群通常会采用 NodePort 对外暴露 Istio Gateway 服务。NodePort 端口范围默认为 30 000 ～ 32 767，这会导致服务监听的端口并不是默认的 80 和 443 端口。为了解决这个问题，我们还需要在集群外部搭建一个 L4 的反向代理来完成端口的转发。DNS 中添加的 A 记录 *.knative.dangdang.cn 对应的 IP 地址就是该反向代理的 IP 地址。通常，我们使用 Nginx 或 HAProxy 来实现。

下面以 Nginx 为例展示反向代理的配置。

```
server {
       listen 80;
       proxy_connect_timeout 10s;
       proxy_timeout 10s;
```

```
        proxy_pass k8s_80;
    }
    server {
        listen 443;
        proxy_connect_timeout 10s;
        proxy_timeout 10m;
        proxy_pass k8s_443;
    }
    # upstream 中的 server ip:port 对应 Kubernetes 集群中各节点的 IP 地址和 NodePort 端口号
    upstream k8s_80 {
         hash $remote_addr consistent;
         server 10.6.10.1:30080  weight=1 max_fails=3 fail_timeout=30s;
         server 10.6.10.2:30080  weight=1 max_fails=3 fail_timeout=30s;
      }
      upstream k8s_443 {
         hash $remote_addr consistent;
         server 10.6.10.1:30443  weight=1 max_fails=3 fail_timeout=30s;
         server 10.6.10.2:30443  weight=1 max_fails=3 fail_timeout=30s;
      }
```

7.2.3 服务的可见范围控制

默认情况下，通过 Knative 部署的服务会发布到外部 IP 地址，从而使它们成为具有公共 URL 的服务。这对于需要从集群外部访问的服务很有用，但我们往往只需要构建一个集群内部可用的后端服务，且该服务并不需要在集群外可见。

Knative 提供了两种方式来开启仅集群内部可用的专有服务。

1）如果想要使所有服务仅在集群内部可用，可通过修改 config-domain 的 ConfigMap，将默认域更改为 svc.cluster.local。该配置将实现 Knative 部署的全部服务在仅集群内部可用，在集群外部无法使用。

2）如果只是想要修改个别服务的集群可见性，可以在相应服务或路由对象上打上相应的标签，以避免服务被发布到外部网关。

下面介绍将服务标记为 cluster-local 的方法。

为了配置一个 KService 的可用范围为集群内部网络（cluster-local），我们可以将标签 serving.knative.dev/visibility=cluster-local 应用到 KService、Route 或 Kubernetes Service 对象。

标记 KService 的方法：

```
kubectl label ksvc ${KSVC_NAME} serving.knative.dev/visibility=cluster-local
```

标记 Route 的方法：

```
kubectl label route ${ROUTE_NAME} serving.knative.dev/visibility=cluster-local
```

标记 Kubernetes Service 的方法：

```
kubectl label svc ${SERVICE_NAME} serving.knative.dev/visibility=cluster-local
```

通过标记 Kubernetes Service，可以在更细粒度来限制服务的可见性。

下面我们通过标记已部署的 Hello World 例子来转换集群可见性。

```
kubectl label ksvc helloworld-go serving.knative.dev/visibility=cluster-local
```

验证 helloword-go 服务的 URL 的改变：

```
kubectl get ksvc helloworld-go
```

NAME	URL	LATESTCREATED	LATESTREADY	READY	REASON
helloworld-go	http://helloworld-go.default.svc.cluster.local	helloworld-go-2bz5l	helloworld-go-2bz5l	True	

服务返回的 URL 以 svc.cluster.local 为主域名，表示服务仅在集群本地网络范围内可用。

7.3　网络与安全

本节主要介绍怎样在 Knative 中使用 TLS 证书配置安全的 HTTPS 连接。配置安全的 HTTPS 连接会使 Knative 服务和路由终止外部 TLS 连接。你可以手动配置 Knative 使用指定的证书，也可以通过 Knative 自动获取和更新证书。

7.3.1　证书管理工具 cert-manager

cert-manager 是用于 HTTPS 连接的 TLS 证书管理工具。接下来，我们通过两个步骤来安装 cert-manager。

1）安装 cert-manager。

```
# 如果 Kubernetes 版本 >=1.15，执行以下命令
$ kubectl apply --validate=false -f https://github.com/jetstack/cert-manager/
  releases/download/v0.16.1/cert-manager.yaml

# 如果 Kubernetes 版本 <1.15，执行以下命令
$ kubectl apply --validate=false -f https://github.com/jetstack/cert-manager/
  releases/download/v0.16.1/cert-manager-legacy.yaml
```

2）配置 DNS 提供商来验证 DNS-01 challenge 请求。

默认情况下，Let's Encrypt 用于演示如何配置 cert-manager。你也可以使用其他被支持的 CA 证书，但必须使用 DNS-01 challenge 类型来验证请求。

需要注意的是，Let's Encrypt 颁发的证书的有效期为 90 天。如果你选择手动获取和配置证书的方式，一定要保证在过期前更新证书。

7.3.2 手动配置TLS证书

接下来，我们使用cert-manager工具手动获取TLS证书，并将证书配置到Knative的入口网关。

1. 获取TLS证书

1）配置DNS01 Challenge提供商，这里以Cloud DNS为例。

```
piVersion: cert-manager.io/v1alpha2
kind: ClusterIssuer
metadata:
  name: letsencrypt-issuer
spec:
  acme:
    server: https://acme-v02.api.letsencrypt.org/directory
    # This will register an issuer with LetsEncrypt.
    # Replace with your admin email address.
    email: myemail@gmail.com
    privateKeySecretRef:
      # Set privateKeySecretRef to any unused secret name.
      name: letsencrypt-issuer
    solvers:
    - dns01:
        clouddns:
          # Set this to your GCP project-id
          project: $PROJECT_ID
          # Set this to the secret that we publish our service account key
          # in the previous step.
          serviceAccountSecretRef:
            name: cloud-dns-key
            key: key.json
```

2）创建一个证书，并将其存放在istio-ingressgateway-certs Secret对象中。

```
# Change this value to the domain you want to use.
export DOMAIN=<your-domain.com>

kubectl apply --filename - <<EOF
apiVersion: cert-manager.io/v1alpha2
kind: Certificate
metadata:
  name: my-certificate
  namespace: istio-system
spec:
  secretName: istio-ingressgateway-certs
  issuerRef:
    name: letsencrypt-issuer
    kind: ClusterIssuer
  dnsNames:
```

```
  - "*.default.$DOMAIN"
  - "*.other-namespace.$DOMAIN"
EOF
```

2. 添加 TLS 证书到入口网关

注意：如果你已经拥有一个在自己的域名上已签名的证书，可以直接手动添加 TLS 证书。

将 TLS 证书手动添加到 Knative 集群，需要首先创建一个带有证书信息的 Kubernetes Secret，然后配置 knative-ingress-gateway。具体命令如下。

1）运行以下命令创建一个 Kubernetes Secret，以保存 TLS 证书 cert.pem 和私钥 cert.pk。

```
kubectl create --namespace istio-system secret tls istio-ingressgateway-certs
  --key cert.pk --cert cert.pem
```

2）使用新建的 Secret 进行 HTTPS 连接。

运行以下命令，以编辑模式打开 Knative Gateway：

```
kubectl edit gateway knative-ingress-gateway --namespace knative-serving
```

更新 gateway tls 部分的配置：

```
tls:
  mode: SIMPLE
  privateKey: /etc/istio/ingressgateway-certs/tls.key
  serverCertificate: /etc/istio/ingressgateway-certs/tls.crt
```

下面是完整 knative-ingress-gateway 配置范例：

```
apiVersion: networking.istio.io/v1alpha3
kind: Gateway
metadata:
  name: knative-ingress-gateway
  namespace: knative-serving
spec:
  selector:
    istio: ingressgateway
  servers:
  - port:
      number: 80
      name: http
      protocol: HTTP
    hosts:
    - "*"
    tls:
      # Sends 301 redirect for all http requests.
      # Omit to allow http and https.
```

```
      httpsRedirect: true
  - port:
      number: 443
      name: https
      protocol: HTTPS
    hosts:
    - "*"
    tls:
      mode: SIMPLE
      privateKey: /etc/istio/ingressgateway-certs/tls.key
      serverCertificate: /etc/istio/ingressgateway-certs/tls.crt
```

7.3.3 自动配置 TLS 证书

集群中安装和配置了 cert-manager 证书管理组件后，你可以将 Knative 配置成自动为 Knative Service 获取新的 TLS 证书并更新现有的证书。

1. TLS 自动生成模式

Knative 支持下面两种自动 TLS 生成模式。

（1）DNS-01 challenge 模式

1）为每个命名空间生成证书。如果想要更快地生成证书，推荐使用该模式。在该模式下，每个命名空间将会生成一个证书，同一命名空间的不同 Knative 服务共用该证书。

2）为每个 Knative Service 生成证书。如果想要在 Knative Service 之间更好地实现证书隔离，建议使用该模式。在该模式下，每个 Knative Service 将生成一个单独的证书。因为需要为每个 Knative Service 生成证书，所以 TLS 生效时间更长。

注意：在该模式下，集群需要与 DNS 服务器通信，以验证你对域名的所有权。

（2）HTTP-01 challenge 模式

在该模式下，集群不需要与 DNS 服务器进行通信。你只需要将自己的域名映射到集群 Ingress 的 IP 地址。在 HTTP-01 challenge 模式下，将为每个 Knative 服务生成一个证书。该模式不支持按命名空间生成证书。

2. TLS 自动生成的前提条件

1）Knative 集群中需要安装的组件包括 Knative Serving、Istio 1.3 以上版本、cert-manager 0.12 以上版本。

2）Knative 集群必须配置自定义域名。

3）你必须拥有自己的 DNS 服务器的修改权限，并配置好自定义域名。

4）如果要使用 HTTP-01 challenge 模式，则需要配置自定义域名以映射到 Ingress 的 IP 地址。你可以通过在 DNS 服务器中添加 A 记录的方式来实现。

3. 开启 TLS 自动配置

为了让 Knative 支持自动 TLS 配置，我们需要完成以下几个步骤。

1）创建 cert-manager 的 ClusterIssuer。

创建 ClusterIssuer 配置文件并将其添加到 Knative 集群，并定义谁颁发 TLS 证书、如何验证请求以及哪个 DNS 提供商验证这些请求。

① DNS-01 challenge 模式下的 ClusterIssuer。

以 Google Cloud DNS 为例的 ClusterIssuer 配置文件如下：

```
apiVersion: cert-manager.io/v1alpha2
kind: ClusterIssuer
metadata:
  name: letsencrypt-dns-issuer
spec:
  acme:
    server: https://acme-v02.api.letsencrypt.org/directory
    # This will register an issuer with LetsEncrypt.
    # Replace with your admin email address.
    email: myemail@gmail.com
    privateKeySecretRef:
      # Set privateKeySecretRef to any unused secret name.
      name: letsencrypt-dns-issuer
    solvers:
    - dns01:
        clouddns:
          # Set this to your GCP project-id
          project: $PROJECT_ID
          # Set this to the secret that we publish our service account key
          # in the previous step.
          serviceAccountSecretRef:
            name: cloud-dns-key
            key: key.json
```

② HTTP-01 challenge 模式下的 ClusterIssuer。

以 HTTP-02 challenge 模式实现的 ClusterIssuer 配置文件示例如下：

```
apiVersion: cert-manager.io/v1alpha2
kind: ClusterIssuer
metadata:
  name: letsencrypt-http01-issuer
spec:
  acme:
    privateKeySecretRef:
      name: letsencrypt
    server: https://acme-v02.api.letsencrypt.org/directory
    solvers:
    - http01:
        ingress:
          class: istio
```

将以上 ClusterIssuer 配置文件应用到集群中：

```
kubectl apply -f  cluster-issuer.yaml
```

2）安装 networking-certmanager：

```
kubectl apply --filename https://github.com/knative/net-certmanager/releases/
  download/v0.16.0/release.yaml
```

3）安装 networking-ns-cert 组件：

如果选择按每个命名空间生成证书的模式，就需要安装 networking-ns-cert 组件，命令如下：

```
kubectl apply --filename https://github.com/knative/serving/releases/download/
  v0.16.0/serving-nscert.yaml
```

4）配置 config-certmanager ConfigMap。

在 knative-serving 命名空间更新 config-certmanager ConfigMap 配置，将其引用到新的 ClusterIssuer。

①使用以下命令编辑 config-certmanager ConfigMap：

```
kubectl edit configmap config-certmanager --namespace knative-serving
```

②在 data 部分添加 issuerRef：

```
apiVersion: v1
kind: ConfigMap
metadata:
  name: config-certmanager
  namespace: knative-serving
  labels:
    networking.knative.dev/certificate-provider: cert-manager
data:
  issuerRef: |
    kind: ClusterIssuer
    name: letsencrypt-http01-issuer
```

③检查更新，确保引用成功：

```
kubectl get configmap config-certmanager --namespace knative-serving --output yaml
```

5）开启 TLS 自动配置。

更新 knative-serving 命名空间的 config-network ConfigMap，启用 autoTLS 并指定如何处理 HTTP 请求。

①使用以下命令编辑 config-network ConfigMap：

```
kubectl edit configmap config-network --namespace knative-serving
```

②在 data 部分添加 autoTLS: Enabled 属性：

```
apiVersion: v1
kind: ConfigMap
metadata:
  name: config-network
  namespace: knative-serving
data:
   ...
   autoTLS: Enabled
   ...
```

③在 httpProtocol 属性中配置如何处理 HTTP 和 HTTPS 请求。

默认情况下，将 Knative Ingress 配置为提供 HTTP 流量（httpProtocol：已启用）。现在，你的群集已配置为使用 TLS 证书并处理 HTTP 流量。

httpProtocol 支持的配置如下。

- Enabled：服务 HTTP 流量。
- Disabled：拒绝所有 HTTP 通信。
- Redirected：以 302 重定向来响应 HTTP 请求，使得客户端使用 HTTPS 连接。

```
apiVersion: v1
kind: ConfigMap
metadata:
  name: config-network
  namespace: knative-serving
data:
  ...
  autoTLS: Enabled
  ...
  httpProtocol: Redirected
  ...
```

④检查更新已确保成功：

```
kubectl get configmap config-network --namespace knative-serving --output yaml
```

6）验证 autoTLS。

①创建一个 Knative Service：

```
kubectl apply -f https://raw.githubusercontent.com/knative/docs/master/docs/
  serving/autoscaling/autoscale-go/service.yaml
```

②证书生成后，你应该看到类似以下的内容：

```
NAME           URL                               LATESTCREATED   LATESTREADY     READY   REASON
autoscale-go   https://autoscale-go.default.     autoscale-go-   autoscale-go-   True
               {custom-domain}                   6jf85           6jf85
```

现在，我们可以看到 Knative Service 的 URL 已经是 HTTPS 了。

7.4 运维相关配置

本节将介绍 Knative 在运维中经常会遇到的问题。在使用 Knative 开发应用时，我们需要使用私有容器镜像仓库来保存应用容器。本节将介绍配置私有容器镜像仓库的凭据。另外，本节还会介绍 Knative 部署中组件的高可用配置。这对于运维一个自托管的 Knative 集群是非常重要的。

7.4.1 从私有容器镜像仓库部署应用

出于安全考虑，在实际生产环境部署应用时，应用容器通常托管在私有容器镜像仓库中。我们需要一些配置实现从私有容器镜像仓库来部署应用。

为了使 Knative 服务和版本拥有私有容器镜像的访问权限，我们需要使用容器镜像仓库的凭据来创建一系列 Kubernetes Secret（imagePullSecret），并添加这些 imagePullSecret 到默认的 Service Account 中，然后将其配置到 Knative 所在集群。

配置凭据的步骤如下。

1）创建一个 imagePullSecret，其中包含容器镜像仓库的凭据。

```
kubectl create secret docker-registry [REGISTRY-CRED-SECRETS] \
  --docker-server=[PRIVATE_REGISTRY_SERVER_URL] \
  --docker-email=[PRIVATE_REGISTRY_EMAIL] \
  --docker-username=[PRIVATE_REGISTRY_USER] \
  --docker-password=[PRIVATE_REGISTRY_PASSWORD]
```

参数说明：

- [REGISTRY-CRED-SECRETS]：secret 名称（imagePullSecrets object），例如 container-registry。
- [PRIVATE_REGISTRY_SERVER_URL]：私有容器镜像仓库的 URL，例如 Google Container Registry 为 https://gcr.io/，DockerHub 为 https://index.docker.io/v1/。
- [PRIVATE_REGISTRY_EMAIL]：私有容器镜像仓库关联的 Email 地址。
- [PRIVATE_REGISTRY_USER]：私有容器镜像仓库的用户名。
- [PRIVATE_REGISTRY_PASSWORD]：私有容器镜像仓库的密码。

①创建 secret：

```
kubectl create secret docker-registry 'container-registry' \
  --docker-server=https://gcr.io/ \
  --docker-email=my-account-email@address.com \
  --docker-username=my-grc-username \
  --docker-password=my-gcr-password
```

②创建完成后，可通过以下命令查看 Secret：

```
kubectl get secret [REGISTRY-CRED-SECRETS] --output=yaml
```

2）将 imagePullSecrets 添加到默认命名空间默认的 Service Account 中。

以下命令用于修改默认的 Service Account，假设你的 Secret 名称是 container-registry，修改命令如下：

```
kubectl patch serviceaccount default -p "{\"imagePullSecrets\": [{\"name\":
  \"container-registry\"}]}"
```

现在，default 命名空间中所有新创建的 Pod 将包含凭据且有权访问私有容器镜像仓库中的容器镜像。

7.4.2　组件高可用配置

主动 / 被动高可用是 Kubernetes API 的标准功能，有助于确保在发生中断时 API 运行。在高可用性部署中，如果活动的控制器崩溃或被删除，另一个控制器可用于接管该控制器的 API 处理。

Knative 中的主动 / 被动高可用性是通过领导者选举模式实现的。该模式可以在安装完 Knative Serving 控制平面后打开。

使用领导者选举模式时，控制器实例在被需要前就已经在集群中被调度和运行。这些控制器实例使用一个共享资源，称为领导者选举锁。在任何给定时间，访问领导者选举锁的控制器实例称为领导者。

高可用性功能在 Knative 上适用的组件包括 Activator、Controller、Webhook、（可选）hpaautoscaler（如果使用 HPA autoscaler）、（可选）istiocontroller（如果使用 net-istio）、（可选）contour-ingress-controller（如果使用 net-contour）、（可选）kourier（如果使用 net-kourier）、（可选）nscontroller（如果使用通配符证书）、（可选）certcontroller（如果使用 net-certmanager）。

1. 开启领导者选举功能

注意：领导者选举功能当前仍处在开发中的 Alpha 阶段。

1）开启控制平面中控制器的领导者选举：

```
$ kubectl patch configmap/config-leader-election \
  --namespace knative-serving \
  --type merge \
  --patch '{"data":{"enabledComponents": "controller,contour-ingress-controller,
    hpaautoscaler,certcontroller,istiocontroller,net-http01,nscontroller,
    webhook"}}'
```

2）重启控制器：

```
$ kubectl rollout restart deployment <deployment-name> -n knative-serving
```

注意：在这一步中，控制平面会有一段临时的停机时间。当控制器恢复正常运行时，它们应该以领导者选举模式运行。至此，我们已经将控制器配置为使用领导者选举模式，并且控制平面可以扩展成多实例了。

3）控制器配置成使用领导者选举模式后，控制平面可以进行多实例扩展。

```
$ kubectl -n knative-serving scale deployment <deployment-name> --replicas=2
```

2. 扩展控制平面

领导者选举模式一旦开启，以下的 Serving 控制器将可以进行扩展：

标准控制器包括 Controller、Webhook。

可选安装的控制器包括 autoscaler-hpa、contour-ingress-controller、networking-istio、networking-ns-cert、networking-certmanager、3scale-kourier-control (in kourier-system)。

扩展部署示例：

```
$ kubectl -n knative-serving scale deployment <deployment-name> --replicas=2
```

设置 --replicas 值为 2，表示开启高可用功能。如果需要更多副本的场景，你可以使用更大的值。例如，如果你需要最少 3 个控制器实例，则设置 --replicas 值为 3。设置 --replicas=1，则表示关闭高可用功能。

7.5 本章小结

本章讲述了 Knative 对 Serverless 应用编排的精细控制，诸如扩缩容策略的定制，还详细介绍了服务路由相关的全局配置，通过配置网关使用 TLS 证书实现网络传输安全，根据使用场景的需求开启私有容器镜像仓库以及管理组件的高可用配置。这些内容有助于你深入地理解 Knative 的各项能力。

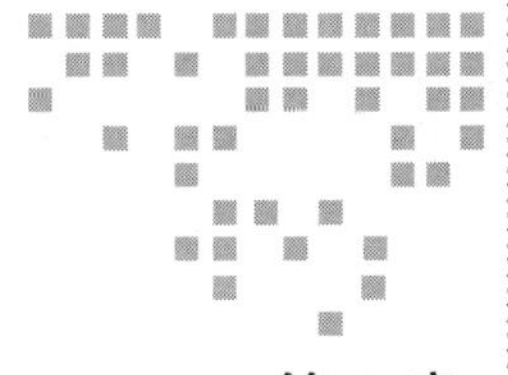

第 8 章 Chapter 8

日志中心

本章将介绍 Kubernetes 平台上的日志中心解决方案 EFK（Elasticsearch+Fluentd+Kibana）在 Knative 平台的应用，包括应用日志格式定义以及 Fluentd、Kibana 的相关配置和使用方法等。通过此日志解决方案，我们可以实时采集并分析 Serverless 工作负载的日志数据。

8.1 基于 EFK 的日志中心解决方案

8.1.1 EFK 基础功能介绍

目前，EFK 是 Kubernetes 生态中成熟的日志收集分析解决方案。通常，我们把 EFK 搭建在 Kubernetes 集群中。Elasticsearch 负责日志的存储，Fluentd 负责日志的采集及推送，Kibana 负责通过 Web UI 展示 Elasticsearch 中存储的日志，并通过对日志数据的搜索和筛选帮助运维和开发人员精准地完成故障定位及性能评估等工作。

8.1.2 应用日志格式说明

本章使用的应用服务运行环境为 LNMP，其中 Nginx 与 PHP FPM FastCGI 在同一个容器内，且 Nginx 日志配置为 JSON 格式。Nginx 日志格式配置如下：

```
log_format json '{"@timestamp":"$time_iso8601",'
                '"clientip":"$server_addr",'
                '"size":"$body_bytes_sent",'
                '"responsetime":"$request_time",'
                '"upstreamtime":"$upstream_response_time",'
```

```
                    '"upstreamhost":"$upstream_addr",'
                    '"http_host":"$host",'
                    '"protocol":"$scheme",'
                    '"url":"$request_uri",'
                    '"xff":"$proxy_add_x_forwarded_for",'
                    '"referer":"$http_referer",'
                    '"agent":"$http_user_agent",'
                    '"request":"$request",'
                    '"status":"$status"}';
```

注意：如果 Nginx 日志非 JSON 格式，需在 Fluentd 配置文件中通过 Nginx 插件进行解析。

Fluentd 采集的 Nginx 日志输出格式如下：

```
{
  "log": "{"@timestamp":"2020-05-08T09:50:45+08:00","clientip":...}",
  "stream": "stdout",
  "time": "2020-05-08T01:50:45.356385974Z"
}
```

8.1.3 添加 Fluentd 配置

存储到 Elasticsearch 中的日志字段类型默认为字符串，而我们在 Kibana 上创建 Visualize 时对 Nginx 日志中的 $request_time、$upstream_response_time、$upstream_addr 时间统计字段需要的类型为 number。我们可以通过以下命令向 fluentd-ds-config 中添加配置来改变相关字段的类型：

```
# kubectl -n knative-monitoring edit cm fluentd-ds-config
    <filter kubernetes.var.log.containers.wp-*user-container-*.log>
      @type parser
      key_name log
      reserve_data true
      <parse>
        @type json
        # 因 Nginx 输出日志为 JSON 格式，所以这里调用 JSON 插件解析日志，并将 responsetime、
          upstreamtime 字段解析为浮点型（float），size 与 status 字段解析为整数型。
        types responsetime:float,upstreamtime:float,size:integer,status:integer
        time_format %d/%b/%Y:%H:%M:%S %z
      </parse>
    </filter>
```

添加完以上配置后，需要删除 Elasticsearch 中当天已创建的索引（如 logstash-2020.05.05），然后重启所有节点上的 Fluentd Pod，使配置生效。重启完成后，Fluentd 向 Elasticsearch 中推送日志时会重新创建当天的索引。接下来，我们可以通过 Kibana UI 查看 Management 中的 Kibana Index Pattern，确认字段类型已变更。

8.1.4 配置Kibana索引模式

Fluentd成功收集日志并将其推送到Elasticsearch后，会创建一个以logstash开头且以时间结尾的索引名称（例如logstash-2020.05.05）。该索引以天为单位滚动生成。我们在第一次访问Kibana Web UI时需要配置索引模式，如图8-1所示。

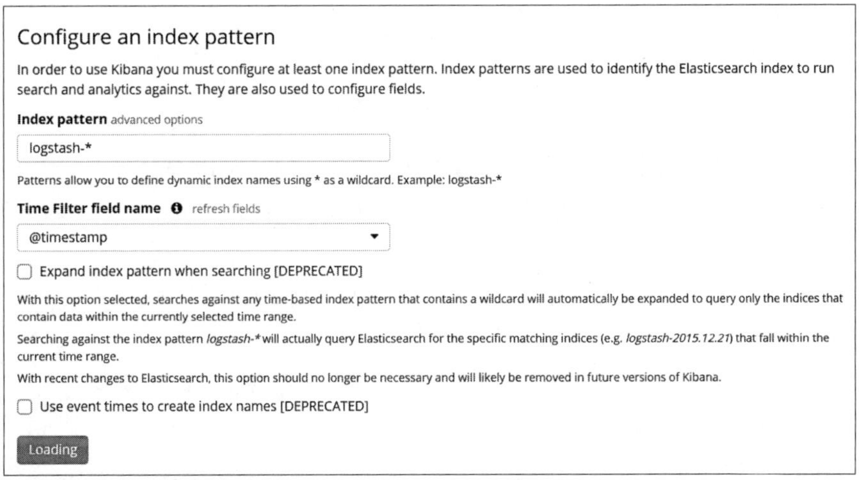

Configure an index pattern

In order to use Kibana you must configure at least one index pattern. Index patterns are used to identify the Elasticsearch index to run search and analytics against. They are also used to configure fields.

Index pattern advanced options

logstash-*

Patterns allow you to define dynamic index names using * as a wildcard. Example: logstash-*

Time Filter field name refresh fields

@timestamp

Expand index pattern when searching [DEPRECATED]

With this option selected, searches against any time-based index pattern that contains a wildcard will automatically be expanded to query only the indices that contain data within the currently selected time range.

Searching against the index pattern *logstash-** will actually query Elasticsearch for the specific matching indices (e.g. *logstash-2015.12.21*) that fall within the current time range.

With recent changes to Elasticsearch, this option should no longer be necessary and will likely be removed in future versions of Kibana.

Use event times to create index names [DEPRECATED]

Loading

图8-1 配置索引

8.1.5 数据搜索展示

在Kibana UI上搜索和筛选数据需要使用一些简单的Lucene查询语法，例如通过字段搜索（title:kapi）。Lucene查询语法非常简单，需要读者自行学习，本节不再过多讲述Lucene查询语法。

如何对Kubernetes集群中大量的Pod容器进行日志数据的搜索和筛选呢？在Fluentd收集日志时，kubernetes_metadata插件过滤器会通过Pod和命名空间的元数据来丰富日志信息的记录。Fluentd收集的每条日志都会携带源Pod信息和命名空间相关信息，我们可以通过此类信息在Kibana UI上进行筛选和分类。通常在Kubernetes集群上运行各类服务时，我们会通过自定义Label对所部署的服务进行分类，这样在运维过程中可以通过Label快速搜索到相关服务。

图8-2是通过Pod Label在Kibana UI上快速搜索到相关服务的所有日志信息。

8.1.6 创建可视化图表

为了向用户友好地展示实时的日志信息，我们需要在Kibana UI中创建各类数据图表。本节将演示如何通过Nginx日志创建几个常用的图表。在实际使用场景中，我们可根据自身业务的需求创建相应的数据图表进行分析和监控。

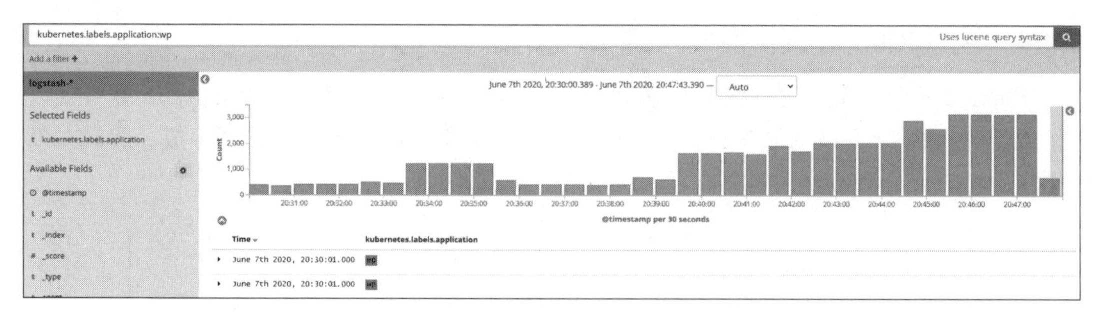

图 8-2　按 Pod Label 搜索日志

接下来，我们将创建 Nginx 每分钟 QPS 图表、用户请求时间图表、程序响应时间图表、HTTP STATUS 图表、Pod 接收请求百分比图表来展示 EFK 在 Kubernetes 和 Knative 中的应用。

创建 Nginx 每分钟 QPS 图表：点击 Kibana UI 左侧分类栏中的“Visualize”，选择“创建新图表”，然后选择“Area Chart”，最后选择数据索引（如 logstash-*）。这时，我们可以通过搜索栏来筛选数据，通过 metrics 和 buckets 来画图，如图 8-3 所示。

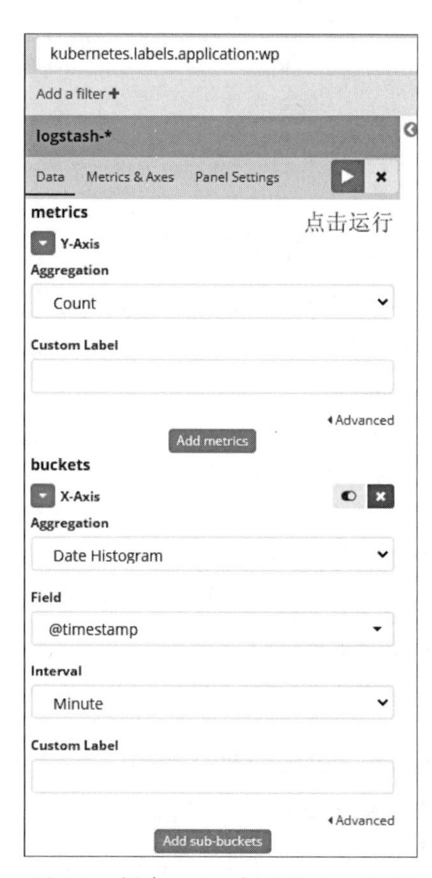

图 8-3　创建 Nginx 每分钟 QPS 图表

创建用户请求时间图表：点击 Kibana UI 左侧分类栏中的“Visualize”，选择“创建新图表”，然后选择“Line Chart”，最后选择数据索引（如 logstash-*）。这时，我们可以通过搜索栏来筛选数据，通过 metrics 和 buckets 来画图，如图 8-4 所示。

创建程序响应时间图表：点击 Kibana UI 左侧分类栏中的“Visualize”，选择“创建新图表”，然后选择“Line Chart”，最后选择数据索引（如 logstash-*）。这时，我们可以通过搜索栏来筛选数据，通过 metrics 和 buckets 来画图，如图 8-5 所示。

创建 HTTP status 图表：点击 Kibana UI 左侧分类栏中的“Visualize”，选择“创建新图表”，然后选择“Pie Chart”，最后选择数据索引（如 logstash-*）。这时，我们可以通过搜索栏来筛选数据，通过 metrics 和 buckets 来画图，如图 8-6 所示。

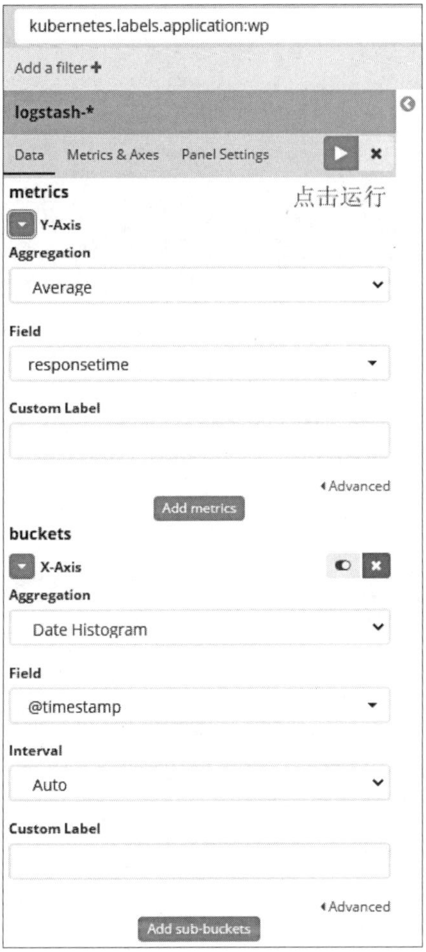

图 8-4 创建用户请求时间图表

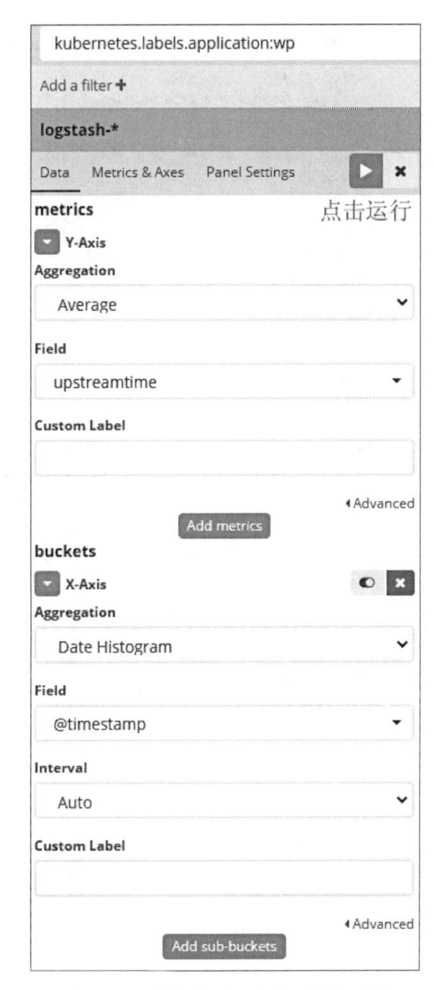

图 8-5 创建程序响应时间图表

创建 Pod 接收请求处理百分比图表：点击 Kibana UI 左侧分类栏中的“Visualize”，选择“创建新图表”，然后选择“Pie Chart”，最后选择数据索引（如 logstash-*）。这时，我们可以通过搜索栏来筛选数据，通过 metrics 和 buckets 来画图，如图 8-7 所示。

以上图表创建完成后，我们会在 Visualize 中看到以下内容，如图 8-8 所示。

8.1.7 创建仪表盘

创建完图表后，为了统一展示各图表的数据，我们可以选择自定义仪表盘。首先点击 Kibana UI 左侧分类栏中的“Dashboard”，选择“Create Dashboard”，然后点击现有的图表，将其加入到仪表盘中。这里，我们选择使用黑色背景主题（勾选上方分类栏 Options 中的“Use dark theme”）。创建完成后的仪表盘如图 8-9 所示。

图 8-6 创建 HTTP status 图表

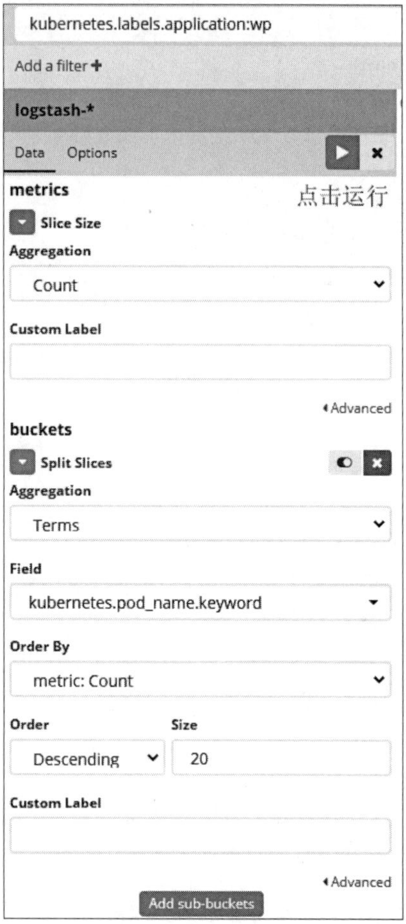

图 8-7 创建 Pod 接收请求百分比图表

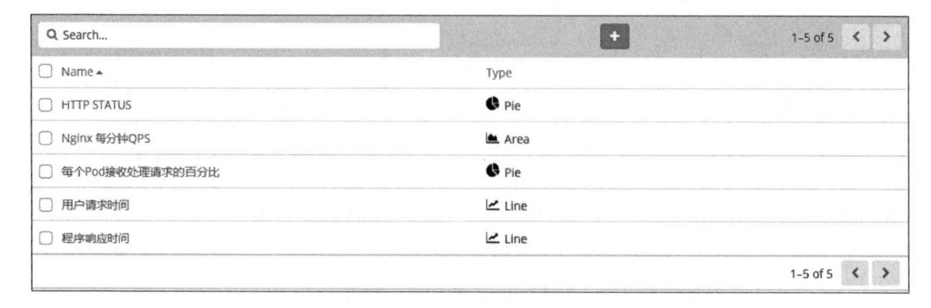

图 8-8 现有图表展示

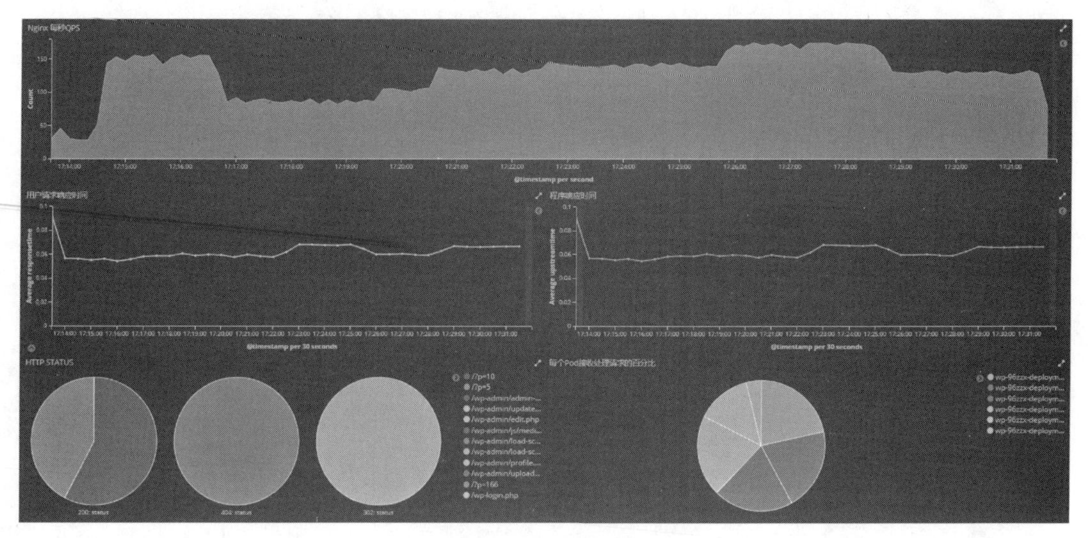

图 8-9 仪表盘展示

至此，我们使用 Knative 平台上的应用日志创建了一个常用的仪表盘。更加复杂、多样化的监控图表需要用户根据实际业务需求来创建。

8.2 本章小结

EFK（Elasticsearch+Fluentd+Kibana）方案是 Kubernetes 平台理想的日志采集分析解决方案。Knative 的可观察性插件中提供的也是 EFK 方案。本章基于 LNMP 环境，介绍了日志格式的定义、Fluentd 相关配置、Kibana 中可视化图表以及仪表盘的创建流程。读者可以将其作为其他类型应用接入 EFK 的参考。

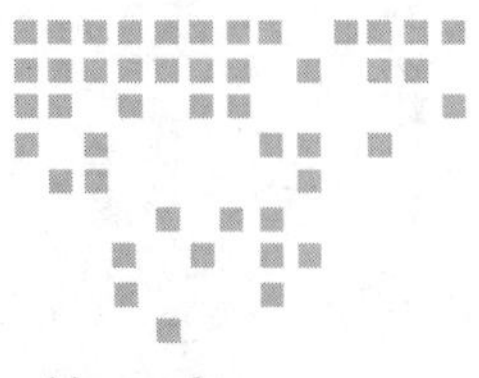

Chapter 9 第9章

监控报警平台

本章主要介绍监控报警平台Prometheus和Grafana在Knative平台的应用，以及Knative Serving相关指标的仪表盘。通过Prometheus和Grafana，我们可以直观地观察到Knative的内部运行情况，同时也可以观察到应用相关的性能指标。

9.1 基于Prometheus和Grafana的监控报警平台

Knative为用户提供了可观察性插件，比如使用Prometheus和Grafana进行指标收集与展示，便于用户查看Knative上应用的运行状况。本节将介绍Prometheus、Grafana仪表盘以及Knative相关的运行指标。

9.1.1 Prometheus

Prometheus是基于时间序列的开源监控告警系统。它使用时间序列数据库存储，支持4种指标类型：Counter（计数型）、Gauge（测量型）、Histogram（直方图）、Summary（摘要型）。

Knative可观察性插件中的Prometheus安装在knative-monitoring命名空间。prometheus.yml监控配置文件通过Kubernetes ConfigMap挂载到Prometheus所在容器内。我们可通过修改ConfigMap资源中的prometheus-scrape-config进行配置，配置示例如下：

```
# kubectl edit cm prometheus-scrape-config
apiVersion: v1
data:
```

```
prometheus.yml: |-
  global:
    scrape_interval: 30s
    scrape_timeout: 10s
    evaluation_interval: 30s
  scrape_configs:
  - job_name: autoscaler
    scrape_interval: 3s
    scrape_timeout: 3s
    kubernetes_sd_configs:
    - role: pod
    relabel_configs:
    - source_labels: [__meta_kubernetes_namespace, __meta_kubernetes_pod_
      label_app, __meta_kubernetes_pod_container_port_name]
      action: keep
      regex: knative-serving;autoscaler;metrics
    - source_labels: [__meta_kubernetes_namespace]
      target_label: namespace
    - source_labels: [__meta_kubernetes_pod_name]
      target_label: pod
    - source_labels: [__meta_kubernetes_service_name]
      target_label: service
    ...
```

成功安装 Prometheus 后，我们可以通过 Kubernetes 的 NodePort 或 Ingresses 对外暴露访问入口，然后从 Prometheus UI 界面进入分类栏中的“Status”，选择“Configuration”可以看到 Prometheus 抓取的相关配置，如图 9-1 所示。

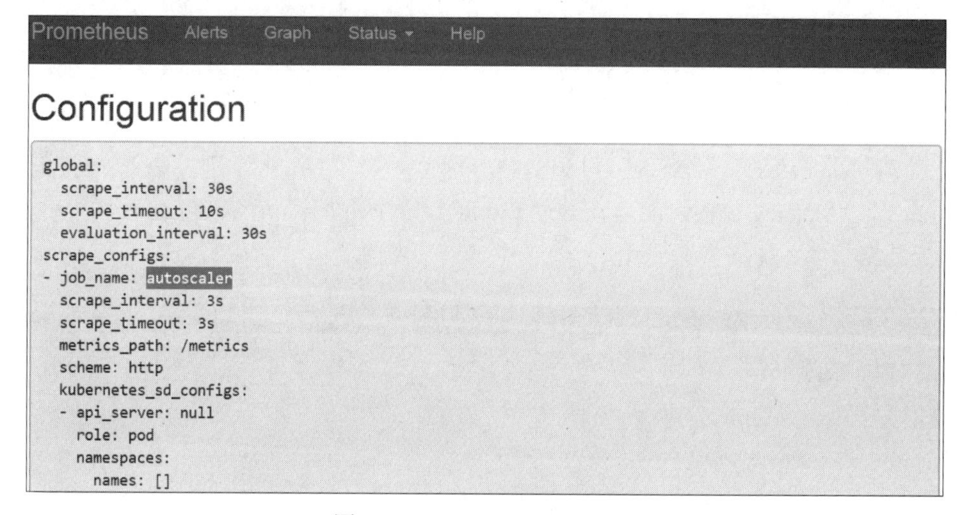

图 9-1　Prometheus 配置展示

选择“Targets”可查看 Prometheus 抓取的 Targets 信息，如图 9-2 所示。

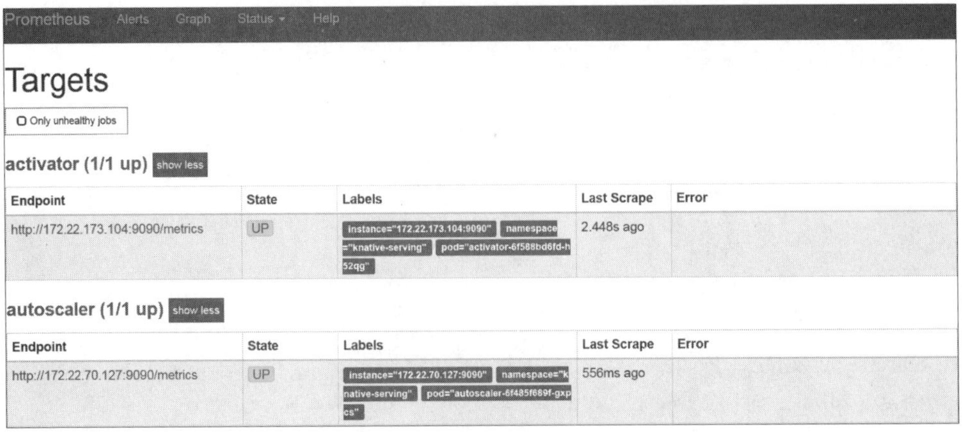

图 9-2 Prometheus 抓取的 Targets 信息

通过访问 URL 可查看抓取的应用指标信息，如图 9-3 所示。

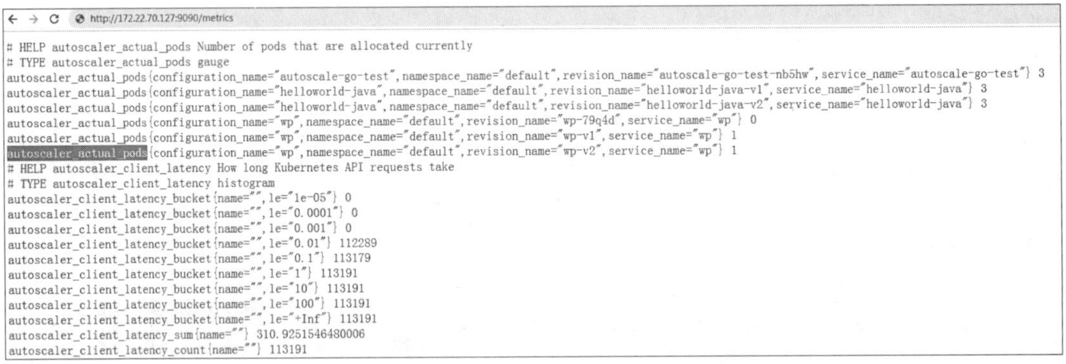

```
http://172.22.70.127:9090/metrics

# HELP autoscaler_actual_pods Number of pods that are allocated currently
# TYPE autoscaler_actual_pods gauge
autoscaler_actual_pods{configuration_name="autoscale-go-test",namespace_name="default",revision_name="autoscale-go-test-nb5hw",service_name="autoscale-go-test"} 3
autoscaler_actual_pods{configuration_name="helloworld-java",namespace_name="default",revision_name="helloworld-java-v1",service_name="helloworld-java"} 3
autoscaler_actual_pods{configuration_name="helloworld-java",namespace_name="default",revision_name="helloworld-java-v2",service_name="helloworld-java"} 3
autoscaler_actual_pods{configuration_name="wp",namespace_name="default",revision_name="wp-79q4d",service_name="wp"} 0
autoscaler_actual_pods{configuration_name="wp",namespace_name="default",revision_name="wp-v1",service_name="wp"} 1
autoscaler_actual_pods{configuration_name="wp",namespace_name="default",revision_name="wp-v2",service_name="wp"} 1
# HELP autoscaler_client_latency How long Kubernetes API requests take
# TYPE autoscaler_client_latency histogram
autoscaler_client_latency_bucket{name="",le="1e-05"} 0
autoscaler_client_latency_bucket{name="",le="0.0001"} 0
autoscaler_client_latency_bucket{name="",le="0.001"} 0
autoscaler_client_latency_bucket{name="",le="0.01"} 112289
autoscaler_client_latency_bucket{name="",le="0.1"} 113179
autoscaler_client_latency_bucket{name="",le="1"} 113191
autoscaler_client_latency_bucket{name="",le="10"} 113191
autoscaler_client_latency_bucket{name="",le="100"} 113191
autoscaler_client_latency_bucket{name="",le="+Inf"} 113191
autoscaler_client_latency_sum{name=""} 310.9251546480006
autoscaler_client_latency_count{name=""} 113191
```

图 9-3 应用指标信息

查看到相关指标后，我们还可以选择分类栏中的“Graph”进入表达式查询界面。Prometheus 采用 PromQL 查询语言，通过 PromQL 语法对指标信息进行过滤，而后输出相应的监控数据信息，如图 9-4 所示。

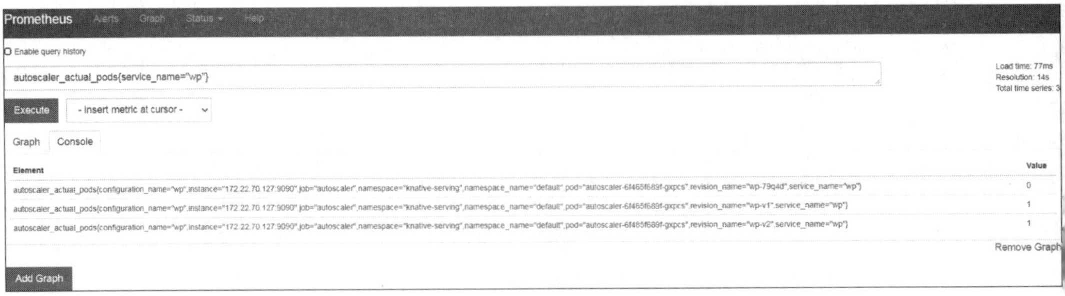

图 9-4 过滤监控数据信息

Prometheus 虽然提供了可视化功能，但通常只用于调试阶段。在可视化方面，我们采用更强大的 Grafana。这需要把 Prometheus 指标数据计算表达式配置到 Grafana 中，以此完成可视化图表的生成与展示。

9.1.2　Grafana

目前，Grafana 是最流行的开源可视化分析工具之一，可实现查询、可视化、告警等功能，拥有非常丰富的插件库供用户在图形面板、数据源等方面选择使用。

Grafana 支持不同的数据源，包括 Prometheus、Graphite、OpenTSDB、InfluxDB、Loki、Elasticsearch、MySQL、PostgreSQL、Microsoft SQL Server 等。因为每个数据源的查询语言和功能各不相同，所以每个数据源都有一个特定的查询编辑器。

Knative 通过 Grafana 来展示 Prometheus 中的监控数据。Knative 官方提供了 15 个仪表盘，其中 5 个为 Knative 相关资源仪表盘，剩余 10 个为 Kubernetes 相关资源仪表盘。在安装 Grafana 后，这些仪表盘将通过 ConfigMap 方式存储于 knative-monitoring 命名空间。

9.2　Knative 仪表盘

目前，Knative 提供了多个 Serving 组件相关资源监控指标的 Grafana 仪表盘。下面将会分别介绍每个仪表盘的主要功能。

1. 协调器

协调器（Reconciler）仪表盘展示了各协调器的协调次数和延迟。我们可以通过观察协调次数来评估相关应用服务是否频繁伸缩或变更配置等。

协调器仪表盘中的各协调器如表 9-1 所示。

表 9-1　协调器列表

协调器	描述
reconciler-configuration.Reconciler	Configuration 协调器
reconciler-gc.reconciler	gc 协调器
reconciler-labeler.Reconciler	labeler 协调器
reconciler-route.Reconciler	route 协调器
reconciler-service.Reconciler	service 协调器
reconciler-revision.Reconciler	revision 协调器
reconciler-serverlessservice.reconciler	serverlessservice 协调器

协调器仪表盘可视化图表如图 9-5 所示。

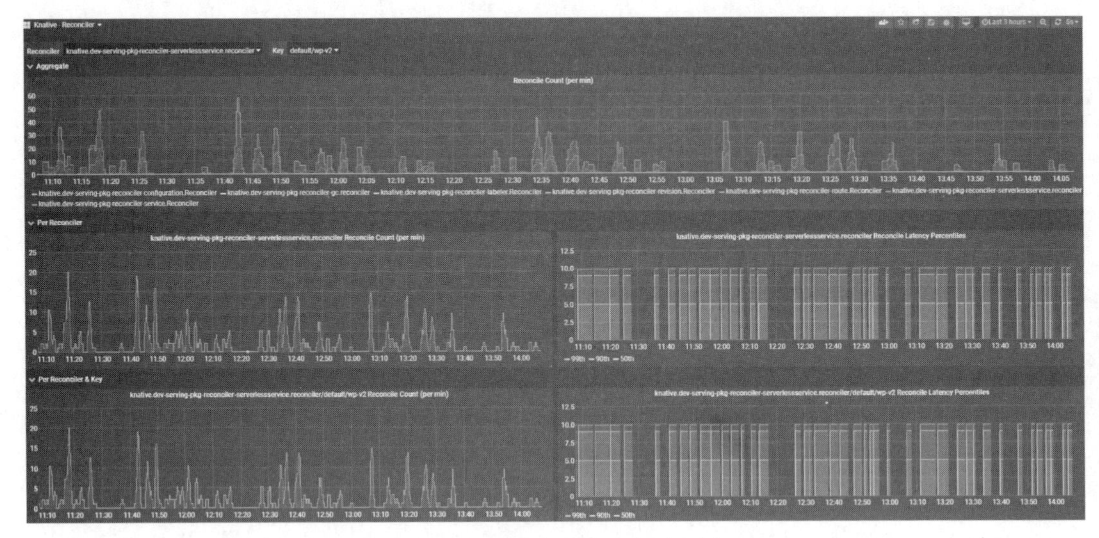

图 9-5 协调器仪表盘可视化图表

2. 控制平面效能

控制平面效能仪表盘已经按命名空间进行分类。Knative 相关的 knative-serving、istio-system、kube-system、kube-public、knative-monitoring 等命名空间属于控制平面。接下来，我们会以控制平面和数据平面展开介绍。

控制平面效能仪表盘使用 cAdvisor 指标进行绘图，主要展示控制平面中每个命名空间的 CPU、内存总使用量和控制平面、数据平面的 CPU、内存总使用量。如果用户想把某些命名空间从数据平面中剔除，可自行简单修改。如果想把 kubernetes-dashboard 命名空间从数据平面中剔除，只需修改"Control Plane vs Data Plane CPU Usage"和"Control Plane vs Data Plane Memory Usage"图表中的 A 查询语句即可，修改语句如下：

```
Control Plane vs Data Plane CPU Usage 图表:
sum(rate(container_cpu_usage_seconds_total{namespace!~"knative-serving|
  knative-monitoring|istio-system|kube-system|kube-public|kubernetes-
  dashboard|^$"}[1m]))

Control Plane vs Data Plane Memory Usage 图表:
sum(container_memory_usage_bytes{namespace!~"knative-serving|knative-
  monitoring|istio-system|kube-system|kube-public|kubernetes-dashboard|^$"})
```

控制平面效能仪表盘整体可视化图如图 9-6 所示。

3. 修订版的 CPU 和内存利用

修订版的 CPU 和内存利用仪表盘使用 cAdvisor 指标进行绘图。通过 Configuration 进行筛选，展示 Pod 内所有容器的 CPU 和内存使用量。如果应用启用了 Istio Sidecar，每个 Pod 中会有 istio-proxy（Istio 代理容器）、queue-proxy（Knative 代理容器）、user-container

（业务容器）三个容器。仪表盘会向用户展示这些容器的 CPU 与内存资源使用情况。我们可根据此图表对相关容器资源消耗进行分析，对业务资源进行相关调优，如图 9-7 所示。

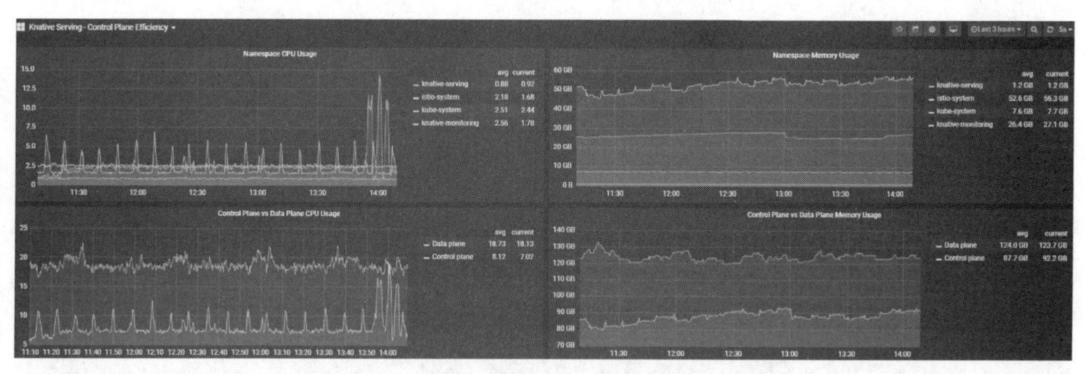

图 9-6　控制平面效能仪表盘整体可视化图

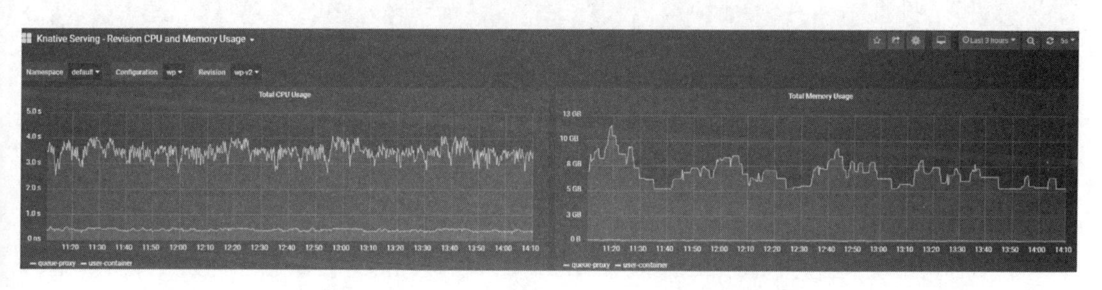

图 9-7　版本的 CPU 和内存利用仪表盘可视化图

4. 修订版的 HTTP 请求

修订版的 HTTP 请求仪表盘中使用的指标由 queue-proxy 容器提供。queue-proxy 容器主要负责流量代理转发、健康检测、提供请求数据指标等，随 user-container 容器并存于同一个 Pod 中。当一个应用服务的 Pod 创建成功后，Prometheus 会根据源标签匹配连接 Pod 中的 queue-proxy 容器，收集 Pull 指标。当 Pod 被销毁时，此连接也会随之销毁。相关 Pod 中 queue-proxy 的连接状态，如图 9-8 所示。

queue-proxy (10/10 up) show less

Endpoint	State	Labels	Last Scrape
http://172.22.12.14:9091/metrics	UP	instance="172.22.12.14:9091" namespace="default" pod="wp-v2-deployment-6f78d58688-47n4w"	2.784s ago
http://172.22.12.6:9091/metrics	UP	instance="172.22.12.6:9091" namespace="default" pod="wp-v1-deployment-77b8bf6c96-smd7c"	1.692s ago

图 9-8　相关 Pod 中 queue-proxy 的连接状态

通过此仪表盘可以观察到不同修订版之间的流量和延迟差异。该仪表盘直观地展示了每个修订版的请求数量和响应时间、HTTP 响应码，如图 9-9 所示。

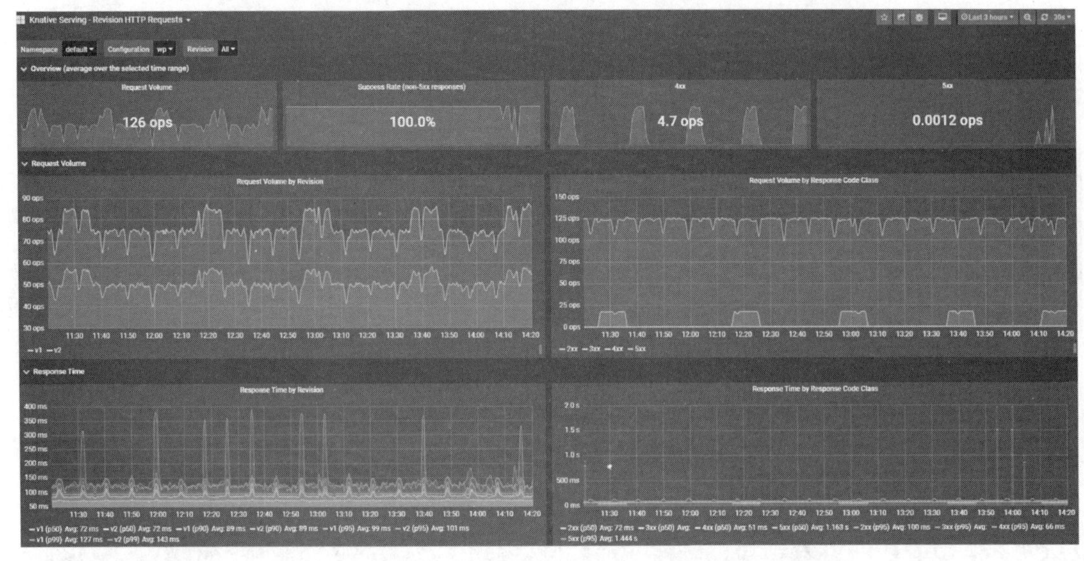

图 9-9　修订版的 HTTP 请求仪表盘

5. 扩缩容调试

扩缩容调试仪表盘可以帮助用户观察 Knative 弹性伸缩的运行状态。例如，服务在运行过程中自动增加的 Pod 数量，在负载停止后对 Pod 数量自动缩容为零等动作都可以通过此仪表盘观察到，详情如下。

（1）修订版的 Pod 统计

该仪表盘提供了修订版的 Pod 运行状态的统计以及并发请求数等信息。我们可以通过观察修订版的 Pod 统计图表知晓当前修订版的 Pod 伸缩数量及状态，并通过观察请求数图表了解此修订版的平均并发请求，如图 9-10 所示。

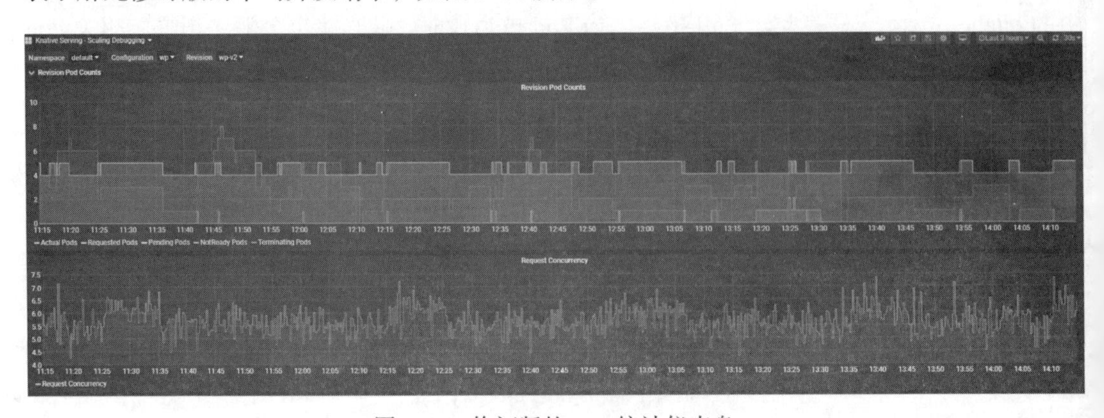

图 9-10　修订版的 Pod 统计仪表盘

（2）资料使用

该仪表盘提供了 Knative Serving 组件每个版本的 CPU 和内存资源限制、请求、使用率等指标，如图 9-11 所示。

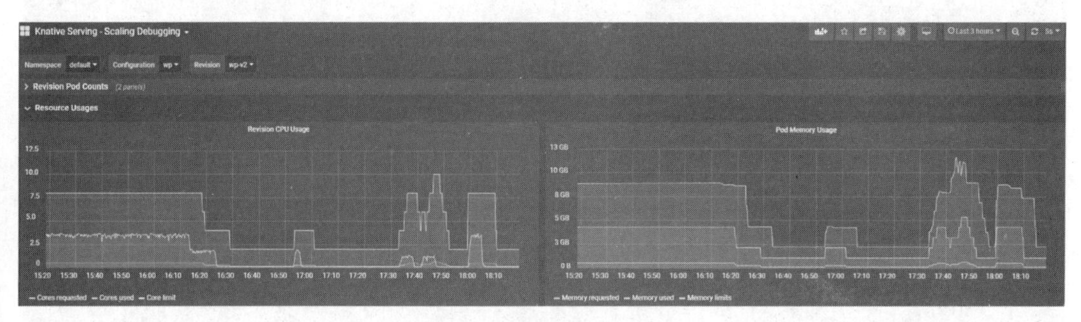

图 9-11　资源使用图表

（3）Autoscaler 指标

该仪表盘提供了有关 Knative Serving Autoscaler 的指标，包括分配的 Pod 数量、在稳定或恐慌模式下的请求并发数、当前处于稳定模式还是恐慌模式等信息，如图 9-12 所示。

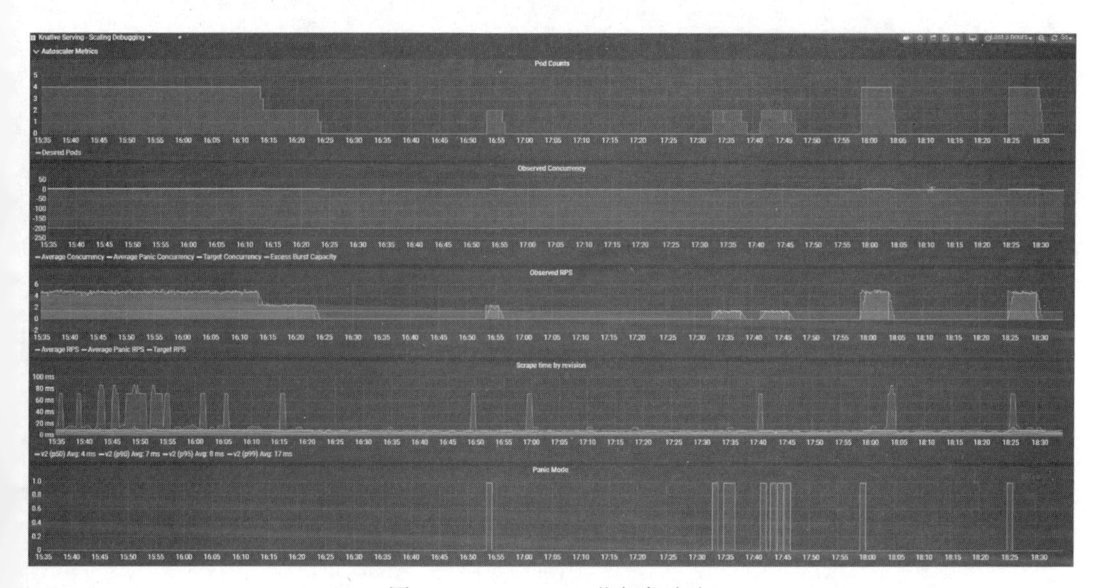

图 9-12　Autoscaler 指标仪表盘

（4）Activator 指标

该仪表盘提供了 Knative Serving Activator 的相关指标，包括响应状态码、Pod 从 0 到 1 所需的响应时间、请求并发数等信息，如图 9-13 所示。

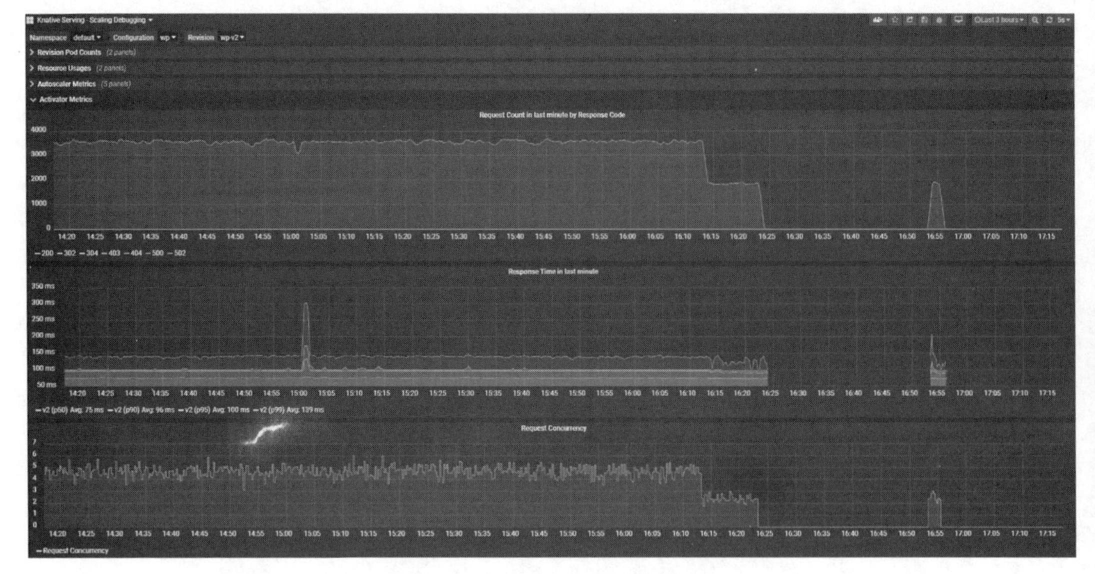

图 9-13　Activator 指标仪表盘

9.3　本章小结

Prometheus 和 Grafana 是 Knative 重要的可观察性插件。目前，Knative 只提供了 Serving 相关资源监控指标的仪表盘，在监控方面还有待进一步完善。Knative Serving 是建立在 Kubernetes 和 Istio 之上的，因此其他监控指标可以依托 Kubernetes 和 Istio 来完成。Knative 的未来版本在监控方面会更着重于将 OpenTelemetry 与现有监控进行集成。

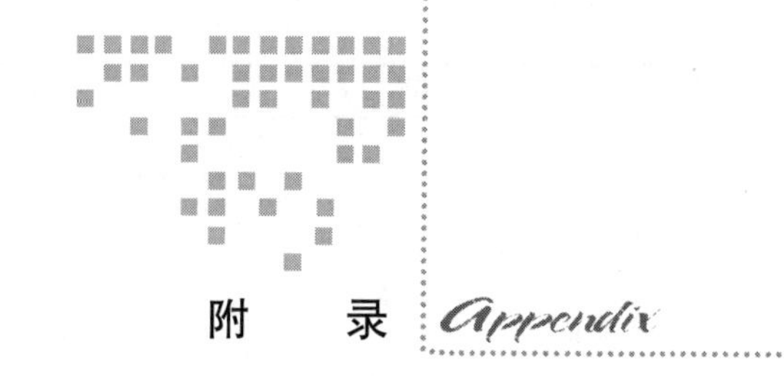

附录部分收录了完整的 Knative API 参考文档，方便开发者在使用过程中查阅。

A.1 Eventing API

A.1.1 eventing.knative.dev/v1

其资源类型包含 Broker 和 Trigger。

1. Broker

Broker 收录了触发器可消费的事件池。Broker 为事件传递提供了明确的端点，发送方可以在不了解事件路由策略的情况下使用它们。接收者使用触发器将事件从 Broker 的事件池传递到特定的 URL 或可寻址的端点。

字段	描述
apiVersion string	eventing.knative.dev/v1
kind string	Broker
metadata Kubernetes meta/v1.ObjectMeta	（可选项）参考 Kubernetes API 文档关于 metadata 字段相关的内容

（续）

<table>
<tr><th>字段</th><th colspan="2">描述</th></tr>
<tr><td rowspan="3">spec
BrokerSpec</td><td colspan="2">spec 定义了 Broker 的目标状态</td></tr>
<tr><td>config
knative.dev/pkg/apis/duck/v1.KReference</td><td>（可选项）
config 字段指向配置信息的 KReference 对象，该对象指定了此 Broker 的配置选项。例如，它可能是指向 ConfigMap 的指针</td></tr>
<tr><td>delivery
DeliverySpec</td><td>（可选项）
delivery 字段表示 Broker 网格内的事件交付规范，包括重试、DLQ 等</td></tr>
<tr><td>status
BrokerStatus</td><td colspan="2">（可选项）
status 字段表示 Broker 当前的状态，该数据有可能是过期的</td></tr>
</table>

（1）BrokerSpec

（出现在 Broker 中）

字段	描述
config knative.dev/pkg/apis/duck/v1.KReference	（可选项） config 字段指向配置信息的 KReference 对象，该对象指定了此 Broker 的配置选项。例如，它可能是指向 ConfigMap 的指针
delivery DeliverySpec	（可选项） delivery 字段表示 Broker 网格内事件的交付规范，包括重试、DLQ 等

（2）BrokerStatus

（出现在 Broker 中）

BrokerStatus 表示 Broker 当前的状态。

字段	描述
Status knative.dev/pkg/apis/duck/v1.Status	（Status 的成员会被嵌入当前类型） 继承了 duck/v1 的 Status，当前提供了 ObservedGeneration：控制器最后处理的服务的 Generation；Conditions：资源当前状态的最新可用性观测值
address knative.dev/pkg/apis/duck/v1.Addressable	Broker 是可寻址的。它以 URI 的形式暴露端点（Endpoint），并以此获取传递的事件，进入代理网格

2. Trigger

Trigger 代表一个将事件从 Broker 的事件池中传递给消费者的请求。

<table>
<tr><th>字段</th><th colspan="2">描述</th></tr>
<tr><td>apiVersion
string</td><td colspan="2">eventing.knative.dev/v1
API 版本</td></tr>
<tr><td>kind
string</td><td colspan="2">Trigger</td></tr>
<tr><td>metadata
Kubernetes meta/v1.ObjectMeta</td><td colspan="2">（可选项）参考 Kubernetes API 文档关于 metadata 字段相关的内容</td></tr>
<tr><td rowspan="4">spec
TriggerSpec</td><td colspan="2">Spec 定义了触发器的目标状态</td></tr>
<tr><td>broker
string</td><td>Broker 是当前触发器接收事件的代理。如果未指定，则默认为 default</td></tr>
<tr><td>filter
TriggerFilter</td><td>（可选项）
Filter 是适用于来自代理的所有事件的过滤器，仅将通过此过滤器的事件发送到订阅者。如果未指定，则默认为允许所有事件发送到订阅者</td></tr>
<tr><td>subscriber
knative.dev/pkg/apis/duck/v1.Destination</td><td>（必填项）
Subscriber 是可寻址的对象，它从代理接收通过过滤器的事件</td></tr>
<tr><td>status
TriggerStatus</td><td colspan="2">（可选项）
status 字段表示触发器当前的状态，这些数据有可能是过期的</td></tr>
</table>

（1）TriggerFilter

（出现在 TriggerSpec 中）

字段	描述
attributes TriggerFilterAttributes	（可选项） Attributes 通过事件上下文属性精确匹配来过滤事件，将映射中的每个 key 与事件上下文中相同的 key 进行比较。如果所有值均等于指定值，则事件通过过滤器。其不支持将嵌套的上下文属性作为 key，仅支持字符串值

（2）TriggerFilterAttributes (map[string]string alias)

（出现在 TriggerFilter 中）

TriggerFilterAttributes 是上下文属性名称到值的映射，通过检查是否与事件属性相等的方式进行过滤。只有完全匹配的内容，才能通过过滤器。可以使用值空字符串表示所有字符串匹配。

（3）TriggerSpec

（出现在 Trigger 中）

字段	描述
broker string	Broker 是当前触发器从其接收事件的代理。如果未指定，则默认为 default
filter TriggerFilter	（可选项） Filter 适用于来自代理的所有事件，仅将通过此过滤器的事件发送到订阅者。如果未指定，则默认为允许所有事件发送到订阅者
subscriber knative.dev/pkg/apis/duck/v1.Destination	（必填项） Subscriber 是可寻址的对象，它从代理接收通过过滤器的事件

（4）TriggerStatus

（出现在 Trigger 中）

TriggerStatus 表示 Trigger 当前的状态信息。

字段	描述
Status knative.dev/pkg/apis/duck/v1.Status	（Status 的成员会被嵌入当前类型） 继承了 duck/v1 的 Status，当前提供了 ObservedGeneration：控制器最后处理的服务的 Generation；Condition：资源当前状态的最新可用性观测值
subscriberUri knative.dev/pkg/apis.URL	SubscriberURI 是此触发器接收者已解析的 URI

A.1.2 flows.knative.dev/v1

其资源类型包括 Parallel 和 Sequence。

1. Parallel

Parallel 定义了条件分支，这些分支将通过渠道和订阅进行串联连接。

<table>
<tr><th>字段</th><th colspan="2">描述</th></tr>
<tr><td>metadata
Kubernetes meta/v1.ObjectMeta</td><td colspan="2">（可选项）参考 Kubernetes API 文档关于 metadata 字段相关的内容</td></tr>
<tr><td rowspan="4">spec
ParallelSpec</td><td colspan="2">Spec 定义了 Parallel 的目标状态</td></tr>
<tr><td>branches
[]ParallelBranch</td><td>Branche 是 Filter/Subscriber 对的列表</td></tr>
<tr><td>channelTemplate
ChannelTemplateSpec</td><td>（可选项）
channelTemplate 字段指定要使用的 Channel CRD。如果未指定，则将其设置为命名空间的默认 Channel CRD（或集群默认 Channel CRD，如果命名空间没有默认值）</td></tr>
<tr><td>reply
knative.dev/pkg/apis/duck/v1.Destination</td><td>（可选项）
reply 字段定义了当某个分支没有定义自己的 Reply 对象时，将结果发送到的对象</td></tr>
</table>

（续）

字段	描述
status ParallelStatus	（可选项） status 字段表示 Parallel 当前的状态，这个数据有可能是过期的

（1）ParallelBranch

（出现在 ParallelSpec 中）

字段	描述
filter knative.dev/pkg/apis/duck/v1.Destination	（可选项） Filter 是守护分支的表达式
subscriber knative.dev/pkg/apis/duck/v1.Destination	当过滤器通过后，Subscriber 接收相应的事件
reply knative.dev/pkg/apis/duck/v1.Destination	（可选项） Reply 是订阅者发送结果的目标引用对象。如果没有指定发送对象，结果将被发送到 Parllel 的 Reply 对象
delivery DeliverySpec	（可选项） delivery 字段表示向订阅者传递事件的规范，包括重试、DLQ 等

（2）ParallelBranchStatus

（出现在 ParallelStatus 中）

ParallelBranchStatus 表示 Parallel 分支当前的状态。

字段	描述
filterSubscriptionStatus ParallelSubscriptionStatus	filterSubscriptionStatus 字段对应过滤器的订阅状态
filterChannelStatus ParallelChannelStatus	filterChannelStatus 字段对应过滤器的 channel 状态
subscriberSubscriptionStatus ParallelSubscriptionStatus	subscriptionStatus 字段对应订阅者的订阅状态

（3）ParallelChannelStatus

（出现在 ParallelBranchStatus、ParallelStatus 中）

字段	描述
channel Kubernetes core/v1.ObjectReference	Channel 是底层 channel 的引用
ready knative.dev/pkg/apis.Condition	ready 字段表示 channel 是否准备就绪

（4）ParallelSpec

（出现在 Parallel 中）

字段	描述
branches []ParallelBranch	Branches 是 Filter/Subscribers 对的列表
channelTemplate ChannelTemplateSpec	（可选项） channelTemplate 字段指定要使用的 Channel CRD，如果未指定，则将其设置为命名空间默认的 Channel CRD（或群集默认 Channel CRD，如果命名空间没有默认值）
reply knative.dev/pkg/apis/duck/v1.Destination	（可选项） reply 字段定义了当某个分支没有定义自己的 Reply 对象时，将结果发送到的对象

（5）ParallelStatus

（出现在 Parallel 中）

ParallelStatus 表示 Parallel 的当前状态。

字段	描述
Status knative.dev/pkg/apis/duck/v1.Status	（Status 的成员会被嵌入当前类型） 继承了 duck/v1 的 Status，当前提供了 ObservedGeneration：控制器最后处理的服务的 Generation；Conditions：资源当前状态的最新可用性观测值
ingressChannelStatus ParallelChannelStatus	IngressChannelStatus 对应到 Ingress Channel 的状态
branchStatuses []ParallelBranchStatus	BranchStatus 是分支状态的数组，顺序上匹配 Spec.Branches 数组
AddressStatus knative.dev/pkg/apis/duck/v1.AddressStatus	（AddressStatus 的成员会嵌入到当前类型） AddressStatus 是此 Parallel 的起点。消息发送到 AddressStatus 指向的第一个订阅者。它的格式通常是 {channel}.{namespace}.svc.{cluster domain name}

（6）ParallelSubscriptionStatus

（出现在 ParallelBranchStatus 中）

字段	描述
subscription Kubernetes core/v1.ObjectReference	Subscription 是底层订阅的引用
ready knative.dev/pkg/apis.Condition	ready 字段表示 Subscription 是否准备就绪

2. Sequence

Sequence 定义了一个订阅者的序列，将 Channel 和 Subscription 串联在一起。

<table>
<tr><th>字段</th><th colspan="2">描述</th></tr>
<tr><td>metadata
Kubernetes meta/v1.ObjectMeta</td><td colspan="2">（可选项）参考 Kubernetes API 文档关于 metadata 字段相关的内容</td></tr>
<tr><td rowspan="4">spec
SequenceSpec</td><td colspan="2">Spec 定义了 Sequence 的目标状态</td></tr>
<tr><td>steps
[]SequenceStep</td><td>steps 字段定义了按提供的顺序调用的目的地列表。每个 Step 都有自己的交付选项</td></tr>
<tr><td>channelTemplate
ChannelTemplateSpec</td><td>（可选项）
channelTemplate 字段指定要使用的 Channel CRD，如果未指定，则将其设置为命名空间默认的 Channel CRD（或群集默认 Channel CRD，如果命名空间没有默认值）</td></tr>
<tr><td>reply
knative.dev/pkg/apis/duck/v1.Destination</td><td>（可选项）
Reply 是一个引用对象，最后一个订阅者产生的结果将会发送给它</td></tr>
<tr><td>status
SequenceStatus</td><td colspan="2">（可选项）
status 字段表示 Sequence 当前的状态，该数据有可能是过期的</td></tr>
</table>

（1）SequenceChannelStatus

（出现在 SequenceStatus 中）

字段	描述
channel Kubernetes core/v1.ObjectReference	Channel 是底层通道的引用
ready knative.dev/pkg/apis.Condition	ready 字段表示 Channel 是否准备就绪

（2）SequenceSpec

（出现在 Sequence 中）

字段	描述
steps []SequenceStep	steps 字段定义了按提供的顺序调用的目的地列表。每个 Step 都有自己的交付选项
channelTemplate ChannelTemplateSpec	（可选项） channelTemplate 字段指定要使用的 Channel CRD，如果未指定，则将其设置为命名空间默认的 Channel CRD（或群集默认 Channel CRD，如果命名空间没有默认值）

（续）

字段	描述
reply knative.dev/pkg/apis/duck/v1.Destination	（可选项） Reply 是一个引用对象，最后一个订阅者产生的结果将会发送给它

（3）SequenceStatus

（出现在 Sequence 中）

SequenceStatus 表示 Sequence 当前的状态信息。

字段	描述
Status knative.dev/pkg/apis/duck/v1.Status	（Status 的成员会被嵌入当前类型） 继承了 duck/v1 的 Status，当前提供了 ObservedGeneration：控制器最后处理的服务的 Generation；Condition：资源当前状态的最新可用性观测值
subscriptionStatuses []SequenceSubscriptionStatus	SubscriptionStatuses 是一个订阅状态的数组，它按顺序与 Specs.Steps 数组相对应
channelStatuses []SequenceChannelStatus	ChannelStatuses 是一个 Channel 状态的数组，它按顺序与 Spec.Steps 数组相对应
AddressStatus knative.dev/pkg/apis/duck/v1.AddressStatus	（AddressStatus 成员会被嵌入当前类型） AddressStatus 是此 Parallel 的起点。消息发送到 AddressStatus 指向的第一个订阅者。它的格式通常是 {channel}.{namespace}.svc.{cluster domain name}

（4）SequenceStep

（出现在 SequenceSpec 中）

字段	描述
Destination knative.dev/pkg/apis/duck/v1.Destination	（Destination 成员被嵌入当前类型） 订阅者接收 Step 事件
delivery DeliverySpec	（可选项） delivery 字段定义了向订阅者提供事件的传递规范，其中包括重试、DLQ 等

（5）SequenceSubscriptionStatus

（出现在 SequenceStatus 中）

字段	描述
subscription Kubernetes core/v1.ObjectReference	Subscription 是底层订阅的引用
ready knative.dev/pkg/apis.Condition	ready 字段表示订阅是否准备就绪

A.1.3 messaging.knative.dev/v1

其资源类型包括 Channel、InMemoryChannel、Subscription。

1. Channel

Channel 表示一个通用的通道。我们通常需要使用的是通用的通道，而不是一个特定的通道。

<table>
<tr><th>字段</th><th colspan="2">描述</th></tr>
<tr><td>apiVersion
string</td><td colspan="2">messaging.knative.dev/v1</td></tr>
<tr><td>kind
string</td><td colspan="2">Channel</td></tr>
<tr><td>metadata
Kubernetes meta/v1.ObjectMeta</td><td colspan="2">（可选项）参考 Kubernetes API 文档关于 metadata 字段相关的内容</td></tr>
<tr><td rowspan="3">spec
ChannelSpec</td><td colspan="2">spec 字段定义了 Channel 的目标状态</td></tr>
<tr><td>channelTemplate
ChannelTemplateSpec</td><td>channelTemplate 字段指定了用于创建 Channel 的 Channel CRD，其创建后是不可变的。通常，这是由 Channel 默认设置，而不是由用户直接设置</td></tr>
<tr><td>ChannelableSpec
ChannelableSpec</td><td>ChannelableSpec 成员被嵌入当前类型，Channel 遵守 ChannelableSpec 规范</td></tr>
<tr><td>status
ChannelStatus</td><td colspan="2">（可选项）
status 字段表示 Channel 当前的状态，该数据可能会过期</td></tr>
</table>

（1）ChannelDefaulter

ChannelDefaulter 在没有指定任何实现的 Channel 上设置默认的 Channel CRD 和参数。

（2）ChannelSpec

（出现在 Channel 中）

ChannelSpec 定义了哪个订阅者对从 channel 接收的事件感兴趣。它也定义了用于创建 Channel 后端的 CRD。

字段	描述
channelTemplate ChannelTemplateSpec	channelTemplate 字段指定了用于创建 Channel 的 Channel CRD，其创建后这是不可变的。通常，这是由 ChannelDefaulter 设置，而不是由用户直接设置
ChannelableSpec ChannelableSpec	ChannelableSpec 的成员被嵌入当前类型，Channel 遵守 ChannelableSpec 规范

（3）ChannelStatus

（出现在 Channel 中）

ChannelStatus 表示 Channel 当前的状态。

字段	描述
ChannelableStatus ChannelableStatus	ChannelableStatus 的成员被嵌入当前类型，Channel 遵守 ChannelableStatus 规范
channel knative.dev/pkg/apis/duck/v1.KReference	Channel 是支持其 Channel CRD 的 KReference

（4）ChannelTemplateSpec

（出现在 ChannelSpec、ParallelSpec 及 SequenceSpec 中）

字段	描述
spec k8s.io/apimachinery/pkg/runtime.RawExtension	（可选项） spec 字段定义了每个 Channel 创建规范，作为规范部分完整地传递到 Channel CRD

（5）ChannelTemplateSpecInternal

ChannelTemplateSpecInternal 是一个仅内部使用的版本，包含 ObjectMeta。我们可以轻松地通过它创建新的 Channel。

字段	描述
metadata Kubernetes meta/v1.ObjectMeta	（可选项）参考 Kubernetes API 文档关于 metadata 字段相关的内容
spec k8s.io/apimachinery/pkg/runtime.RawExtension	（可选项） spec 字段定义了每个 Channel 创建规范，作为规范内容完整地传递到 Channel CRD

2. InMemoryChannel

InMemoryChannel 表示一个基于内存的 Channel 资源。

字段	描述
apiVersion string	messaging.knative.dev/v1
kind string	InMemoryChannel
metadata Kubernetes meta/v1.ObjectMeta	（可选项）参考 Kubernetes API 文档关于 metadata 字段相关的内容

（续）

<table>
<tr><th>字段</th><th colspan="2">描述</th></tr>
<tr><td rowspan="2">spec
InMemoryChannelSpec</td><td colspan="2">Spec 定义了 Channel 的目标状态</td></tr>
<tr><td>ChannelableSpec
ChannelableSpec</td><td>ChannelableSpec 成员被嵌入到本类型中，
Channel 符合鸭子类型 Channelable 的规范</td></tr>
<tr><td>status
InMemoryChannelStatus</td><td colspan="2">（可选项）
Status 表示 Channel 的当前状态，该数据有可能是过期的</td></tr>
</table>

（1）InMemoryChannelSpec

（出现在 InMemoryChannel 中）

InMemoryChannelSpec 定义了哪个订阅者对来自 InMemoryChannel 的事件感兴趣。

字段	描述
ChannelableSpec ChannelableSpec	ChannelableSpec 的成员被嵌入当前类型，Channel 遵循鸭子类型 Channelable 的规范

（2）InMemoryChannelStatus

（出现在 InMemoryChannel 中）

ChannelStatus 表示 Channel 当前的状态。

字段	描述
ChannelableStatus ChannelableStatus	ChannelableStatus 的成员被嵌入当前类型，Channel 遵循鸭子类型 Channelable 规范

3. Subscription

Subscription 表示路由从 Channel 上接收到的事件到一个 DNS 名称，它与 subscriptions.channels.knative.dev CRD 相对应。

字段	描述
apiVersion string	messaging.knative.dev/v1
kind string	Subscription
metadata Kubernetes meta/v1.ObjectMeta	参考 Kubernetes API 文档关于 metadata 字段相关的内容

（续）

<table>
<tr><th>字段</th><th colspan="2">描述</th></tr>
<tr><td rowspan="5">spec
SubscriptionSpec</td><td colspan="2">Spec 定义了 Subscription 的目标状态</td></tr>
<tr><td>channel
Kubernetes core/
v1.ObjectReference</td><td>是一个 Channel 的对象引用，用于创建订阅</td></tr>
<tr><td>subscriber
knative.dev/pkg/apis/
duck/v1.Destination</td><td>（可选项）
Subscriber 是一个函数的引用，用于处理事件。来自 Channel 的事件将被传递到这里，回复被发送到 Reply 指定的目的地</td></tr>
<tr><td>reply
knative.dev/pkg/apis/
duck/v1.Destination</td><td>（可选项）
reply 字段指定如何处理从订阅者返回的事件</td></tr>
<tr><td>delivery
DeliverySpec</td><td>（可选项）
传递配置</td></tr>
<tr><td>status
SubscriptionStatus</td><td colspan="2">Status 表示 Subscription 的当前状态</td></tr>
</table>

（1）SubscriptionSpec

（出现在 Subscription 中）

SubscriptionSpec 指定传入事件的 Channel、用于处理这些事件的订阅者目标以及将处理结果放在何处。你可以通过忽略结果仅处理事件（不产生任何输出事件），还可以通过省略订阅者并仅指定结果来对传入事件进行身份转换。

其有 3 种配置规范。完整的配置规范为：channel –[subscriber] → reply Sink，无传出事件配置规范为 channel → subscriber，无操作函数（身份转换）配置规范为 channel → reply。

字段	描述
channel Kubernetes core/v1.ObjectReference	对于将用于创建订阅的 Channel 的引用，你只能指定 ObjectReference 的字段。Kind-APIVersion-Name：此 ObjectReference 指向的资源必须符合 ChannelableSpec 鸭子类型的约定。如果资源不符合此约定，它将反映在订阅的状态中。该字段是不可变的。对于当前正在使用的 Channel 中的事件发生了什么以及应该具有的语义，我们还没有好的答案。现在，你可以通过删除订阅，然后重新创建该订阅以指向其他通道，从而使用户可以更好地控制使用的语义（首先驱逐 Channel、可能丢弃事件，等等）
subscriber knative.dev/pkg/apis/duck/ v1.Destination	（可选项） Subscriber 是一个函数的引用，用于处理事件。来自 Channel 的事件将被传递到这里，回复被发送到 reply 字段指定的目的地
reply knative.dev/pkg/apis/duck/ v1.Destination	（可选项） reply 字段指定如何处理从订阅者返回的事件

（续）

字段	描述
delivery DeliverySpec	（可选项） 传递配置

（2）SubscriptionStatus

（出现在 Subscription 中）

SubscriptionStatus 是 subscription 的状态信息。

字段	描述
Status knative.dev/pkg/apis/duck/v1.Status	（Status 的成员会被嵌入当前类型） 继承了 duck/v1 的 Status，当前提供了 ObservedGeneration：控制器最后处理的服务的 Generation；Condition：资源当前状态的最新可用性观测值
physicalSubscription SubscriptionStatusPhysicalSubscription	PhysicalSubscription 是 Subscription 表示的全解析值

（3）SubscriptionStatusPhysicalSubscription

（出现在 SubscriptionStatus 中）

SubscriptionStatusPhysicalSubscription 代表 Subscription 的完全解析值。

字段	描述
subscriberUri knative.dev/pkg/apis.URL	SubscriberURI 是 spec.subscriber 全解析的 URI
replyUri knative.dev/pkg/apis.URL	ReplyURI 是 spec.reply 全解析的 URI
deadLetterSinkUri knative.dev/pkg/apis.URL	deadLetterSinkUri 是 spec.delivery.deadLetterSink 全解析的 URI

A.1.4　sources.knative.dev/v1alpha2

其资源类型包括 ApiServerSource、ContainerSource、PingSource、SinkBinding。

1. ApiServerSource

ApiServerSource 是 apiserversources API 的模式。

字段	描述
apiVersion string	sources.knative.dev/v1alpha2

（续）

<table>
<tr><th>字段</th><th colspan="2">描述</th></tr>
<tr><td>kind
string</td><td colspan="2">ApiServerSource</td></tr>
<tr><td>metadata
Kubernetes meta/v1.ObjectMeta</td><td colspan="2">参考 Kubernetes API 文档关于 metadata 字段相关的内容</td></tr>
<tr><td rowspan="6">spec
ApiServerSourceSpec</td><td colspan="2">spec 定义了 ApiServerSource 的目标状态</td></tr>
<tr><td>SourceSpec
knative.dev/pkg/apis/duck/v1.SourceSpec</td><td>（SourceSpec 成员被嵌入到此类型中）
继承了 duck / v1 SourceSpec，当前提供了 Sink：对象的引用，该对象将直接解析为域名或 URI，以用作接收器；CloudEventOverride：定义替代，以控制输出格式和发送到接收器的事件的修改</td></tr>
<tr><td>resources
[]APIVersionKindSelector</td><td>Resource 是从 Kubernetes ApiServer 跟踪并发送相关生命周期事件的资源，带有可选的标签选择器，以帮助过滤事件</td></tr>
<tr><td>owner
APIVersionKind</td><td>（可选项）
ResourceOwner 是一个附加过滤器，用于跟踪特定资源类型拥有的资源。如果 ResourceOwner 与 Resources[n] 匹配，则 Resources[n] 被允许通过 ResourceOwner 过滤器</td></tr>
<tr><td>mode
string</td><td>（可选项）
EventMode 表示控制事件的格式，Reference 表示发送 dataref 事件类型，用于资源的监听。Resource 表示发送完整的资源生命周期事件，默认值为 Reference</td></tr>
<tr><td>serviceAccountName
string</td><td>（可选项）
ServiceAccountName 是用于运行此源的 Service-Account 的名称。如果未设置，则默认值为 default</td></tr>
<tr><td>status
ApiServerSourceStatus</td><td colspan="2">status 字段表示 ApiServerSource 当前的状态信息</td></tr>
</table>

（1）APIVersionKind

（出现在 ApiServerSourceSpec 中）

APIVersionKind 是一个 APIVersion 和 Kind 的元组。

字段	描述
apiVersion string	apiVersion 字段表示用于监视的资源 API 版本
kind string	kind 字段表示监视资源的类型

（2）APIVersionKindSelector

（出现在 ApiServerSourceSpec 中）

APIVersionKindSelector 是带有 LabelSelector 的 APIVersion 类型元组。

字段	描述
apiVersion string	apiVersion 字段表示用于监视的资源 API 版本
kind string	kind 字段表示监视资源的类型
selector Kubernetes meta/v1.LabelSelector	（可选项） 通过标签选择器筛选出符合条件的资源对象

（3）ApiServerSourceSpec

（出现在 ApiServerSource 中）

ApiServerSourceSpec 定义 ApiServerSource 的目标状态。

字段	描述
SourceSpec knative.dev/pkg/apis/duck/v1.SourceSpec	（SourceSpec 成员被嵌入此类型中） 继承了 duck/v1 SourceSpec，当前提供了 Sink：对象的引用，该对象将直接解析为域名或 URI，以用作接收器；CloudEventOverride：定义替代以控制输出格式和发送到接收器的事件的修改
resources []APIVersionKindSelector	Resource 是从 Kubernetes ApiServer 跟踪并发送相关生命周期事件的资源，带有可选的标签选择器，以帮助过滤事件
owner APIVersionKind	（可选项） ResourceOwner 是一个附加过滤器，用于跟踪特定资源类型拥有的资源。如果 ResourceOwner 与 Resources[n] 匹配，则 Resources[n] 被允许通过 ResourceOwner 过滤器
mode string	（可选项） EventMode 表示控制事件的格式，Reference 表示发送 dataref 事件类型，用于资源的监听。Resource 表示发送完整的资源生命周期事件，默认值为 Reference
serviceAccountName string	（可选项） ServiceAccountName 是用于运行此源的 ServiceAccount 的名称，如果未设置，则默认值为 default

（4）ApiServerSourceStatus

（出现在 ApiServerSource 中）

ApiServerSourceStatus 定义了 ApiServerSource 的观察状态。

字段	描述
SourceStatus knative.dev/pkg/apis/duck/v1.SourceStatus	（SourceStatus 成员被嵌入当前类型） 继承了 duck/v1 SourceStatus，当前提供了 ObservedGeneration：控制器最后处理的服务的 Generation；Condition：资源当前状态的最新可用观测值；SinkURI：当前活跃的接收器的 URI，已在 Source 中配置

2. ContainerSource

ContainerSource 是 containersources API 的集合。

<table>
<tr><th>字段</th><th colspan="2">描述</th></tr>
<tr><td>apiVersion
string</td><td colspan="2">sources.knative.dev/v1alpha2</td></tr>
<tr><td>kind
string</td><td colspan="2">ContainerSource</td></tr>
<tr><td>metadata
Kubernetes meta/v1.ObjectMeta</td><td colspan="2">参考 Kubernetes API 文档关于 metadata 字段相关的内容</td></tr>
<tr><td rowspan="3">spec
ContainerSourceSpec</td><td colspan="2">spec 定义了 ContainerSource 的目标状态信息</td></tr>
<tr><td>SourceSpec
knative.dev/pkg/apis/duck/v1.SourceSpec</td><td>（SourceSpec 成员被嵌入到此类型中）
继承了 duck / v1 SourceSpec，当前提供了 Sink：对象的引用，该对象将直接解析为域名或 URI 以用作接收器；CloudEventOverride：定义替代，以控制输出格式和发送到接收器的事件的修改</td></tr>
<tr><td>template
Kubernetes core/v1.PodTemplateSpec</td><td>template 字段描述了将要创建的 Pod 的配置</td></tr>
<tr><td>status
ContainerSourceStatus</td><td colspan="2">status 字段表示 ContainerSource 当前的状态信息</td></tr>
</table>

（1）ContainerSourceSpec

（出现在 ContainerSource 中）

ContainerSourceSpec 定义了 ContainerSource 的目标状态。

字段	描述
SourceSpec knative.dev/pkg/apis/duck/v1.SourceSpec	（SourceSpec 成员被嵌入当前类型） 继承了 duck/v1 SourceSpec，它当前提供了 Sink：对象的引用，该对象将直接解析为域名或 URI，以用作接收器；CloudEventOverride：定义替代，以控制输出格式和发送到接收器的事件的修改

（续）

字段	描述
template Kubernetes core/v1.PodTemplateSpec	template 字段描述了创建的 Pod 的配置

（2）ContainerSourceStatus

（出现在 ContainerSource 中）

ContainerSourceStatus 定义了 ContainerSource 的观察状态。

字段	描述
SourceStatus knative.dev/pkg/apis/duck/v1.SourceStatus	（SourceStatus 成员被嵌入当前类型） 继承了 duck/v1 SourceStatus，当前提供 ObservedGeneration：控制器最后处理的服务的 Generation；Condition：资源当前状态的最新可用观测值；SinkURI：当前活跃的接收器的 URI，已在 Source 中配置

3. PingSource

PingSource 是 PingSources API 的集合。

<table>
<tr><th>字段</th><th colspan="2">描述</th></tr>
<tr><td>apiVersion
string</td><td colspan="2">sources.knative.dev/v1alpha2</td></tr>
<tr><td>kind
string</td><td colspan="2">PingSource</td></tr>
<tr><td>metadata
Kubernetes meta/v1.ObjectMeta</td><td colspan="2">参考 Kubernetes API 文档关于 metadata 字段相关的内容</td></tr>
<tr><td rowspan="4">spec
PingSourceSpec</td><td colspan="2">spec 用于定义 PingSource 的目标状态信息</td></tr>
<tr><td>SourceSpec
knative.dev/pkg/apis/duck/v1.SourceSpec</td><td>（SourceSpec 成员被嵌入当前类型）
继承了 duck / v1 SourceSpec，当前提供了 Sink：对象的引用，该对象将直接解析为域名或 URI，以用作接收器；CloudEventOverride：定义替代，以控制输出格式和发送到接收器的事件的修改</td></tr>
<tr><td>schedule
string</td><td>（可选项）
Schedule 是 cronjob schedule，默认为 * * * * *</td></tr>
<tr><td>jsonData
string</td><td>（可选项）
JsonData 是 Json 编码的数据，用于发送到接收器的事件体，默认为空。如果需设置值，datacontenttype 可设置为 application/json</td></tr>
<tr><td>status
PingSourceStatus</td><td colspan="2">status 字段表示 PingSource 当前的状态信息</td></tr>
</table>

（1）PingSourceSpec

（出现在 PingSource 中）

PingSourceSpec 定义了 PingSource 的目标状态。

字段	描述
SourceSpec knative.dev/pkg/apis/duck/v1.SourceSpec	（SourceSpec 成员被嵌入当前类型）继承了 duck / v1 SourceSpec，它当前提供了 Sink：对象的引用，该对象将直接解析为域名或 URI，以用作接收器；CloudEventOverrides：定义替代，以控制输出格式和发送到接收器的事件的修改
schedule string	（可选项）Schedule 是 cronjob schedule，默认为 * * * * *
jsonData string	（可选项）JsonData 是 Json 编码的数据，用于发送到接收器的事件体，默认为空。如果设置值，datacontenttype 可设置为 application/json

（2）PingSourceStatus

（出现在 PingSource 中）

PingSourceStatus 定义了 PingSource 的观察状态。

字段	描述
SourceStatus knative.dev/pkg/apis/duck/v1.SourceStatus	（SourceStatus 成员被嵌入当前类型）继承了 duck/v1 SourceStatus，当前提供了 ObservedGeneration：控制器最后处理的服务的 Generation；Condition：资源当前状态的最新可用观测值；SinkURI：当前活跃的接收器的 URI，已在 Source 中配置

4. SinkBinding

SinkBinding 描述了一个绑定，同时也是一个事件源。接收器（来自 Source 鸭子类型）会被解析为 URL，然后通过扩大引用容器的运行时协定将其投影到主题中，以使其具有一个 K_SINK 环境变量。该变量保存向其发送 CloudEvents 事件的端点。

字段	描述
apiVersion string	sources.knative.dev/v1alpha2
kind string	SinkBinding
metadata Kubernetes meta/v1.ObjectMeta	参考 Kubernetes API 文档关于 metadata 字段相关的内容

（续）

<table>
<tr><th>字段</th><th colspan="2">描述</th></tr>
<tr><td rowspan="3">spec
SinkBindingSpec</td><td colspan="2">spec 用于定义 SinkBinding 的目标状态信息</td></tr>
<tr><td>SourceSpec
knative.dev/pkg/apis/duck/v1.SourceSpec</td><td>（SourceSpec 成员被嵌入当前类型）
继承了 duck / v1 SourceSpec，当前提供了 Sink：对象的引用，该对象将直接解析为域名或 URI，以用作接收器；CloudEventOverrides：定义替代，以控制输出格式和发送到接收器的事件的修改</td></tr>
<tr><td>BindingSpec
knative.dev/pkg/apis/duck/v1alpha1.BindingSpec</td><td>（BindingSpec 成员被嵌入到此类型）
继承了 duck/v1alpha1 BindingSpec，当前提供了 Subject：其引用了资源，这些资源通过绑定实现扩展运行时契约</td></tr>
<tr><td>status
SinkBindingStatus</td><td colspan="2">status 表示 SinkBingding 当前的状态信息</td></tr>
</table>

（1）SinkBindingSpec

（出现在 SinkBinding 中）

SinkBindingSpec 包含 SinkBinding 的目标状态。

字段	描述
SourceSpec knative.dev/pkg/apis/duck/v1.SourceSpec	（SourceSpec 成员被嵌入当前类型） 继承了 duck / v1 SourceSpec，当前提供了 Sink：对象的引用，该对象将直接解析为域名或 URI，以用作接收器；CloudEventOverride：定义替代，以控制输出格式和发送到接收器的事件的修改
BindingSpec knative.dev/pkg/apis/duck/v1alpha1.BindingSpec	（BindingSpec 成员被嵌入当前类型） 继承自 duck/v1alpha1 BindingSpec，当前提供了 Subject：其引用了资源，这些资源通过绑定实现扩展了运行时契约

（2）SinkBindingStatus

（出现在 SinkBinding 中）

SinkBindingStatus 传递 SinkBinding 的观察状态（从控制器）。

字段	描述
SourceStatus knative.dev/pkg/apis/duck/v1.SourceStatus	（SourceStatus 成员被嵌入当前类型） 继承了 duck/v1 SourceStatus，当前提供 ObservedGeneration：控制器最后处理的服务的 Generation；Condition：资源当前状态的最新可用观测值；SinkURI：当前活跃的接收器的 URI，已在 Source 中配置

A.1.5 duck.knative.dev/v1

其资源类型包括 Channelable、Subscribable、DeliverySpec 等。

1. Channelable

Channelable 是一种框架类型，资源编写者可以定义兼容资源的方式来封装 Subscribable 和 Addressable。通常，我们使用此类型来反序列化 Channelable ObjectReference，并访问其订阅和地址数据。这不是一个实际的资源。

<table>
<tr><th>字段</th><th colspan="2">描述</th></tr>
<tr><td>metadata
Kubernetes meta/v1.ObjectMeta</td><td colspan="2">参考 Kubernetes API 文档关于 metadata 字段相关的内容</td></tr>
<tr><td rowspan="3">spec
ChannelableSpec</td><td colspan="2">spec 字段是 Channelable 履行 Subscribable 约定的部分</td></tr>
<tr><td>SubscribableSpec
SubscribableSpec</td><td>SubscribableSpec 的成员会被嵌入这个类型</td></tr>
<tr><td>delivery
DeliverySpec</td><td>（可选项）
DeliverySpec 包含控制事件交付的选项</td></tr>
<tr><td>status
ChannelableStatus</td><td colspan="2">status 字段表示当前 Channelable 的状态信息</td></tr>
</table>

（1）ChannelableSpec

（出现在 ChannelSpec、Channelable 及 InMemoryChannelSpec 中）

ChannelableSpec 包含 Channelable 对象的定义规范。

字段	描述
SubscribableSpec SubscribableSpec	SubscribableSpec 的成员会被嵌入当前类型
delivery DeliverySpec	（可选项） DeliverySpec 包含控制事件传递的选项

（2）ChannelableStatus

（出现在 ChannelStatus、Channelable 及 InMemoryChannelStatus 中）

ChannelableStatus 包含 Channelable 对象的状态。

字段	描述
Status knative.dev/pkg/apis/duck/v1.Status	（Status 的成员会被嵌入当前类型） 继承了 duck/v1 的 Status，当前提供了 ObservedGeneration：控制器最后处理的服务的 Generation；Condition：资源当前状态的最新可用性观测值

（续）

字段	描述
AddressStatus knative.dev/pkg/apis/duck/v1.AddressStatus	（AddressStatus 成员会嵌入当前类型） AddressStatus 是 Channeable 遵循 Addressable 约定的一部分
SubscribableStatus SubscribableStatus	（SubscribableStatus 的成员会被嵌入当前类型） 订阅者中会填充每个 Channelable 订阅者的状态
deadLetterChannel knative.dev/pkg/apis/duck/v1.KReference	（可选项） DeadLetterChannel 是一个 KReference，它通过 Channel 进行设置，支持通过 Channel 失败消息传递的原生错误处理方式进行设置

2. DeliverySpec

（出现在 BrokerSpec、ChannelableSpec、ParallelBranch、SequenceStep、SubscriberSpec 及 SubscriptionSpec 中）

DeliverySpec 包含事件发送者（channelable 或 source）的传递选项。

字段	描述
deadLetterSink knative.dev/pkg/apis/duck/v1.Destination	（可选项） DeadLetterSink 指定事件不能被发送到目的地时的事件接收器
retry int32	（可选项） retry 指定事件被转移到死信接收器之前，发送方最少的重试次数
backoffPolicy BackoffPolicyType	（可选项） backoffPolicy 指定重试退避策略（线性、指数）
backoffDelay string	（可选项） backoffDelay 指定重试前的延迟时间。更多信息参考 Duration 格式定义，参考地址：https://www.ietf.org/rfc/rfc3339.txt。 对于线性策略，退避延迟是重试之间的时间间隔。对于指数策略，退避延迟为 backoffDelay*2^

BackoffPolicyType (string alias)

（出现在 DeliverySpec 中）

BackoffPolicyType 是退避策略的类型。

3. DeliveryStatus

DeliveryStatus 包含支持传递选项的对象的状态。

字段	描述
deadLetterChannel knative.dev/pkg/apis/duck/v1.KReference	（可选项） DeadLetterChannel 是一个 KReference，它引用到原生平台指定的 channel，所有失败的事件将被发送到这里

4. Subscribable

Subscribable 的是一种框架类型，它以我们期望的方式包装了 Subscribable。资源编写者可以定义兼容的资源的方式嵌入。我们通常使用这个类型去反序列化 SubscribableType ObjectReferences 并且访问订阅数据。它不是一个实际的资源。

<table>
<tr><th>字段</th><th colspan="2">描述</th></tr>
<tr><td>metadata
Kubernetes meta/v1.ObjectMeta</td><td colspan="2">参考 Kubernetes API 文档关于 metadata 字段相关内容</td></tr>
<tr><td rowspan="2">spec
SubscribableSpec</td><td colspan="2">SubscribableSpec 是将 Subscribable 对象配置为与 Subscribable 约定兼容的部分</td></tr>
<tr><td>subscribers
[]SubscriberSpec</td><td>是当前 Subscribable 对象的订阅列表</td></tr>
<tr><td>status
SubscribableStatus</td><td colspan="2">SubscribableStatus 指定 SubscribableStatus 对象配置为与 Subscribable 约定兼容的部分</td></tr>
</table>

（1）SubscribableSpec

（出现在 ChannelableSpec 和 Subscribable 中）

SubscribableSpec 表示怎样将 Subscribable 对象嵌入 spec 字段。

字段	描述
subscribers []SubscriberSpec	订阅者列表

（2）SubscribableStatus

（出现在 ChannelableStatus 和 Subscribable 中）

SubscribableStatus 是资源状态部分中可订阅状态部分的架构。

字段	描述
subscribers []SubscriberStatus	这是当前 Channel 的订阅状态列表

（3）SubscriberSpec

（出现在 SubscribableSpec 中）

SubscriberSpec 定义了 Subscribable 的单个订阅者，必须至少存在 SubscriberURI 和 ReplyURI 中的一个。

字段	描述
uid k8s.io/apimachinery/pkg/types.UID	(可选项) UID 用于了解最初的订阅者
generation int64	(可选项) 以 uid:UID 作为最初订阅者的代际
subscriberUri knative.dev/pkg/apis.URL	(可选项) SubscriberURI 是订阅者的端点
replyUri knative.dev/pkg/apis.URL	(可选项) ReplyURI 是重试用途的端点
delivery DeliverySpec	(可选项) DeliverySpec 包含控制事件传递的选项

(4) SubscriberStatus

(出现在 SubscribableStatus 中)

SubscriberStatus 定义了 Channel 的单个订阅者的状态。

字段	描述
uid k8s.io/apimachinery/pkg/types.UID	(可选项) UID 用于了解最初的订阅者
observedGeneration int64	(可选项) 以 uid:UID 作为最初订阅者的代际
ready Kubernetes core/v1.ConditionStatus	订阅者的状态
message string	(可选项) 可读的消息，表示 ready 状态的详细信息

A.1.6 configs.internal.knative.dev/v1alpha1

其资源类型包括 ConfigMapPropagation。

ConfigMapPropagation

ConfigMapPropagation 用于将 ConfigMap 从原始命名空间传播到当前命名空间。

字段	描述
apiVersion string	configs.internal.knative.dev/v1alpha1
kind string	ConfigMapPropagation
metadata Kubernetes meta/v1.ObjectMeta	(可选项) 参考 Kubernetes API 文档 metadata 字段相关内容

（续）

<table>
<tr><th>字段</th><th colspan="2">描述</th></tr>
<tr><td rowspan="3">spec
ConfigMapPropagationSpec</td><td colspan="2">Spec 定义了 ConfigMapPropagation 的目标状态</td></tr>
<tr><td>originalNamespace
string</td><td>OriginalNamespace 是 ConfigMap 最初所在的命名空间</td></tr>
<tr><td>selector
Kubernetes meta/v1.LabelSelector</td><td>（可选项）
Selector 只选择带有相应标签的原始 ConfigMap</td></tr>
<tr><td>status
ConfigMapPropagationStatus</td><td colspan="2">（可选项）
status 字段表示 EventType 当前的状态，该数据有可能是过期的</td></tr>
</table>

（1）ConfigMapPropagationSpec

（出现在 ConfigMapPropagation 中）

字段	描述
originalNamespace string	OriginalNamespace 是原始 ConfigMap 所在的命名空间
selector Kubernetes meta/v1.LabelSelector	（可选项） Selector 只选择带有相应标签的原始 ConfigMap

（2）ConfigMapPropagationStatus

（出现在 ConfigMapPropagation 中）

ConfigMapPropagationStatus 表示 ConfigMapPropagation 当前的状态。

字段	描述
Status knative.dev/pkg/apis/duck/v1.Status	（Status 的成员会嵌入当前类型） 继承 duck/v1 的 Status，当前提供了 ObservedGeneration：控制器最后处理的服务的 Generation；Condition：资源当前状态的最新可用观测值
copyConfigmaps []ConfigMapPropagationStatusCopyConfigMap	（可选项） CopyConfigMaps 表示每个 ConfigMap 副本的状态

（3）ConfigMapPropagationStatusCopyConfigMap

（出现在 ConfigMapPropagationStatus 中）

ConfigMapPropagationStatusCopyConfigMap 表示一个 ConfigMap 副本的状态。

字段	描述
name string	Name 是 configMap 副本的名字

（续）

字段	描述
source string	Source 是 originalNamespace/originalConfigMapName
operation string	operation 字段表示 CMP 对 ConfigMap 的操作，包括复制、删除、停止
ready string	ready 字段表示操作是否就绪
reason string	reason 字段指示操作未就绪的原因
resourceVersionFromSource string	resourceVersion 字段表示原始 ConfigMap 的版本

A.2 Serving API

A.2.1 serving.knative.dev/v1

其资源类型包括 Configuration、Revision、Route 及 Service。

1. Configuration

Configuration 表示 Revision 历史记录中最新的修订版。用户通过更新 Configuration 的配置来创建新的修订版。status 中的 latestCreatedRevisionName 和 latestReadyRevisionName 代表当前对应的修订版名称。

<table>
<tr><th>字段</th><th colspan="2">描述</th></tr>
<tr><td>apiVersion
string</td><td colspan="2">serving.knative.dev/v1</td></tr>
<tr><td>kind
string</td><td colspan="2">Configuration</td></tr>
<tr><td>metadata
Kubernetes meta/v1.ObjectMeta</td><td colspan="2">（可选项）参考 Kubernetes API 文档中关于 metadata 字段相关字段</td></tr>
<tr><td rowspan="2">spec
ConfigurationSpec</td><td colspan="2">（可选项）spec 字段用来定义 Configuration 的目标状态</td></tr>
<tr><td>template
RevisionTemplateSpec</td><td>（可选项）
template 字段包含修订版的最新定义</td></tr>
<tr><td>status
ConfigurationStatus</td><td colspan="2">（可选项）status 字段表示当前 Configuration 的状态信息</td></tr>
</table>

（1）ConfigurationSpec

（出现在 Configuration 和 ServiceSpec 中）

ConfigurationSpec 保存 Configuration 最终的状态信息。

字段	描述
template RevisionTemplateSpec	（可选项） Template 保存着修订版的最新定义信息，用于修订版的创建

（2）ConfigurationStatus

（出现在 Configuration 中）

ConfigurationStatus 用于传递 Configuration 的状态信息。

字段	描述
Status knative.dev/pkg/apis/duck/v1.Status	Status 的成员被嵌入到这个类型中
ConfigurationStatusFields ConfigurationStatusFields	ConfigurationStatusFields 的成员被嵌入到这个类型中

（3）ConfigurationStatusFields

（出现在 ConfigurationStatus、ServiceStatus 中）

ConfigurationStatusFields 保存着 Configuration 的状态字段。通常，这些状态并不共享，是单独定义并且内联的，以便其他类型很容易地消费这些字段。

字段	描述
latestReadyRevisionName string	（可选项） LatestReadyRevisionName 保存该配置中标出的最新修订版的名称，该修订版的"Ready"状态为"True"
latestCreatedRevisionName string	（可选项） latestCreatedRevisionName 字段用于创建最后一个修订版

2. Revision

Revision 是代码和配置的不可变快照，是通过更新 Configuration 来创建的。Revision 中引用了一个容器镜像。

字段	描述
apiVersion string	serving.knative.dev/v1
kind string	Revision
metadata Kubernetes meta/v1.ObjectMeta	（可选项）参阅 Kubernetes API metadata 字段相关文档

（续）

<table>
<tr><th>字段</th><th colspan="2">描述</th></tr>
<tr><td rowspan="4">spec
RevisionSpec</td><td colspan="2">（可选项）spec 用来定义 Revision 的目标状态</td></tr>
<tr><td>PodSpec
Kubernetes core/v1.PodSpec</td><td>PodSpec 的成员会被嵌入当前类型</td></tr>
<tr><td>containerConcurrency
int64</td><td>（可选项）
containerConcurrency 字段指定每个修订版容器最大允许的并发数。默认为 0，表示不限制并发数，系统将决定 Autoscaler 的目标并发数</td></tr>
<tr><td>timeoutSeconds
int64</td><td>（可选项）
timeoutSeconds 字段保存了实例被允许的响应请求的时间间隔。如果未指定，将使用系统默认设置</td></tr>
<tr><td>status
RevisionStatus</td><td colspan="2">（可选项）status 字段表示当前 Revision 的状态信息</td></tr>
</table>

（1）ContainerStatuses

（出现在 RevisionStatus 中）

ContainerStatuses 包含容器名称和镜像摘要值信息。

字段	描述
name string	容器名称
imageDigest string	容器镜像摘要

（2）RevisionSpec

（出现在 Revision、RevisionSpec 及 RevisionTemplateSpec 中）

RevisionSpec 包含 Revision 的目标状态信息。

字段	描述
PodSpec Kubernetes core/v1.PodSpec	PodSpec 的成员会被嵌入当前类型
containerConcurrency int64	（可选项） containerConcurrency 字段指定每个修订版容器最大允许的并发数。默认为 0，表示不限制并发数，系统将决定 Autoscaler 的目标并发数
timeoutSeconds int64	（可选项） timeoutSeconds 保存了实例被允许的响应请求的时间间隔。如果未指定，将使用系统默认值

(3) RevisionStatus

(出现在 Revision 中)

RevisionStatus 传递修订版被观察的状态信息。

字段	描述
Status knative.dev/pkg/apis/duck/v1.Status	Status 的成员会被嵌入这个类型中
serviceName string	(可选项) ServiceName 保存了 Kubernetes Service 资源的名称，负责均衡本修订版对应的 Pod
logUrl string	(可选项) 根据控制器配置中指定的修订版 URL 模板为特定修订版指定生成日志的 URL 格式
imageDigest string	(可选项) 已弃用
containerStatuses []ContainerStatuses	(可选项) ContainerStatuses 是 .Spec.Container[*].Image 中存在的镜像切片，分别包含它们的摘要和容器名称。摘要是在创建修订版时解析出来的。ContainerStatuses 包含服务容器和非服务容器的容器名称和镜像摘要

(4) RevisionTemplateSpec

(出现在 ConfigurationSpec 中)

RevisionTemplateSpec 描述了从模板创建修订版时的数据。

<table>
<tr><th>字段</th><th colspan="2">描述</th></tr>
<tr><td>metadata
Kubernetes meta/v1.
ObjectMeta</td><td colspan="2">(可选项)参阅 Kubernetes API metadata 字段相关文档</td></tr>
<tr><td rowspan="4">spec
RevisionSpec</td><td colspan="2">(可选项)spec 定义了 RevisionTemplateSpec 的目标状态</td></tr>
<tr><td>PodSpec
Kubernetes core/v1.PodSpec</td><td>PodSpec 的成员会被嵌入这个类型</td></tr>
<tr><td>containerConcurrency
int64</td><td>(可选项)
containerConcurrency 字段指定每个修订版容器最大允许的并发数。默认为 0，表示不限制并发数，此时系统将决定 autoscaler 的目标并发数</td></tr>
<tr><td>timeoutSeconds
int64</td><td>(可选项)
timeoutSeconds 字段保存了实例被允许的响应请求的时间间隔，如果未指定，将使用系统默认值</td></tr>
</table>

3. Route

Route 负责在一个修订版集合上配置 Ingress。路由分配流量的某些修订版可以通过引用负责创建它们的配置来指定。在这些情况下，路由还负责监视最新已准备好的修订版的变化，并平滑地推出最新的修订版。

<table>
<tr><th>字段</th><th colspan="2">描述</th></tr>
<tr><td>apiVersion
string</td><td colspan="2">serving.knative.dev/v1</td></tr>
<tr><td>kind
string</td><td colspan="2">Route</td></tr>
<tr><td>metadata
Kubernetes meta/v1.ObjectMeta</td><td colspan="2">（可选项）参阅 Kubernetes API metadata 字段相关文档</td></tr>
<tr><td rowspan="2">spec
RouteSpec</td><td colspan="2">（可选项）
spec 字段包含着 Route 的目标状态信息</td></tr>
<tr><td>traffic
[]TrafficTarget</td><td>（可选项）
Traffic 列举了如何基于 Revision 集合和 Configuration 分发流量</td></tr>
<tr><td>status
RouteStatus</td><td colspan="2">（可选项）
status 字段传递 Route 的观察状态</td></tr>
</table>

（1）RouteSpec

（出现在 Route、ServiceSpec 中）

RouteSpec 包含着 Route 的目标状态信息。

字段	描述
traffic []TrafficTarget	（可选项） Traffic 列举了如何基于 Revision 集合和 Configuration 分发流量

（2）RouteStatus

（出现在 Route 中）

RouteStatus 传递 Route 被观察到的状态。

字段	描述
Status knative.dev/pkg/apis/duck/v1.Status	Status 的成员被嵌入当前类型
RouteStatusFields RouteStatusFields	RouteStatusField 的成员被嵌入这个类型

(3) RouteStatusFields

(出现在 RouteStatus 和 ServiceStatus 中)

RouteStatusFields 保存了通常不共享的 Route 状态字段。这是单独定义和内联的，以便其他类型可以通过鸭子类型轻松使用这些字段。

字段	描述
url knative.dev/pkg/apis.URL	(可选项) url 字段保存了提供分发流量的 URL，形式通常是 http[s]://{route-name}.{route-namespace}.{cluster-level-suffix}
address knative.dev/pkg/apis/duck/v1.Addressable	(可选项) address 字段保存了一个事件目标路由所需的信息
traffic []TrafficTarget	(可选项) traffic 字段保存了流量分发配置。这些入口将总是包含 RevisionName 的引用。当 ConfigurationName 出现在 spec 字段中时，入口将保存最新观察到的 LatestReadyRevisionName

(4) TrafficTarget

(出现在 RouteSpec、RouteStatusFields 及 TrafficTarget 中)

TrafficTarget 包含 Route 的路由表的单个条目信息。

字段	描述
tag string	(可选项) tag 字段用于生成一个专门的 URL，以区分其他目标
revisionName string	(可选项) revisionName 字段表示流量被发送到指定修订版的名称，与 configurationName 是互斥的
configurationName string	(可选项) configurationName 字段表示配置的最新修订版的名称。当 status.latestReadyRevisionName 发生改变，系统将自动将流量迁移到最新的修订版。该字段不会在路由的状态中设置，只能在 spec 字段中设置。该设置与 revisionName 互斥
latestRevision bool	(可选项) latestRevision 字段指示处于 ready 状态的最新 Revision。如果 revisionName 的值为空，latestRevision 值则必须为 true。如果 revisionName 的值为非空，latestRevision 值则必须为 false
percent int64	(可选项) percent 表示流量路由到这个修订版或配置的百分比。0 代表没有流量，100 代表全部流量。如果没有设置，代表 percent 值为 0。所有路由项的 percent 值相加应该等于 100
url knative.dev/pkg/apis.URL	(可选项) 访问流量目标的 URL，URL 仅出现在 status 区块，不允许出现在 spec 区块。URL 只能包含 scheme（例如 http://）和一个主机名，不能包含其他信息（例如基本认证、路径等）

4. Service

Service 实现了一个网络服务，用来管理路由和配置。Service 提供了一个单一的抽象。我们可以通过 Service 进行访问控制。Service 封装了软件生命周期的决策。Service 被推荐作为底层 Route 和 Configuration 的编排器。

Service 控制器跟踪自身的 Configuration 和 Route 的状态，并映射这些状态和条件到服务上。

<table>
<tr><th>字段</th><th colspan="2">描述</th></tr>
<tr><td>apiVersion
string</td><td colspan="2">serving.knative.dev/v1</td></tr>
<tr><td>kind
string</td><td colspan="2">Service</td></tr>
<tr><td>metadata
Kubernetes meta/
v1.ObjectMeta</td><td colspan="2">（可选项）参阅 Kubernetes API metadata 字段相关文档</td></tr>
<tr><td rowspan="3">spec
ServiceSpec</td><td colspan="2">（可选项）spec 定义了 Service 的目标状态信息</td></tr>
<tr><td>ConfigurationSpec
ConfigurationSpec</td><td>（ConfigurationSpec 的成员被嵌入当前类型）
ServiceSpec 内联了一个不受限制的 ConfigurationSpec</td></tr>
<tr><td>RouteSpec
RouteSpec</td><td>（RouteSpec 的成员被嵌入当前类型）
ServiceSpec 内联了 RouteSpec，并通过 Webhook 对字段进行限制和初始化。特别注意的是，此规范只能引用此服务的配置和修订版（这也会影响默认值）</td></tr>
<tr><td>status
ServiceStatus</td><td colspan="2">（可选项）
status 字段表示当前 Service 的状态信息</td></tr>
</table>

（1）ServiceSpec

（出现在 Service 中）

ServiceSpec 表示 Service 对象的配置。Service 的定义包含对 Route 和 Configuration 的定义。服务对象约束这些字段表达的意义，例如 Route 必须引用相应的 Configuration，这些限制实现了友好的默认设置。

字段	描述
ConfigurationSpec ConfigurationSpec	（ConfigurationSpec 的成员会被嵌入当前类型） ServiceSpec 内联一个不受限制的 ConfigurationSpec
RouteSpec RouteSpec	（RouteSpec 的成员会被嵌入到这个类型中） ServiceSpec 内联 RouteSpec 并且通过 Webhook 限制和初始化。需要强调的是，这个规范只能引用服务的配置和修订版

（2）ServiceStatus

（出现在 Service 中）

ServiceStatus 用来表示服务资源的 Status 区块的内容。

字段	描述
Status knative.dev/pkg/apis/duck/v1.Status	Status 的成员会被嵌入当前类型
ConfigurationStatusFields ConfigurationStatusFields	ConfigurationStatusFields 的成员会被嵌入当前类型。除了内联到 ConfigurationSpec，我们还内联特定字段到 ConfigurationStatus
RouteStatusFields RouteStatusFields	RouteStatusFields 的成员会被嵌入当前类型。除了内联 RouteSpec，我们还内联这些字段到 RouteStatus

A.2.2 autoscaling.internal.knative.dev/v1alpha1

其资源类型包括 PodAutoscaler 和 Metric。

1. Metric

Metric 表示用于配置指标收集器的资源。

<table>
<tr><th>字段</th><th colspan="2">描述</th></tr>
<tr><td>metadata
Kubernetes meta/v1.ObjectMeta</td><td colspan="2">（可选项）参考 Kubernetes API 文档关于 metadata 字段相关内容</td></tr>
<tr><td rowspan="4">spec
MetricSpec</td><td colspan="2">（可选项）
Spec 指定了 Metric 的目标状态</td></tr>
<tr><td>stableWindow
time.Duration</td><td>stableWindow 字段表示稳定态指标的聚合窗口期</td></tr>
<tr><td>panicWindow
time.Duration</td><td>panicWindow 字段表示为了快速响应指标的聚合窗口期</td></tr>
<tr><td>scrapeTarget
string</td><td>scrapeTarget 字段表示发布指标的 Kubernetes 服务</td></tr>
<tr><td>status
MetricStatus</td><td colspan="2">（可选项）
Status 传递控制器观察到的指标状态</td></tr>
</table>

（1）MetricSpec

（出现在 Metric 中）

MetricSpec 包含指标收集器需要操作的所有值。

字段	描述
stableWindow time.Duration	StableWindow 是稳定态指标的聚合窗口期
panicWindow time.Duration	PanicWindow 是为了快速响应指标的聚合窗口期
scrapeTarget string	ScrapeTarget 是发布指标的 Kubernetes 服务

（2）MetricStatus

（出现在 Metric 中）

MetricStatus 表示指定实体的指标收集器的状态。

字段	描述
Status knative.dev/pkg/apis/duck/v1.Status	Status 的成员被嵌入当前类型

2. PodAutoscaler

PodAutoscaler 是一个 Knative 抽象，它封装了 Knative 组件实例化自动缩放器的接口。

<table>
<tr><th>字段</th><th colspan="2">描述</th></tr>
<tr><td>apiVersion
string</td><td colspan="2">autoscaling.internal.knative.dev/v1alpha1</td></tr>
<tr><td>kind
string</td><td colspan="2">PodAutoscaler</td></tr>
<tr><td>metadata
Kubernetes meta/
v1.ObjectMeta</td><td colspan="2">（可选项）参考 Kubernetes API 文档关于 metadata 字段内容</td></tr>
<tr><td rowspan="6">spec
PodAutoscalerSpec</td><td colspan="2">（可选项）
Spec 指定了 PodAutoscaler 的目标状态</td></tr>
<tr><td>generation
int64</td><td>（可选项）
已弃用，仅用于 Kubernetes v1.11 版之前</td></tr>
<tr><td>containerConcurrency
int64</td><td>（可选项）
containerConcurrency 指定每个修订版容器最大允许的并发数。其默认值为 0，表示不限制并发数</td></tr>
<tr><td>scaleTargetRef
Kubernetes core/
v1.ObjectReference</td><td>scaleTargetRef 定义了可扩展的资源，PodAutoscaler 负责快速调整资源规模</td></tr>
<tr><td>reachability
RcachabilityType</td><td>（可选项）
reachable 指定 ScaleTargetRef 是否可到达（例如是否有路由存在），默认值为 ReachabilityUnknown</td></tr>
<tr><td>protocolType
knative.dev/serving/pkg/
apis/networking.ProtocolType</td><td>应用层协议，匹配从修订版定义中推测出的 ProtocolType</td></tr>
</table>

（续）

字段	描述
status PodAutoscalerStatus	（可选项） Status 传递 PodAutoscaler 被观察到的状态信息

（1）PodAutoscalerSpec

（出现在 PodAutoscaler 中）

PodAutoscalerSpec 包含 PodAutoscaler 的目标状态信息。

字段	描述
generation int64	（可选项） 已弃用，generation 字段用于 kubernetes 1.11 版之前，当时 metadata.generation 值不能被 API Server 增加。 这个属性将在未来的 Knative 发行中删除，以 metadata.generation 代替
containerConcurrency int64	（可选项） containerConcurrency 指定每个修订版容器最大允许的并发数，默认值为 0，表示不限制并发数
scaleTargetRef Kubernetes core/v1.ObjectReference	scaleTargetRef 定义了可扩展的资源，PodAutoscaler 负责快速调整资源规模
reachability ReachabilityType	（可选项） Reachable 指定 ScaleTargetRef 是否可到达（例如是否有路由存在），默认值为 ReachabilityUnknown
protocolType knative.dev/serving/pkg/apis/networking.ProtocolType	应用层协议，匹配从修订版定义中推测出的 ProtocolType

（2）PodAutoscalerStatus

（出现在 PodAutoscaler 中）

PodAutoscalerStatus 传递 PodAutoscaler 被观察的状态信息。

字段	描述
Status knative.dev/pkg/apis/duck/v1.Status	Status 的成员被被嵌入当前类型
serviceName string	serviceName 是 Kubernetes 服务名称，它服务于修订版，通过 PA 进行缩放。该服务隶属于 PA 的 ServerlessService 对象
metricsServiceName string	metricsServiceName 字段表示提供修订版度量指标的 Kubernetes 服务名称。该服务由 PA 对象进行管理
desiredScale int32	desiredScale 字段表示修订版的当前目标副本数
actualScale int32	actualScale 字段表示修订版的实际副本数量

(3) PodScalable

PodScalable 是一个鸭子类型。被 PodAutoscaler 的 ScaleTargetRef 所引用的资源必须要实现。这些资源还必须实现 /scale 子资源，以便与基于 /scale 的实现（例如：HPA）一起使用，但这进一步限制了引用资源的形态。

<table>
<tr><th>字段</th><th colspan="2">描述</th></tr>
<tr><td>metadata
Kubernetes meta/v1.ObjectMeta</td><td colspan="2">有关元数据字段的字段定义，请参阅 Kubernetes API 文档</td></tr>
<tr><td rowspan="4">spec
PodScalableSpec</td><td colspan="2">spec 定义了 PodScalable 的目标状态</td></tr>
<tr><td>replicas
int32</td><td>表示副本数量</td></tr>
<tr><td>selector
Kubernetes meta/v1.LabelSelector</td><td>Pod 标签选择器</td></tr>
<tr><td>template
Kubernetes core/v1.PodTemplateSpec</td><td>Pod 模板</td></tr>
<tr><td>status
PodScalableStatus</td><td colspan="2">Status 表示当前 PodScalable 的状态信息</td></tr>
</table>

(4) PodScalableSpec

(出现在 PodScalable 中)

PodScalableSpec 定义了 PodScalable 的目标状态。

字段	描述
replicas int32	replicas 字段表示 Pod 副本数量
selector Kubernetes meta/v1.LabelSelector	selector 字段表示 Pod 选择器
template Kubernetes core/v1.PodTemplateSpec	template 字段表示 Pod 模板

(5) PodScalableStatus

(出现在 PodScalable 中)

PodScalableStatus 是 PodScalable 被观察到的状态信息。

字段	描述
replicas int32	replicas 字段表示 Pod 的副本数量

(6) ReachabilityType (string alias)

(出现于 PodAutoscalerSpec 中)

ReachabilityType 表示 PodAutoscaler 的 ScaleTarget 不同形态下可达性的枚举类型。

推荐阅读

VMware Horizon桌面与应用虚拟化权威指南

作者：吴孔辉 著 ISBN：978-7-111-51202-8 定价：59.00元

由资深桌面虚拟化专家撰写，VMware大中华区总裁、VMware研发中心高级总监等业内领袖及专家联合推荐。本书涵盖了桌面虚拟化相关的基础知识，也对VMware Horizon产品进行了详细介绍，并从企业业务与技术需求的角度着手，进行桌面虚拟化的评估，全面讲述了桌面虚拟化系统的设计最佳实践。

虚拟化安全解决方案

作者：[美]戴夫・沙克尔福 著 张小云 等译 ISBN：978-7-111-52231-7 定价：69.00元

资深虚拟化安全专家撰写，系统且深入阐释虚拟化安全涉及的工具、方法、原则和最佳实践。深入剖析虚拟基础设施各个层面的问题，从虚拟网络到管理程序平台和虚拟机，重点阐释三大主流虚拟化技术解决方案，能为工程师与架构师设计、安装、维护和优化虚拟化安全解决方案提供有效指导。

架构即未来：现代企业可扩展的Web架构、流程和组织(原书第2版)

作者：[美]马丁 L. 阿伯特 等著 陈斌 译 ISBN：978-7-111-53264-4 定价：99.00元

本书深入浅出地介绍了大型互联网平台的技术架构，并从多个角度详尽地分析了互联网企业的架构理论和实践，是架构师和CTO不可多得的实战手册。

——唐彬，易宝支付CEO及联合创始人

本书基于两位作者长期的观察和实践，深入讨论了人员能力、组织形态、流程和软件系统架构对业务扩展性的影响，并提出了组织与架构转型的参考模型和路线图。

——赵先明，中兴通讯股份有限公司CTO